糖の化学

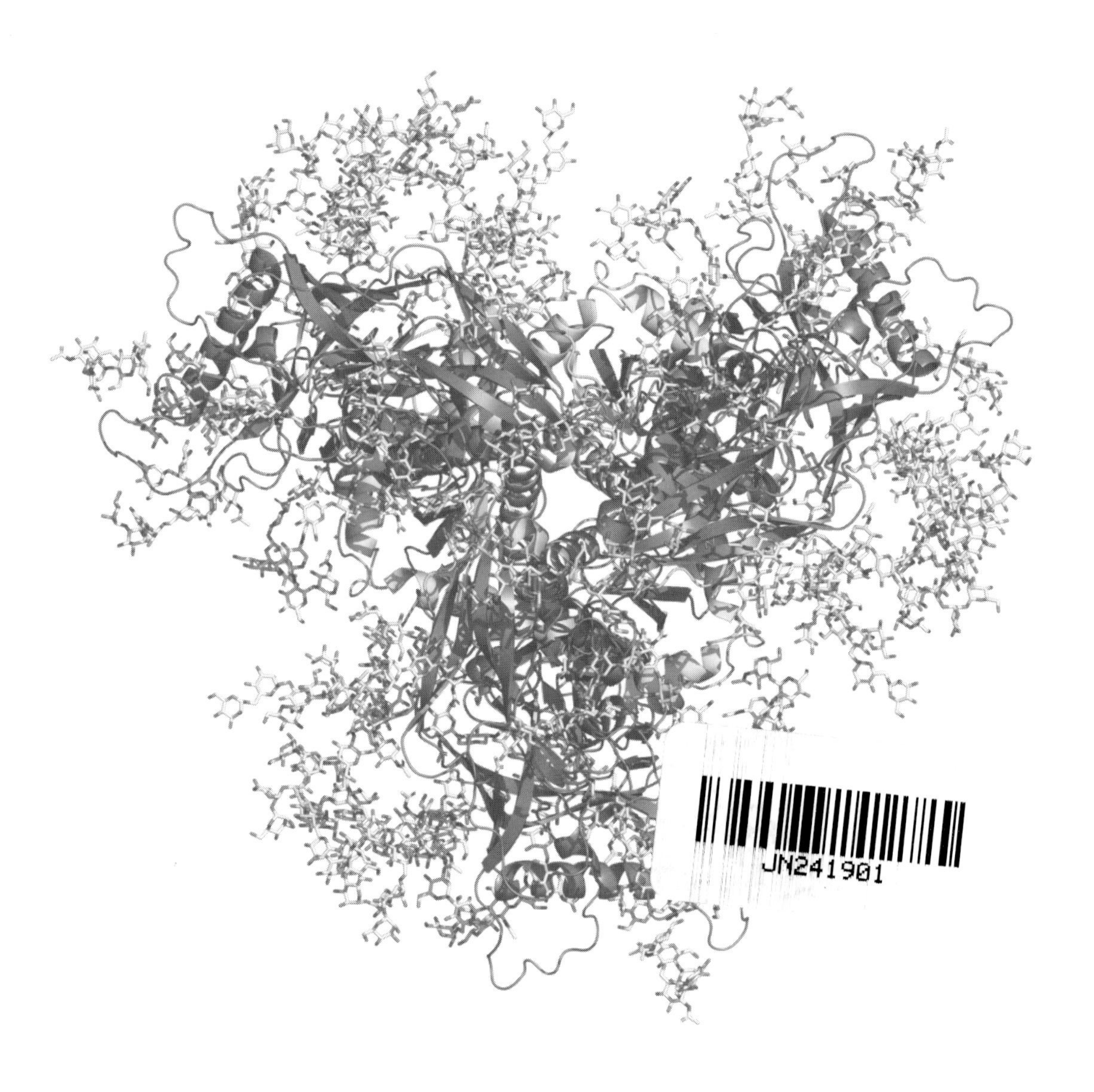

JN241901

石渡 明弘、一柳 剛、北岡 本光、伏信 進矢、眞鍋 史乃、山口 芳樹

アドスリー

序

糖鎖・複合糖質は、植物、ヒトを含む動物、細菌、ウイルスまで広く存在し、その構造や役割は様々です。グライコサイエンスの発展によりそれらの重要性が認識されてきています。また、その応用用途も食品や医薬品など広い範囲をカバーしています。これから益々その重要性が高まると期待されます。

糖化学の勉強や研究を始めようとしたとき、参考にできるまとまった基礎的な文献はこれまでありませんでした。通常、糖化学は、有機化学の教科書の最後にまるで付録のように含まれているにすぎません。日本語による非常に優れた教科書も過去にはあったのですが、数十年以上前に行われた、単糖の変換反応にとどまっていることもあり、現在の糖化学を学び始めるにあたっては、ギャップがあることは否めません。その溝を埋め、これから糖化学を始めようとする学生・大学院生、あるいは、企業の研究者の方の一助になれば、という想いから本書を制作いたしました。執筆者らも本書を制作するにあたり、再度知識を確認したり、異なる分野間での「文化」の違いなど、勉強になったりしたことも多くありました。本書が、糖化学の進展に少しでも寄与できれば幸甚です。

2024 年 9 月吉日

眞鍋 史乃、石渡 明弘、一柳 剛、北岡 本光、伏信 進矢、山口 芳樹

目次

第1章

糖化学の基礎

1-1　はじめに

糖質は、タンパク質、脂質、核酸に並ぶ重要な生体分子である。糖質を構成する元素は主に炭素C、水素H、酸素Oで、生体分子の合成の基になるとともに、エネルギー源として利用される。糖質は、それ以上加水分解されない単糖類、単糖類が二分子縮合した二糖類と複数結合した多糖類に分類される。糖質は自然界で最も多い生体分子であり太陽エネルギーと化学結合エネルギーを直接につなげる分子であるだけでなく、核酸にも多く含まれる。核酸は、タンパク質の合成を制御したり、遺伝情報を司る。

糖質の多くは $C_n(H_2O)_m$ という分子式で表される要素からなり、分子式から炭素(carbon)の水和物(hydrate)と見なすことができることから、歴史的には炭水化物(carbohydrate)とよばれてきた。最近では、典型的なアルドースやケトース(図1-1)だけでなく、2つ以上のヒドロキシ基(-OH)とホルミル基(-CHO)またはケトン基(>C=O)のいずれかの官能基を持ち、炭素原子3個以上含む広範囲のポリヒドロキシアルデヒドまたはポリヒドロキシケトン、あるいはカルボン酸誘導体やそのオリゴマー、ポリマーを含めた化合物群を糖質(sugars、糖類、saccharides)とよぶようになった。これは、タンパク質、脂質に対応する言葉として使われている。古い教科書や食品分野では、依然、炭水化物という表記を見かける。

糖質は、糖質同士がグリコシド結合によって縮合した構造を形成し、二糖、オリゴ糖、多糖を作る。例えば、私たちの主食である米や小麦に含まれるデンプンも糖質であり、ヒトの栄養素の中で最も重要なものである。糖質の中には、さらに、脂質やタンパク質と結合して複合糖質とよばれるより複雑な分子を形成する。本章では最も基本となる糖そのものについて解説する。

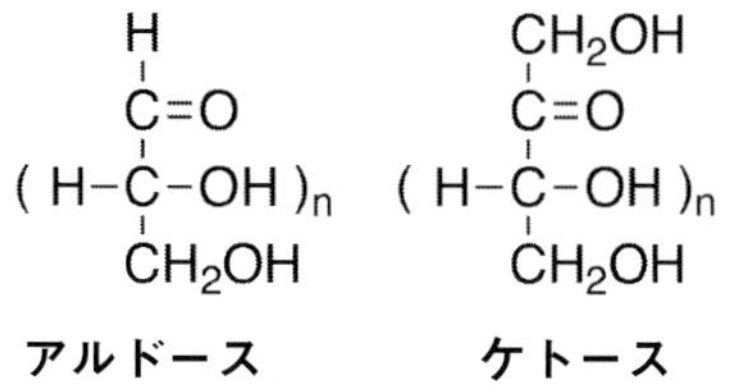

アルドース	ケトース
H	CH_2OH
C=O	C=O
$(H-C-OH)_n$	$(H-C-OH)_n$
CH_2OH	CH_2OH

図1-1　単糖のアルドースとケトースの一般式

1-2　単糖の種類と立体化学

1-2-1　単糖の種類

単糖は糖質を加水分解して得られる基本単位であり、少なくとも2つのヒドロキシ基を持つ。ホルミル基を有するポリオールはアルドース (aldose) とよばれ、グルコース、ガラクトースなどに代表される (図1-2)。一方、スクロース (ショ糖) の成分の1つであるフルクトース (果糖) のように、ケトン基を有するケトース (ketose) もある。単糖骨格中の炭素数に応じトリオース (三炭糖、triose)、テトロース (四炭糖、tetrose)、ペントース (五炭糖、pentose)、ヘキソース (六炭糖、hexose) などに分類される。最も単純なアルドースとケトースは、それぞれグリセルアルデヒトとジヒドロキシアセトンで、炭素数と官能基の情報を併せ持つアルドトリオース (aldotriose)、ケトトリオース (ketotriose) に分類される。生細胞で最も多いのはヘキソース、ペントースである。

	炭素数	3	4	5	6
総称名	炭素番号	三炭糖 トリオース	四炭糖 テトロース	五炭糖 ペントース	六炭糖 ヘキソース
アルドース	1 2 3 4 5 6	H C=O *CHOH CH_2OH	H C=O *CHOH *CHOH CH_2OH	H C=O *CHOH *CHOH *CHOH CH_2OH	H C=O *CHOH *CHOH *CHOH *CHOH CH_2OH
	単糖名	グリセル アルデヒド	エリトロース トレオース	リボース デオキシリボース キシロース	グルコース ガラクトース マンノース
ケトース	1 2 3 4 5 6	CH_2OH C=O CH_2OH	CH_2OH C=O *CHOH CH_2OH	CH_2OH C=O *CHOH *CHOH CH_2OH	CH_2OH C=O *CHOH *CHOH *CHOH CH_2OH
* 不斉炭素	単糖名	ジヒドロキシ アセトン	エリトルロース	リブロース キシルロース	フルクトース

図1-2　単糖の分類

1-2-2　立体配置 (configuration) を表現するルール

まず、糖を学んでいく上で重要な、糖の代表的な表記法（フィッシャー投影式）について説明する（図1-1）。これは、ノーベル賞受賞者であるEmil Fischer が1891年[1,2]に発表した表記法である。フィッシャー投影式において、表記したい糖質の構造の主鎖は、グルコースなどの場合、カルボニル炭素が上部にくるようにして垂直方向に描かれる。垂直の主鎖に対して水平方向の線（主に水素とヒドロキシ基が置換している）は、見る人の側に突出し、上下方向の線（主に炭素-炭素結合）は、見る人から遠のいていると理解する（図1-1右端）。ジヒドロキシアセトン以外の糖質は不斉炭素原子を有し、立体異性体を示すための標準的な表示法が必要であるが、フィッシャー投影式はこの四面体の不斉炭素原子を平面に投影する方法であり、立体化学を書き表す標準的な手段の1つとなっている。

単糖は、D体とL体に分類され、自然界においては大部分がD体で存在する。ヘキソースまでの単糖のD体の構造をフィッシャー投影式で示した（図1-3、1-4）。自然界に最も多量に存在するアルドースとケトースはそれぞれD-グルコースとD-フルクトースである。この系列の単糖では、不斉炭素が4つまでの場合、ホルミル基またはケトン基から最も離れた不斉中心（基準炭素原子）が、D-グリセルアルデヒド（*R*体）と同じ絶対配置を持つ場合はD体（フィッシャー投影式では基準炭素原子のヒドロキシ基が右側）、逆の絶対配置（*S*体）の場合、L体と表記される。互いに鏡像関係にある異性体をエナンチオマー (enantiomer) とよぶ。また、不斉炭素が複数ある分子の立体異性体において、すべ

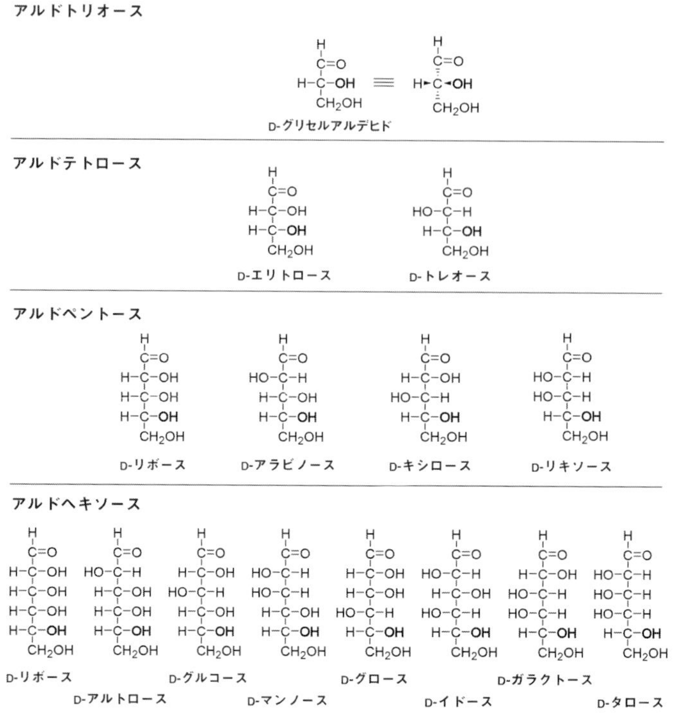

アルドトリオース

```
   H              H
   C=O            C=O
 H-C-OH   ≡    H►C◄OH
   CH2OH          CH2OH
D-グリセルアルデヒド
```

アルドテトロース

```
   H            H
   C=O          C=O
 H-C-OH     HO-C-H
 H-C-OH      H-C-OH
   CH2OH        CH2OH
D-エリトロース  D-トレオース
```

アルドペントース

```
   H           H           H           H
   C=O         C=O         C=O         C=O
 H-C-OH     HO-C-H      H-C-OH     HO-C-H
 H-C-OH      H-C-OH    HO-C-H      HO-C-H
 H-C-OH      H-C-OH     H-C-OH      H-C-OH
   CH2OH       CH2OH       CH2OH       CH2OH
D-リボース  D-アラビノース  D-キシロース  D-リキソース
```

アルドヘキソース

```
   H          H          H          H          H          H          H          H
   C=O        C=O        C=O        C=O        C=O        C=O        C=O        C=O
 H-C-OH    HO-C-H     H-C-OH    HO-C-H     H-C-OH    HO-C-H     H-C-OH    HO-C-H
 H-C-OH     H-C-OH   HO-C-H     HO-C-H     H-C-OH     H-C-OH   HO-C-H     HO-C-H
 H-C-OH     H-C-OH    H-C-OH     H-C-OH   HO-C-H     HO-C-H    HO-C-H     HO-C-H
 H-C-OH     H-C-OH    H-C-OH     H-C-OH    H-C-OH     H-C-OH    H-C-OH     H-C-OH
   CH2OH      CH2OH      CH2OH      CH2OH      CH2OH      CH2OH      CH2OH      CH2OH
D-リボース  D-アルトロース  D-グルコース  D-マンノース  D-グロース  D-イドース  D-ガラクトース  D-タロース
```

図1-3　D-アルドースの立体配置

ての立体異性体をジアステレオマー (diastereomer) とよび、その中の1つの不斉炭素の立体化学が反転している異性体を、互いにエピマー (epimer) とよぶ。例えば、図1-3では、D-エリトロースとD-トレオースはジアステレオマーの関係であり、同時に炭素番号2位のエピマーの関係である。

光学活性体の場合 [例えば(*R*)-(+)-またはD-グリセルアルデヒド]、平面偏光を右 (時計回り) に回転させるもの (右旋性、dextrorotatory) は(+)-体、その逆のもの (左旋性、levorotatory) は (−)-体である。この *d*/*l* は、相対立体配置を示している前述の D/L 体とは関係ないことに注意が必要である。

なお、*R*/*S* 表示は、Cahn–Ingold–Prelog priority ruleに則り、不斉炭素上の置換基を空間的に一義的に順位を決めて、それに基づいた不斉炭素に由来する異性体の区別に用いられる[3]。置換基の順位は、

①立体中心に直接結合している4つの原子を見て、原子番号が減少する順に優先順位をつける。最も大きい原子番号を持つ基を1位とし、最も小さい原子番号を持つ基を4位とする。

②置換基の最初の原子番号の順番では決定できない場合には、差が現れるまで、外に向かって2位、3位、4位の原子を比べていく。

③多重結合した原子は、同じ数だけ単結合した原子と等価であると見なす。

ことにより決定する。4位の置換基を後方に位置したときに、手前に配置された3つの

ケトトリオース

CH_2OH
C=O
CH_2OH

ジヒドロキシアセトン

ケトテトロース

CH_2OH
C=O
H-C-OH
CH_2OH

D-エリトルロース

ケトペントース

D-リブロース	D-キシルロース
CH_2OH	CH_2OH
C=O	C=O
H-C-OH	HO-C-H
H-C-OH	H-C-OH
CH_2OH	CH_2OH

ケトヘキソース

D-プシコース	D-フルクトース	D-ソルボース	D-タガトース
CH_2OH	CH_2OH	CH_2OH	CH_2OH
C=O	C=O	C=O	C=O
H-C-OH	HO-C-H	H-C-OH	HO-C-H
H-C-OH	H-C-OH	HO-C-H	HO-C-H
H-C-OH	H-C-OH	H-C-OH	H-C-OH
CH_2OH	CH_2OH	CH_2OH	CH_2OH

図1-4　D-ケトースの立体配置

置換基の順位が、時計回りに1位→2位→3位が並ぶ場合は*R* (rectus) 体とよぶ。また、反時計回りに並ぶ場合は*S* (sinister) 体とよぶ。前述のように、D/L体の分類は、基準炭素原子の*R/S*で決定される。

1-2-3　ヘミアセタール、ヘミケタールの生成

糖は、ポリヒドロキシアルデヒドまたはポリヒドロキシケトンであるので、カルボニル基とヒドロキシ基の官能基にそれぞれ一般的な反応が起こり得ると考えられる。糖そのものを学ぶ上で必須の、ヒドロキシ基とカルボニル基との基本的な反応である、ヘミアセタール、ヘミケタールの生成について、まず紹介する (図1-5)。

一般的に酸触媒条件下、カルボニル基は活性化されアルコールと反応し、ヘミアセタール/ヘミケタール構造をとるが、含水条件下では、逆反応でカルボニル基へ戻る。また、ヘミアセタールがさらに酸触媒下、脱水を伴い、もう一分子のアルコールと反応すると、アセタール/ケタールが生成する。いずれもオキソカルベニウムイオンを経て起こる。

糖などのポリヒドロキシアルデヒドまたはポリヒドロキシケトンも同様にホルミル基とケトン基がそれぞれ水溶液中でヒドロキシ基と可逆的に反応し、ヘミアセタール/ヘミケタールを形成するが、分子内で起こるため環状ヘミアセタール/環状ヘミケタールとなる。炭素数4以上の糖は通常鎖状構造としてはほとんど存在せず、環状構造で存在する。ヘキソースの場合、六員環ピラノースと五員環フラノースが生成する (図1-6、1-7)。ピラノースとフラノースの名称は、それぞれピランとフランに由来する (図1-8)。

また、環状ヘミアセタール (または環状ヘミケタール) の1位 (環状ヘミケタールの場合は2位) の炭素は新たに生じた不斉炭素となり、その立体化学に起因した2つのジアステレオマーは互いにアノマー (anomer) とよばれ、α-アノマー、β-アノマーがある。フィッシャー投影式で鎖構造のアルドースの場合は1位、ケトースの場合は2位がアノ

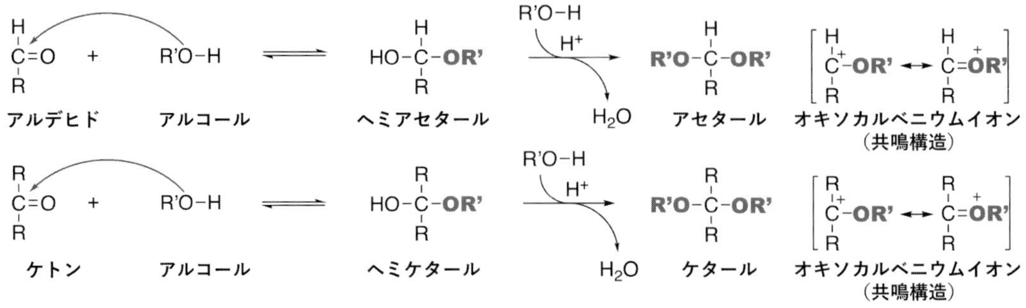

アルデヒド + アルコール ⇌ ヘミアセタール → (H_2O) アセタール　オキソカルベニウムイオン（共鳴構造）

ケトン + アルコール ⇌ ヘミケタール → (H_2O) ケタール　オキソカルベニウムイオン（共鳴構造）

図1-5　ヘミアセタール／ヘミケタールの生成

国際純正・応用化学連合 (International Union of Pure and Applied Chemistry：IUPAC) では、ケタールという表現は、一度取り下げられたが、現在はアセタールのサブクラスとして再び使用されている。

マー炭素原子とよばれる。アノマー炭素原子とそのアノマー基準炭素原子（ヘキソースでは5位）が同じ配置であるものをα-アノマー、他方をβ-アノマーとする。不斉炭素が4個までの場合、アノマー基準炭素原子は、前述のD/Lを決定する基準炭素原子と同一である。

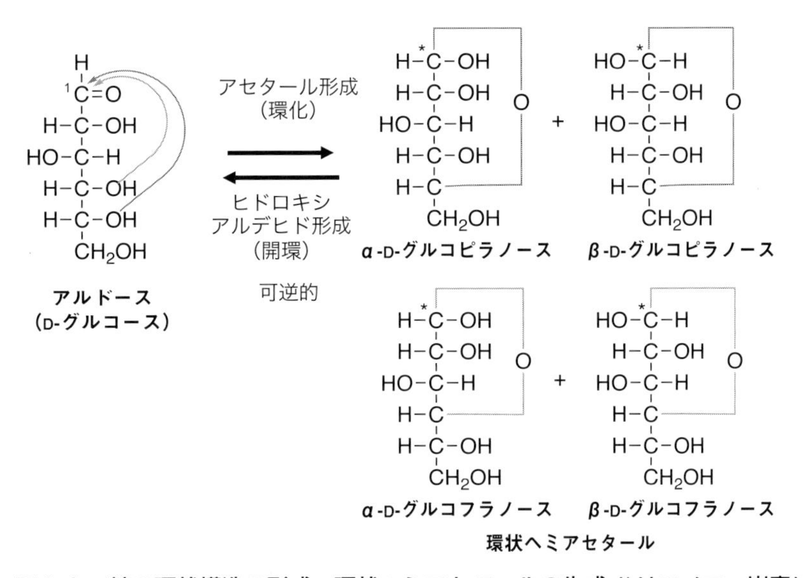

図1-6　糖の環状構造の形成：環状ヘミアセタールの生成（*はアノマー炭素）

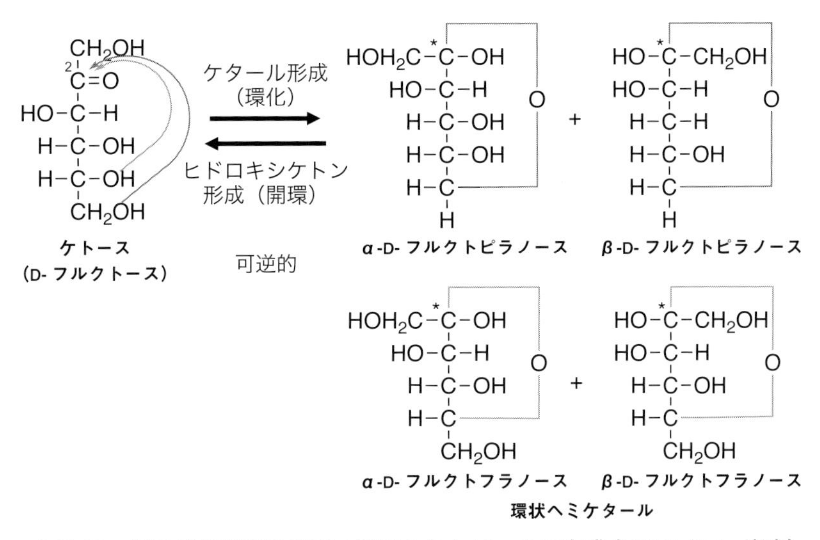

図1-7　糖の環状構造の形成：環状ヘミケタールの生成（*はアノマー炭素）

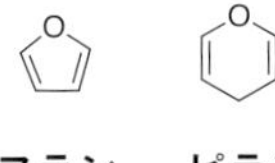

図1-8　フランとピラン

ヘキソースより炭素数が多い(不斉炭素が4つ以上の)場合、例えば、天然の九炭糖のケトース(ケトノノース)であるシアル酸(***N***-アセチル-D-ノイラミン酸)[(*4S*,*5R*,*6R*,*7S*,*8R*)-5-acetamido-4,6,7,8,9-pentahydroxy-2-oxo-nonanoic acid](図1-9)の命名を考えてみる。カルボニル基側よりヘキソースの不斉炭素4個とそれ以外[天然型のシアル酸の場合、4、5、6、7位の不斉炭素によって六炭糖のD-ガラクトース骨格、および8位の不斉炭素によってD-グリセロール骨格でそれぞれ不斉炭素4個と1個(D-*glycero*-α-D-*galacto*)の立体化学(イタリックで表記)]を参照する。さらに九炭糖ケトースで六員環(non-ulo-pyranose)かつ1位がカルボン酸(-onic acid)であるので(5-acetamido-3,5-dideoxy-D-*glycero*-α-D-*galacto*-2-nonulopyranosonic acid)という複雑な命名になる[4)]。シアル酸のような5つ以上のキラル中心を持つ単糖の場合のアノマー基準炭素原子は、アノマー炭素原子を含む構成グループの六炭糖(不斉炭素4個分)の中で最高位の不斉炭素であり、かつ唯一の立体配置により立体が規定されている原子となる。シアル酸の場合、4、5、6、7位の不斉炭素で六炭糖のガラクト型が決まるので、最高位の7位がα/βを決定するアノマー基準炭素原子であり、8位の不斉炭素がD/Lを決定する基準炭素原子である。

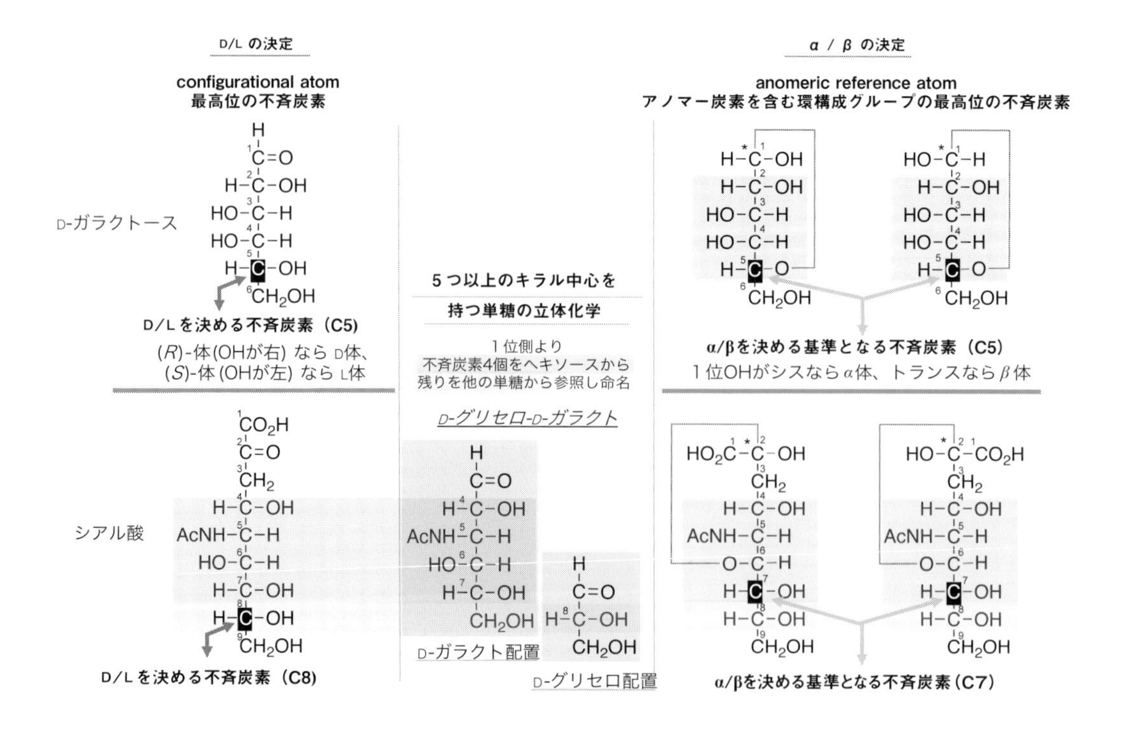

図1-9　D/Lの決定と、5つ以上の不斉炭素を持つ単糖の立体化学の記述、およびα / βの決定

1-2-4　糖構造の表示法

糖の環構造を表示するには前述のフィッシャー投影式以外にもいくつかの方式がある。α-D-グルコースを例として、それらの表示法を示した（図1-10）。

ハース（Haworth）式[5,6]はオリジナルのフィッシャー投影式よりも環構造の結合角と結合長を正確に示している。ハース式で書く場合は、フィッシャー投影式を、時計回りに倒し、1位 -CHO が右側で、5位および6位 $-CH_2OH$ が奥になるように4位で曲げて折り返す。ピラノースの場合、5位の -OH を1位カルボニル基に結合させ六員環を形成する。D糖型では、アノマー位のヒドロキシ基が上向きの場合、β-アノマー型（環構造としたときのフィッシャー投影式で左）になり、一方で、下向きの場合、α-アノマー型（同右）を与える。

コンフォメーションを考慮した立体構造の表記では糖の環の立体配座をきちんと示している（図1-11）。椅子型を書く場合はハース式の構造の左側の炭素（4位）を上げ、右側（1位）を下げる。最近は環の立体配座まで示すことのできるこの表示法も多く用いられる。図1-11aに示した立体配座は、$^4C_1$と表示される（この場合のCはchair）。$^4C_1$は、4位炭素C4がO-C2-C3-C5で規定される平面の上方に、1位炭素C1が下方に位置していることを意味する。逆に、C4が下方、C1が上方に位置する場合には$^1C_4$と表示する（図

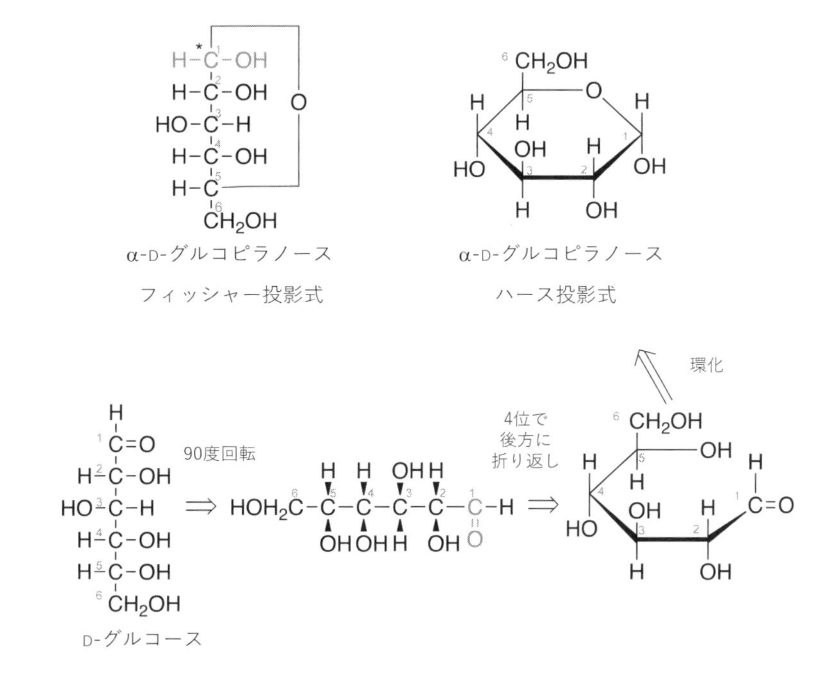

図1-10　α-D-グルコピラノースの表記法（フィッシャー投影式とハース投影式）

1-11b)。同様にB(boat、例えば、$^{1,4}B$は、O-C2-C3-C5で規定される平面の上方にC1とC4炭素)、S(skew、例えば、$^{2}S_{O}$は、上方のC2と下方O以外が平面)、E(envelope、例えば、^{O}Eは、O以外が平面に並ぶ)、H(half chair、例えば、$^{3}H_{2}$は、下方のC2と上方C3以外は平面)などのコンフォメーションがある。ピラノースの六員環の場合には2種のC(chair)、6種のB(boat)、6種のS(skew)、12種のE(envelope)、12種のH(half chair)の合計38種がIUPAC(International Union of Pure and Applied Chemistry)-IUBMB(International Union of Biochemistry and Molecular Biology)により定義されている[7)]。なお、六員環の場合について、Eは基準平面から外れた原子が1つのもの、Hは平面から外れた2つの原子が隣接しているもの、Sはそれらの原子が1原子挟んで離れているもの、CとBは2原子分(六員環の両端に)離れているもの、となる。

六員環の立体配座はCremer-Popleパラメータとよばれる3つのパラメータで定義でき[8)]、それを立体的に表すと球面の上に38種の配座が配置される(図1-12a)[9)]。球の半径にあたるQは環の平面からのずれ(パッカリング)を表しており(6個の原子が同一平面上にある場合を$Q=0$とする)、一般的には0.5付近の値をとる。残り2つのパラメータは角度であり、θは緯度($0^\circ \leq \theta < 180^\circ$)、$\varphi$は経度($0^\circ \leq \varphi < 360^\circ$)に相当する。D-グルコピラノースではα-アノマーとβ-アノマーのいずれにおいても、ヒドロキシ基の多くがエクアトリアルとなる$^{4}C_{1}$が最も安定な立体配座である。経緯度表示においては$^{4}C_{1}$が北極に($\theta = 0^\circ$)、その対極である$^{1}C_{4}$は南極に配置される($\theta = 180^\circ$)。Boat型とskew boat型は赤道上に交互に配置され($\theta = 90^\circ$)、envelope型とhalf chair型は南北半球の温帯

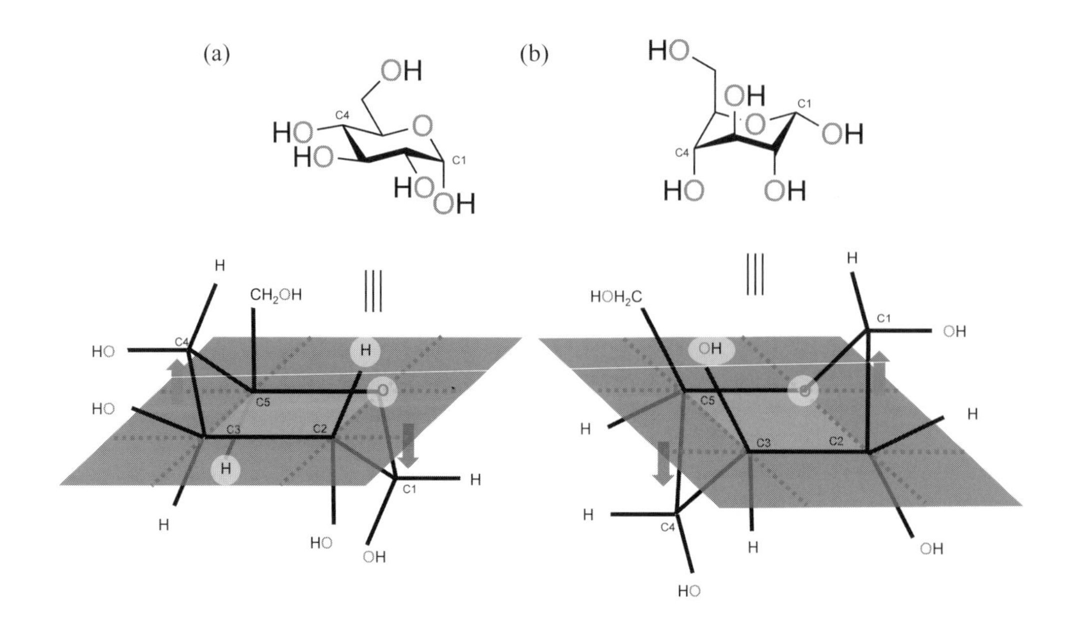

図1-11　α-D-グルコピラノースの表記法(環の立体配座まで示す表記):(a) $^{4}C_{1}$と(b) $^{1}C_{4}$

地域（θ = 50 〜 55° 付近）に配置される。すなわち、$^4C_1$から$^1C_4$へ反転するには、経度の360°にわたるルートが存在するということになる。安定な$^4C_1$を中心に北半球を投影した疑似回転表示（Stoddardの方式とよばれる）を用いることもある（図1-12b）。

フラノースの場合も同様にIUPAC-IUBMBによりコンフォメーションが定義されており、E、T（twist、例えば、$^3T_4$は、上方のC3と下方C4以外 の環内3原子が平面に並ぶ）などがある。フラノースには10種のenvelope型（E）と10種のtwist型（T）の表記があり、その立体配座はパッカリングと角度の2種類のパラメータで表せる[10]。疑似回転角のP（0°≤P<360°）を用いた表示法が用いられており、東西南北（Northern、Southernなど）の

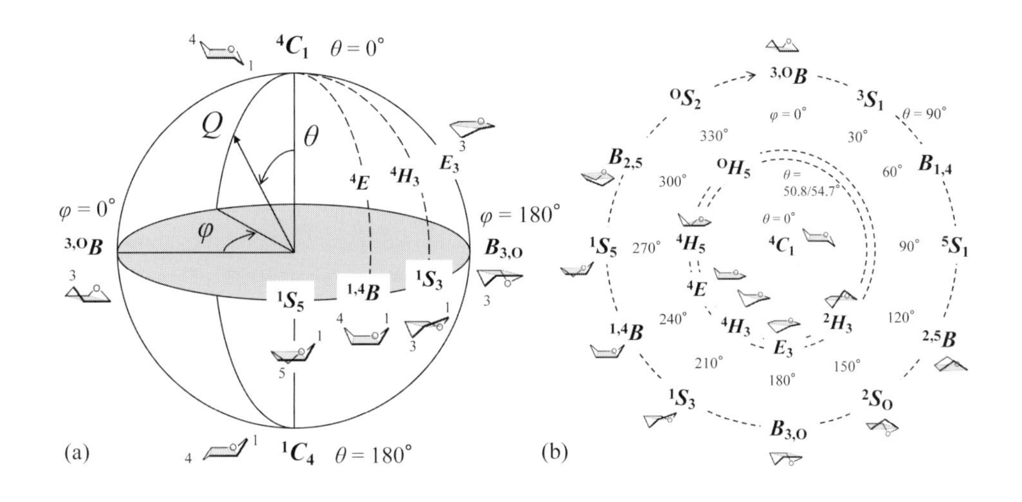

図1-12　六員環の立体配座
(a) 経緯度表示と (b) 北半球部の疑似回転表示。（「糖の立体配座」応用糖質科学 8 (2), 168 (2018) より再録）

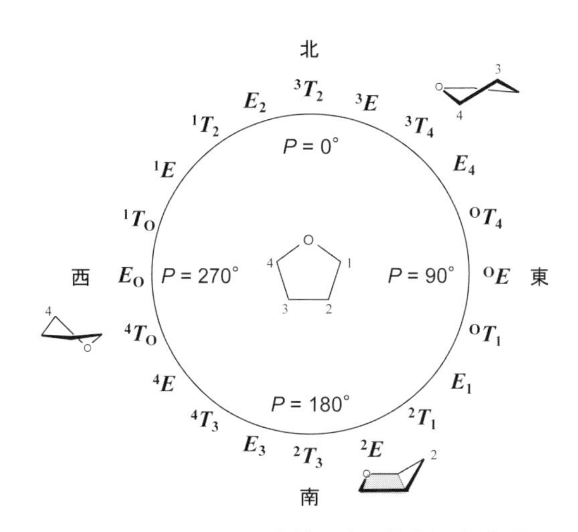

図1-13　五員環の立体配座の疑似回転表示

方角でよぶこともある（図1-13）。核酸のリボースにおいては北北東（0°≤ P<36°, ^{3}E 付近）および南南東（144° ≤P<180°, ^{2}E 付近）の配座をとることが多く、それぞれC3'-*endo* およびC2'-*endo* とよばれる（1-2-9参照）。

Roseらによる環状化合物の面の定義に従えば、D-グルコピラノースの環平面は、ハース式における上面がα面、下面がβ面となる（図1-14a）[11]。これは、α-およびβ-アノマーのヒドロキシ基の向きとは逆なので注意が必要である。ちなみに、グルコースの場合はβ面のほうが疎水性が高い。六炭糖ピラノースの環外C6ヒドロキシメチル基の立体配座（ロータマー：rotamer）は、C4–C5–C6–O6の二面角で定義され、3つのねじれ配座をとり得る（図1-14b）。これらは、O6のO5とC4に対するゴーシュ（gauche）/トランス（trans）配座に従い、*gg*、*gt*、*tg* とよばれる。

補足であるが、最近はグラフィックスの進歩に伴い、PC 上では3D表示も可能である（図1-15）。またX 線結晶構造解析の種々の表記法（Oak Ridge Thermal Ellipsoid Program: ORTEP）や、計算化学的に得られた空間充填モデルもまた役立つ情報を与えるが、表記に煩雑さがあるため汎用的ではなく、結果を基にした重要な構造解析のときにのみよく見られる。

また、糖鎖生物学のわかりやすさのために、Symbol Nomenclature for Glycans（SNFG）として近年統一されたシンボル表記[12,13]も利用されている（表1-1）。配列や分岐構造を理解するだけなら十分である。表1-2 に略語表もつけたが[13]、代表的な単糖以外の構造は、その都度追加して説明していくこととする。

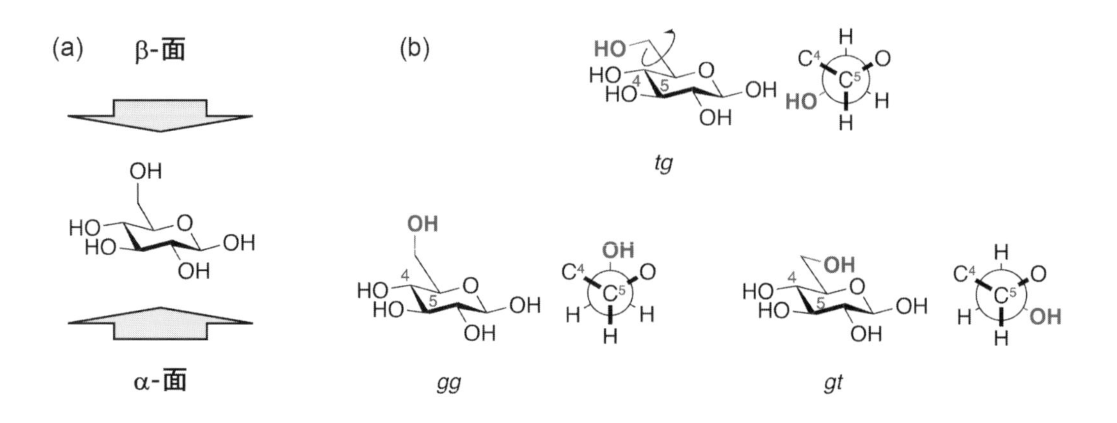

図1-14　Roseの定義による (a) β-D-グルコピラノースの環平面と (b) C6ヒドロキシメチル基のロータマー

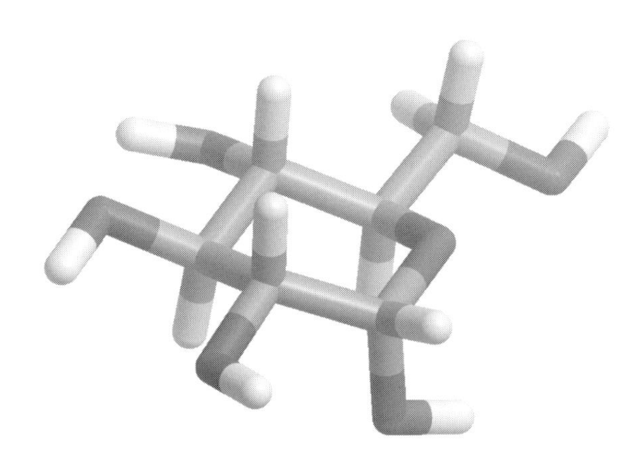

図1-15　α-D-グルコピラノースの表記法（3D表示）
灰色：炭素、濃灰色：酸素、白：水素。
［カラー画像は表2（表紙の裏）参照］

表1-1　単糖のシンボル表記［カラー画像は表2（表紙の裏）参照］

SHAPE	White (Generic)	Blue	Green	Yellow	Orange	Pink	Purple	Light Blue	Brown	Red
Filled Circle	Hexose	Glc	Man	Gal	Gul	Alt	All	Tal	Ido	
Filled Square	HexNAc	GlcNAc	ManNAc	GalNAc	GulNAc	AltNAc	AllNAc	TalNAc	IdoNAc	
Crossed Square	Hexosamine	GlcN	ManN	GalN	GulN	AltN	AllN	TalN	IdoN	
Divided Diamond	Hexuronate	GlcA	ManA	GalA	GulA	AltA	AllA	TalA	IdoA	
Filled Triangle	Deoxyhexose	Qui	Rha		6dGul	6dAlt		6dTal		Fuc
Divided Triangle	DeoxyhexNAc	QuiNAc	RhaNAc			6dAltNAc		6dTalNAc		FucNAc
Flat Rectangle	Di-deoxyhexose	Oli	Tyv		Abe	Par	Dig	Col		
Filled Star	Pentose		Ara	Lyx	Xyl	Rib				
Filled Diamond	Deoxynonulosonate		Kdn				Neu5Ac	Neu5Gc	Neu	Sia
Flat Diamond	Di-deoxynonulosonate		Pse	Leg		Aci		4eLeg		
Flat Hexagon	Unknown	Bac	LDmanHep	Kdo	Dha	DDmanHep	MurNAc	MurNGc	Mur	
Pentagon	Assigned	Api	Fru	Tag	Sor	Psi				

表1-2　単糖の略語表

4eLeg	4-epilegionaminic acid	5,7-diamino-3,5,7,9-tetradeoxy-D-*glycero*-D-*talo*-non-2-ulopyranosonic acid
6dAlt	6-deoxy-L-altrose	6-deoxy-L-altropyranose
6dAltNAc	*N*-acetyl-6-deoxy-L-altrosamine	2-acetamido-2,6-dideoxy-L-altropyranose
6dGul	6-deoxy-D-gulose	6-deoxy-D-gulopyranose
6dTal	6-deoxy-D-talose	6-deoxy-D-talopyranose
6dTalNAc	*N*-acetyl-6-deoxy-D-talosamine	2-acetamido-2,6-dideoxy-D-talopyranose
Abe	abequose	3,6-dideoxy-D-*xylo*-hexopyranose
Aci	acinetaminic acid	5,7-diamino-3,5,7,9-tetradeoxy-L-*glycero*-L-*altro*-non-2-ulopyranosonic acid
All	D-allose	D-allopyranose
AllA	D-alluronic acid	D-allopyranuronic acid
AllN	D-allosamine	2-amino-2-deoxy-D-allopyranose
AllNAc	*N*-acetyl-D-allosamine	2-acetamido-2-deoxy-D-allopyranose
Alt	L-altrose	L-altropyranose
AltA	L-altruronic acid	L-altropyranuronic acid
AltN	L-altrosamine	2-amino-2-deoxy-L-altropyranose
AltNAc	*N*-acetyl-L-altrosamine	2-acetamido-2-deoxy-L-altropyranose
Api	L-apiose	3-C-(hydroxymethyl)-L-*erythro*-tetrofuranose
Ara	L-arabinose	L-arabinopyranose
Bac	bacillosamine	2,4-diamino-2,4,6-trideoxy-D-glucopyranose
Col	colitose	3,6-dideoxy-L-*xylo*-hexopyranose
DDmanHep	D-*glycero*-D-*manno*-heptose	D-*glycero*-D-*manno*-heptopyranose
Dha	3-deoxy-D-*lyxo*-heptulosaric acid	3-deoxy-D-*lyxo*-hept-2-ulopyranosaric acid
Dig	D-digitoxose	2,6-dideoxy-D-*ribo*-hexopyranose
Fru	D-Fructose	D-*arabino*-hex-2-ulopyranose
Fuc	L-Fucose	6-deoxy-L-galactopyranose
FucNAc	*N*-acetyl-L-fucosamine	2-acetamido-2,6-dideoxy-L-galactopyranose
Gal	D-galactose	D-galactopyranose
GalA	D-galacturonic acid	D-galactopyranuronic acid
GalN	D-galactosamine	2-amino-2-deoxy-D-galactopyranose
GalNAc	*N*-acetyl-D-galactosamine	2-acetamido-2-deoxy-D-galactopyranose
Glc	D-glucose	D-glucopyranose
GlcA	D-glucuronic acid	D-glucopyranuronic acid
GlcN	D-glucosamine	2-amino-2-deoxy-D-glucopyranose
GlcNAc	*N*-acetyl-D-glucosamine	2-acetamido-2-deoxy-D-glucopyranose
Gul	D-gulose	D-gulopyranose
GulA	D-guluronic acid	D-gulopyranuronic acid
GulN	D-gulosamine	2-amino-2-deoxy-D-gulopyranose
GulNAc	*N*-acetyl-D-gulosamine	2-acetamido-2-deoxy-D-gulopyranose
Ido	L-idose	L-idopyranose
IdoA	L-iduronic acid	L-idopyranuronic acid
IdoN	L-idosamine	2-amino-2-deoxy-L-idopyranose
IdoNAc	*N*-acetyl-L-idosamine	2-acetamido-2-deoxy-L-idopyranose
Kdn	3-deoxy-D-*glycero*-D-*galacto*-nonulosonic acid	3-deoxy-D-*glycero*-D-*galacto*-non-2-ulopyranosonic acid
Kdo	3-deoxy-D-*manno*-octulosonic acid	3-deoxy-D-*manno*-oct-2-ulopyranosonic acid
Leg	legionaminic acid	5,7-diamino-3,5,7,9-tetradeoxy-D-*glycero*-D-*galacto*-non-2-ulopyranosonic acid
LDmanHep	L-*glycero*-D-*manno*-heptose	L-*glycero*-D-*manno*-heptopyranose
Lyx	D-lyxose	D-lyxopyranose
Man	D-mannose	D-mannopyranose
ManA	D-mannuronic acid	D-mannopyranuronic acid
ManN	D-mannosamine	2-amino-2-deoxy-D-mannopyranose
ManNAc	*N*-acetyl-D-mannosamine	2-acetamido-2-deoxy-D-mannopyranose
Mur	muramic acid	2-amino-3-*O*-[(*R*)-1-carboxyethyl]-2-deoxy-D-glucopyranose
MurNAc	*N*-acetylmuramic acid	2-acetamido-3-*O*-[(*R*)-1-carboxyethyl]-2-deoxy-D-glucopyranose
MurNGc	*N*-glycolylmuramic acid	3-*O*-[(*R*)-1-carboxyethyl]-2-deoxy-2-glycolamido-D-glucopyranose
Neu	neuraminic acid	5-amino-3,5-dideoxy-D-*glycero*-D-*galacto*-non-2-ulopyranosonic acid
Neu5Ac	*N*-acetylneuraminic acid	5-acetamido-3,5-dideoxy-D-*glycero*-D-*galacto*-non-2-ulopyranosonic acid
Neu5Gc	*N*-glycolylneuraminic acid	3,5-dideoxy-5-glycolamido-D-*glycero*-D-*galacto*-non-2-ulopyranosonic acid
Oli	olivose	2,6-dideoxy-D-*arabino*-hexopyranose
Par	paratose	3,6-dideoxy-D-*ribo*-hexopyranose
Pse	pseudaminic acid	5,7-diamino-3,5,7,9-tetradeoxy-L-*glycero*-L-*manno*-non-2-ulopyranosonic acid
Psi	D-psicose	D-*ribo*-hex-2-ulopyranose
Qui	D-quinovose	6-deoxy-D-glucopyranose
QuiNAc	*N*-acetyl-D-quinovosamine	2-acetamido-2,6-dideoxy-D-glucopyranose
Rha	L-rhamnose	6-deoxy-L-mannopyranose
RhaNAc	*N*-acetyl-L-rhamnosamine	2-acetamido-2,6-dideoxy-L-mannopyranose
Rib	D-ribose	D-ribopyranose
Sia	sialic acid	sialic acid residue of unspecified type
Sor	L-sorbose	L-*xylo*-hex-2-ulopyranose
Tag	D-tagatose	D-*lyxo*-hex-2-ulopyranose
Tal	D-talose	D-talopyranose
TalA	D-taluronic acid	D-talopyranuronic acid
TalN	D-talosamine	2-amino-2-deoxy-D-talopyranose
TalNAc	*N*-acetyl-D-talosamine	2-acetamido-2-deoxy-D-talopyranose
Tyv	tyvelose	3,6-dideoxy-D-*arabino*-hexopyranose
Xyl	D-xylose	D-xylopyranose

1-2-5　変旋光

さて、単糖環構造のα-、β-体は、水溶液の環境下で容易に相互変換する。例えば、グルコースの水溶液中での比旋光度は、α-、β-体のどちらの異性体から出発しても最終的に $[\alpha]_D$ = +52.6 になることが知られている。旋光度が自発的に変化するこの過程は変旋光とよばれ、直鎖型（ヒドロキシアルデヒド体）とともにフラノースとピラノース環状構造のそれぞれのα-、β-体の平衡混合物を生む（図1-16）。この平衡混合物の中で、直鎖型が直接還元反応に関与する。

1-2-6　アノマー効果

アルコールが反応したグリコシド（この場合、*O*-グリコシド）が生成する際には、一般的にはアノマーの混合物となる。*O*-グリコシドでは、アキシアル位にメトキシ基のあるアノマーが優先する傾向がある。

通常の炭化水素のシクロヘキサン環では、アルキル置換基が1つある場合、1,3-ジアキシアル立体反発を避けるべくアキシアル配座から反転し、エカトリアル配座のコン

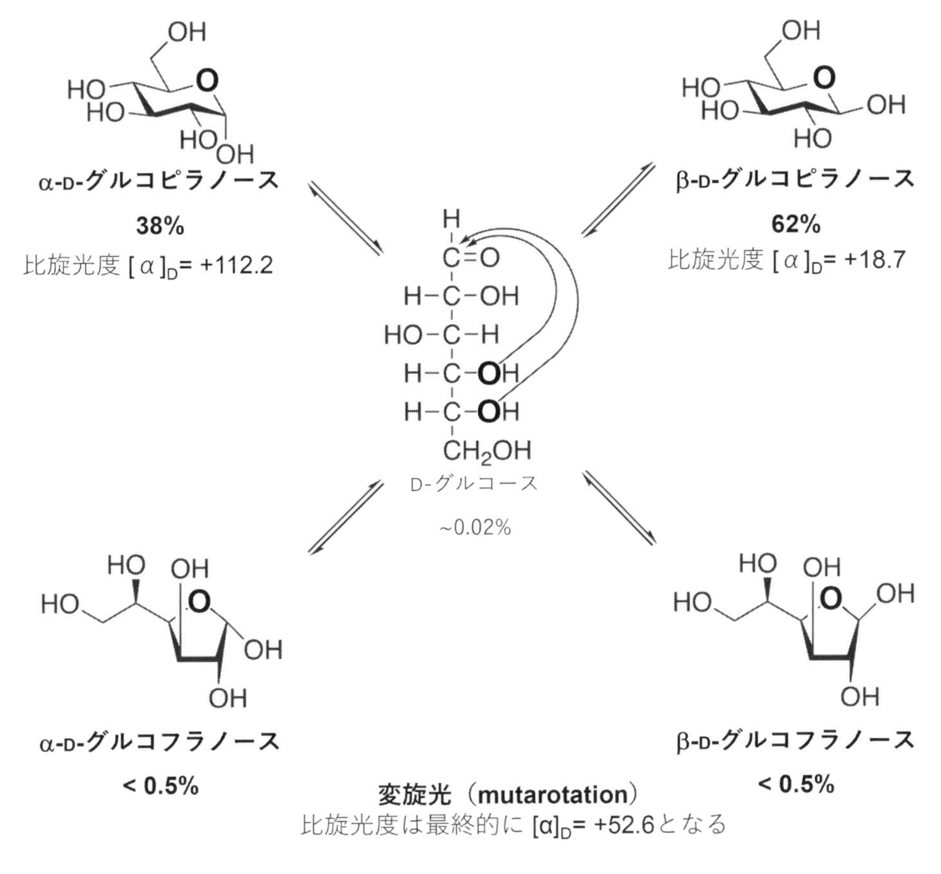

図1-16　D-グルコースの変旋光

フォメーションをとる配向性が強い（図1-17）。テトラヒドロピラン環でも同様であるが、特にここに示したようにアセタール構造のように、置換基がアルコキシ基や、ハロゲンなどの非共有電子対のある原子の場合、アキシアル配向となる。環内の酸素原子の非共有電子対との静電相互作用により極性基であるアルコキシ基がアキシアル位にあるアノマーのほうが安定で、その結果1,3-ジアキシアル立体反発に打ち勝ち優先すると考えることができる。また、環内酸素原子の非共有電子対とC–Oの反結合性軌道間のn→π* 型相互作用も酸素がアキシアル位のときに安定化に寄与する（図1-18）。これをアノマー効果（anomeric effect）と言い、糖化学のみならず、より一般化された立体電子効果（stereoelectronic effect）の概念として、立体配座を予想する上で重要である。

また、環外の酸素原子からの同様な立体電子的影響はエキソアノマー効果として知られ、特に、グリコシド結合部分の立体構造を決める際に重要な要因となっている（図1-19）。この軌道の相互作用は、通常のアノマー効果と同じように考えることができ、最大となることで立体電子的に最も安定化されようとするが、同時に立体障害も考慮されたエネルギー的に最も安定な立体配座をとる。

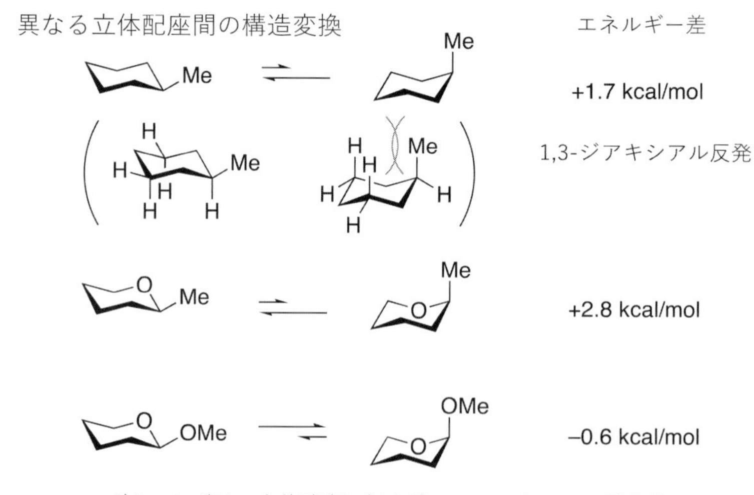

図1-17　グリコシドのアノマーの安定性の差

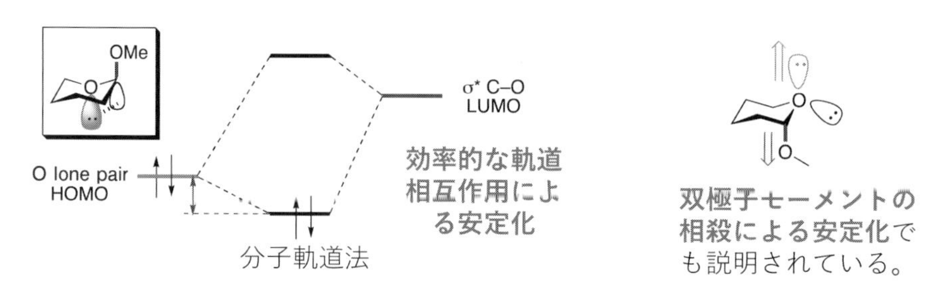

図1-18　アノマー効果

アノマーのもう一方のアノマーへの異性化は、環の外側のC–O結合の切断［エキソ(*exo*)開裂］で生じる環状のオキソカルベニウムイオンを経て、オキソカルベニウムイオンへのRO^-の平面上下からのランダムな再付加により起こる。しかし、もう一方の環内C–O結合が開環を伴って切断［エンド(*endo*)開裂］される場合もある（図1-20）。環構造の歪みが生じている場合に、起こりやすくなるとされ[14]、その場合、鎖状のオキソカルベニウムイオンを経て、1位と2位のC–C結合の回転および閉環を伴って異性化が起こることになる。

アノマー効果は、フラノシドの場合、ピラノシドの場合と比べ小さいとされるが、それは、五員環構造においてコンフォメーションが変化しやすいためであると考察されている。

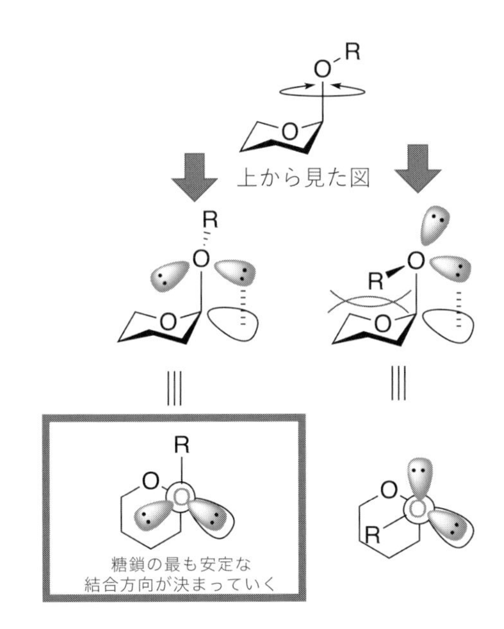

図1-19　エキソアノマー効果

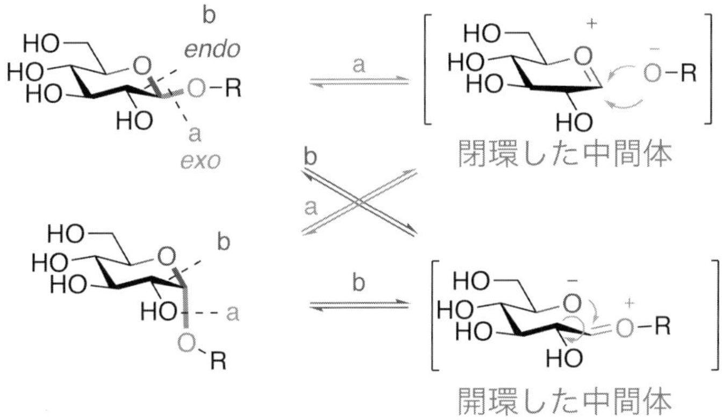

図1-20　(a) エキソ開裂、または (b) エンド開裂を経る糖の異性化の経路の例

1-2-7　生体に見られる重要な単糖・単糖誘導体

さてここで、生体に見られる重要ないくつかの単糖について紹介したい。

(1) D-グルコース

D-グルコース (図1-3) は、生細胞の主要な燃料であり、重要な単糖の1つである。D-グルコースは、最初はデキストロースとよばれていて、元々の単離の由来からのブドウ糖や、また血液中に含まれている主要な糖類ということで血糖ともよばれる。アルドヘキソピラノースに分類され、自然界全体で最も多量に見出されている単糖である。D-グルコースは、また、動物において脳細胞やミトコンドリアをほとんどあるいはまったく持っていない細胞 (赤血球など) のエネルギー源となっている。同様に、眼球の細胞のように酸素供給に制限がある細胞も、エネルギーを生産するのに多量のグルコースを用いる。D-グルコースは、"食事由来の糖"として摂取され、多糖類の植物性デンプン (グルコースの多糖) と二糖類であるラクトース (グルコースとガラクトース)、マルトース (グルコース二分子) およびスクロース (グルコースとフルクトース) に含まれている (本章後半で説明する)。

コラム

グルコースの生成反応—光合成

グルコースは、緑色植物によって空気中の二酸化炭素と水から光合成される。光合成は植物細胞中のクロロフィル (葉緑体) で行われる。反応場であるクロロフィルは太陽の光エネルギーを取り込んで、H_2O から電子を引き抜いて H^+ を生じ、生体エネルギー分子、アデノシン三リン酸 (ATP) と、還元型ニコチンアミドアデニンジヌクレオチドリン酸 (NADPH) を生産する (明反応)。生成した ATP と、還元剤 NADPH とを用いて CO_2 からグルコースが生成される (暗反応)。

(2) D-ガラクトース

D-グルコースの4位エピマーであるD-ガラクトースは、多種の重要な生体分子の合成に不可欠である (図1-3)。例えば、授乳にあずかる乳腺中のラクトース、糖脂質、ある種のリン脂質、プロオグリカン、および糖タンパク質等は、D-ガラクトース含有である。生体内でガラクトースは、グルコース1-リン酸から、容易に生合成される。D-ガラクトースとD-グルコースはエピメラーゼとよばれる酵素により触媒され相互変換される。したがって、ガラクトースや食事からの主要なガラクトース供給源である二糖類のラクトースが、もし食事に含まれていなくとも、ガラクトース含有の重要な生体分子はグルコースから合成されるため、減少しない。

遺伝疾患であるガラクトース血症では、ガラクトースの代謝に必要な1つの酵素が欠損している。代謝が滞ると、ガラクトース1-リン酸および糖アルコール誘導体のガラクチトールが蓄積し、肝臓障害、白内障、および重篤な精神遅滞を引き起こす。初期診断とガラクトースを含まない食事を組み合わせた処置が有効であるとされる。

(3) D-フルクトース

D-フルクトース（図1-4）は、ケトース系の糖の重要な一例であり、最初はレブロースとよばれていた。果物に含量が高いので、果糖ともよばれる。野菜や蜂蜜にも見出される。1 gあたりで考慮すると、フルクトースは二糖のショ糖（スクロース）に比べ2倍甘く、加工食品の甘味料としてしばしば用いられる。哺乳類の雄の生殖腺で多く使われているフルクトースは精嚢で合成され、精液に取り込まれる。精子細胞は取り込まれたフルクトースをエネルギー源として使うことが知られている。

(4) デオキシ糖

このほかヒドロキシ基が除去されたデオキシ糖があるほか、通常2位のヒドロキシ基がアミノ基に置換されたデオキシアミノ糖などがある。まず、脊椎動物の複合糖質に見られる代表的な単糖の椅子型環構造を示した（図1-21）。D-グルコースやD-ガラクトースも複合糖質の成分として含まれている。自然界における単糖としては前述のように大部分がD体で存在し、フコースのようなL型の糖は少ない。

細胞に見られる2つの重要なデオキシ糖は、L-フコースと2-デオキシ-D-リボースである（図1-22）。赤血球表面のABO血液型決定因子にあるように、L-フコースは糖タンパク質の糖質構成成分中にしばしば見られる。一方、2-デオキシ-D-リボースは

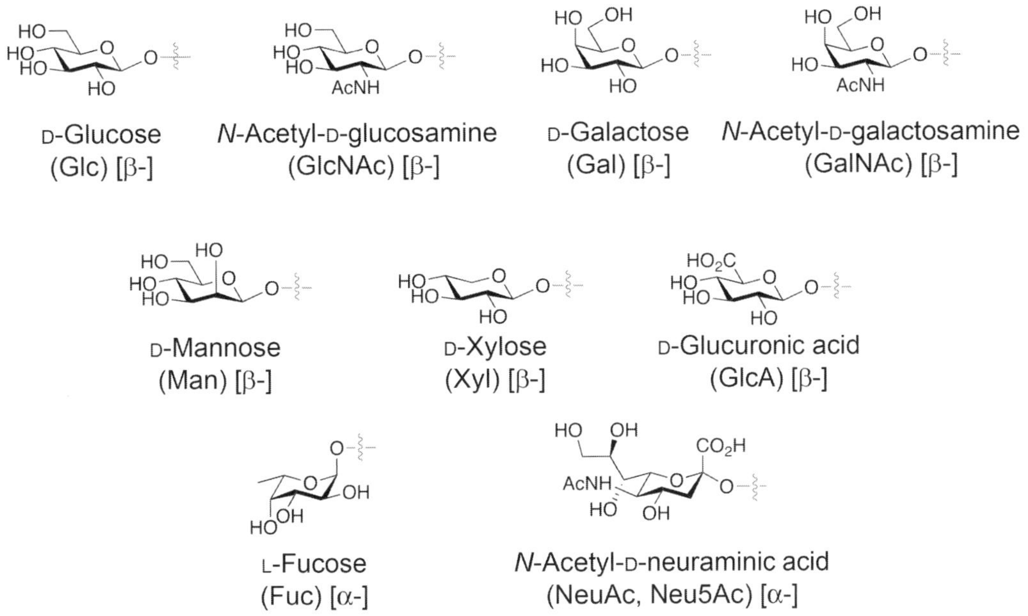

D-Glucose (Glc) [β-]　*N*-Acetyl-D-glucosamine (GlcNAc) [β-]　D-Galactose (Gal) [β-]　*N*-Acetyl-D-galactosamine (GalNAc) [β-]

D-Mannose (Man) [β-]　D-Xylose (Xyl) [β-]　D-Glucuronic acid (GlcA) [β-]

L-Fucose (Fuc) [α-]　*N*-Acetyl-D-neuraminic acid (NeuAc, Neu5Ac) [α-]

図1-21　脊椎動物の複合糖質に見られる一般的な単糖の椅子型環構造（[ ] にある1位の立体異性体を表記）

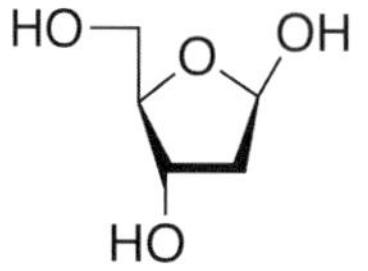

2-Deoxy-D-ribose
(Rib) [β-]

図1-22　2-デオキシ-D-リボース

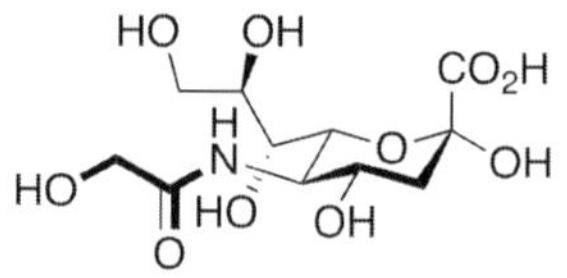

(Gc)

N-Glycolyl-D-neuraminic acid
(NeuGc, Neu5Gc) [α-]

図1-23　*N*-グリコリル-D-ノイラミン酸

DNAの五炭糖成分である（後述する）。

アミノ糖（デオキシアミノ糖）では、1つのヒドロキシ基（最も一般的にはC-2位に位置する）がアミノ基によって置換されている。最も普遍的に見られるアミノ糖は、D-グルコサミンとD-ガラクトサミンである。アミノ糖はアセチル化を受けていることが多く、細胞のタンパク質や脂質に付加されて見られる複合糖質分子の一般的な構成成分、*N*-アセチル-D-グルコサミン（GlcNAc）、*N*-アセチル-D-ガラクトサミン（GalNAc）となっている。*N*-アセチル-D-ノイラミン酸（NeuAc）［最も一般的な型のシアル酸（Sia）］（図1-21）は、D-マンノサミンとピルビン酸の縮合生成物である九炭糖でβ-ケトカルボン酸である。哺乳動物で見られる構造として、シアル酸の5位がグリコール酸（ヒドロキシ酢酸）によりアミド化を受けた*N*-グリコリル-D-ノイラミン酸も見出されている（ヒトの正常細胞からは見出されていない）。これらは糖タンパク質と糖脂質の一般的な構成成分である（図1-23）。

1-2-8　アザ糖、カルバ糖、チオ糖

アミノ基がヒドロキシ基と置換したデオキシアミノ糖（1位置換体はグリコシルアミンとよばれる）に対して、糖環状構造の環内酸素が窒素原子で置換されたアザ環状炭化水素構造を有するものをアザ糖とよぶ。同様に、炭素原子、硫黄原子置換体をそれぞれカルバ糖（通常はシクロヘキサンに対し、テトラヒドロピランはオキソシクロヘキサンだが、すでに環内に必須の酸素原子のある糖に対して炭素原子を置換命名しカルバ糖である）、チオ糖とよび、擬似糖として知られる。ここでは、1位グリコシド結合の酸素の窒素原子、炭素原子、硫黄原子置換体を、それぞれ*N*-、*C*-、*S*-グリコシドとよび、環内酸素原子の置換体のアザ糖などと明確に分ける。これらアザ糖などは、疑似糖として、環内酸素原子と置換された各原子の特徴を活かし生体の糖関連酵素の阻害剤などとして用いられる場合が多い。

放線菌（*Streptomyces nojiriensis*）の培養液から単離されたピペリジンアルカロイド抗

生物質であるノジリマイシン（nojirimycin）は、アザ糖で、また、安定な還元体のデオキシノジリマイシン（1-deoxynojirimycin: DNJ）へ誘導され、強力なグルコシダーゼ阻害剤として使用されている（図1-24）。桑の葉等の植物に含まれ、多様な誘導体として、また、各種類縁体も見出されている。

天然物のバリダマイシンAの構成糖や分解物にカルバ糖構造を有するバリダミン（シクロヘキサン構造）やバリエナミン（シクロヘキセン構造）が含まれ、いずれもグリコシダーゼの競争阻害剤として知られている。また、イノシトールなどのシクリトール（シクロアルカン誘導体で環内炭素原子に各1個のヒドロキシ基が結合しているポリオール）は、五炭糖ピラノース様のカルバ糖である。

代表的なチオ糖としては、サラシノールがある。サラシノールは、グルコシダーゼ阻害剤として糖尿病の治療薬として用いられ、1-デオキシ-4-チオフラノース糖構造に加え、スルホニウム塩を介した二糖様構造で、硫酸モノエステルとの分子内双極イオン構造を有する特異な分子である。

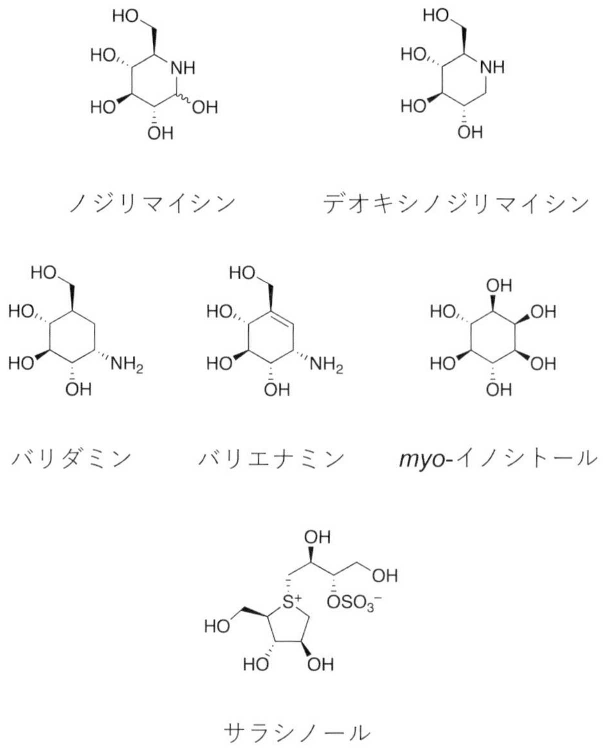

ノジリマイシン　デオキシノジリマイシン

バリダミン　バリエナミン　*myo*-イノシトール

サラシノール

図1-24　擬似糖類の例
上段：アザ糖、中段：カルバ糖、下段：チオ糖。

1-2-9　ヌクレオシド、ヌクレオチド、糖ヌクレオチド

リボ核酸（RNA）やデオキシリボ核酸（DNA）などの構成単位であるヌクレオシドは、五炭糖のリボース、デオキシリボースとそれぞれ4種［RNAはアデニン（A）、グアニン（G）、シトシン（C）、ウラシル（U）と、DNAではウラシル（U）の変わりにチミン（T）］のプリンまたはピリミジン塩基と結合したもので、それぞれリボヌクレオシド（アデノシン、グアノシン、シチジン、ウリジン）、デオキシリボヌクレオシド（デオキシアデノシン、デオキシグアノシンン、デオキシシチジン、チミジン）とよばれる（図1-25）。ヌクレオシドはしばしば糖残基5位のリン酸エステル（ヌクレオチド）として存在し、

アデノシン一リン酸 (AMP) などの一リン酸エステルはまたアデニル酸とよばれる [その他、グアニル酸 (GMP)、シチジル酸 (CMP)、ウリジル酸 (UMP)、デオキシアデニル酸 (dAMP)、デオキシグアニル酸 (dGMP)、デオキシシチジル酸 (dCMP)、チミジル酸 (dTMP)]。それぞれ、水素結合 (点線で表示) を介したA–T/UとC–Gが特異的にペア (塩基対) を組むことで、遺伝情報がうまく転写、翻訳されていく。また、生体エネルギーとして利用されるアデノシン三リン酸 (ATP) などもヌクレオシドの誘導体として知られる (図1-26)。さらに糖転移酵素による糖転移において転移される糖とリン酸結合した糖ヌクレオチド [例えばウリジン二リン酸グルコース (UDP-グルコース) や、シチジンモノリン酸シアル酸 (CMP-シアル酸)] なども存在し、糖転移酵素の糖供与体基質として働く (図1-27)。シチジン二リン酸リビトール (CDP-リビトール) はα-ジストログリカン糖鎖構築に必須の要素であり、遺伝子的な合成酵素の欠損は筋ジストロフィーを引き起こすことがわかっている (図1-28)。

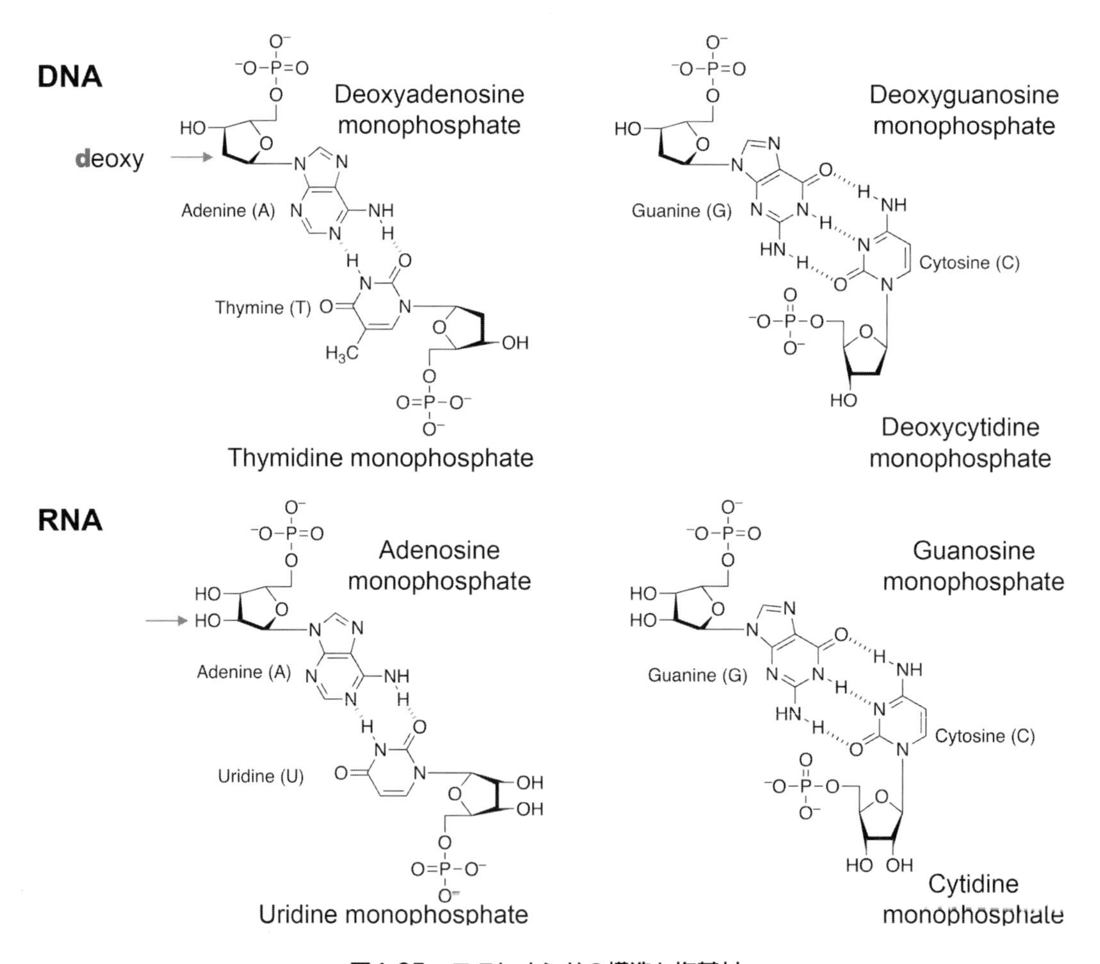

図1-25　ヌクレオシドの構造と塩基対

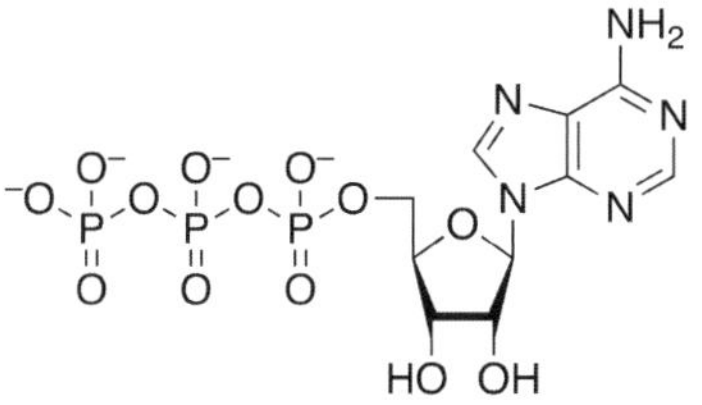

ATP

図1-26　ATPの構造

Sugar	Activated form
Glc Gal ○ GlcNAc GalNAc GlcA Xyl	UDP-Sugar
Man ● Fuc	GDP-Sugar
Sia ◆	CMP–Sia

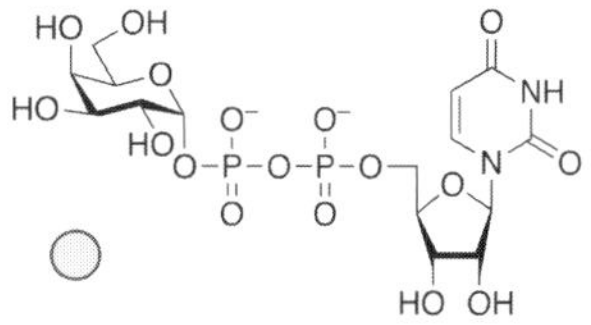

UDP-Gal
Uridine diphosphate galactose

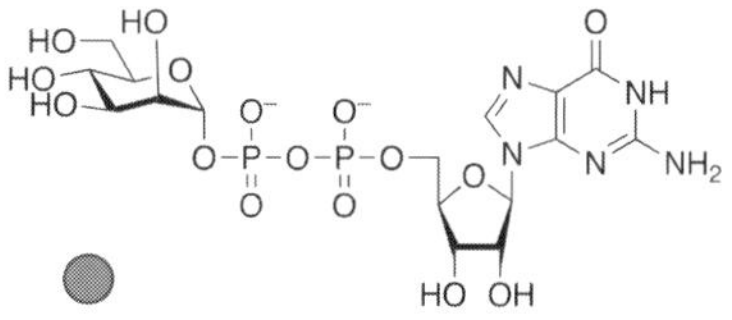

GDP-Man
Guanosine diphosphate mannose

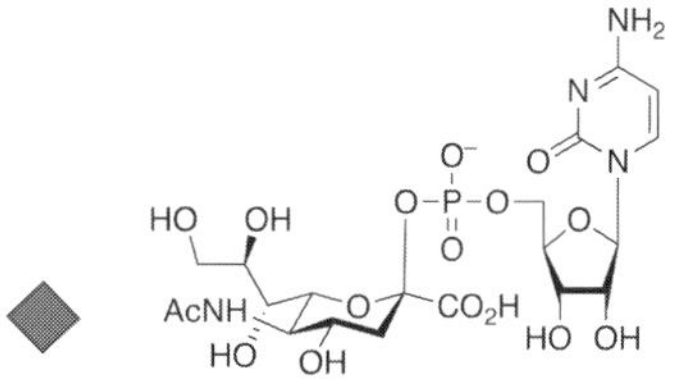

CMP-Sia (CMP-Neu5Ac)
Cytidine 5'-monophosphate sialic acid (*N*-acetylneuraminic acid)

図1-27　糖ヌクレオチドと構造の例（シンボル表示したものから図示）
［カラー画像は表2（表紙の裏）参照］

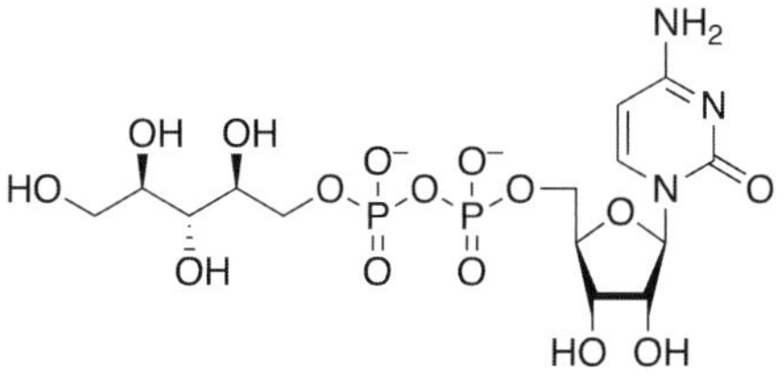

CDP-リビトール

図1-28　シチジン二リン酸リビトール（CDP-リビトール）の構造

フラノース部分のコンフォメーションは、種々解析検討されているが、例えばCMPのジメチルエステルのX線結晶構造解析の結果[15]から見られるように、C4-O-C1で規定される平面に対しC3がC2の上方に位置している$^{3}T_{2}$や、^{3}E、E_{2}か、その逆の$^{2}T_{3}$、^{2}E、E_{3}をとる[16]。核酸が連なるRNAなどの場合、糖の3位と5位のリン酸エステル間の距離が前群は後群より短い構造となり、この糖構造変化が全体構造に影響を与えることになる（図1-29）。

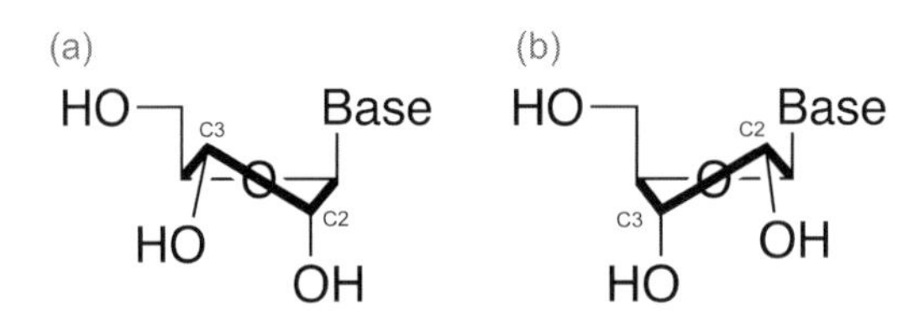

図1-29 ヌクレオシドのリボフラノースの構造
(a) $^{3}T_{2}$、(b) $^{2}T_{3}$。

1-3 単糖の反応

1-3-1 単糖の酸化

糖は、ポリヒドロキシアルデヒド/ケトンであるので、カルボニル基とヒドロキシ基の一般的な反応が起こり得ると考えられる。

・単糖の酸化（単糖の還元性）：アルドースは、温和な酸化剤で容易に酸化されてアルドン酸（aldonic acid）とよばれるカルボン酸になる。還元糖（reducing sugar）の試験として知られるトレンス（Tollens）反応（銀鏡反応）、フェーリング（Fehling）反応、ベネディクト（Benedict）反応などは、ヘミアセタールより平衡条件下存在する鎖状構造のアルデヒドの酸化反応によるカルボン酸の生成によるアルドン酸の合成反応である（図1-30）。

D-フルクトースなどのケトースは、鎖状型としてα-ヒドロキシケトン（-CO-CH_2OH）構造を持つため、前述の還元糖の試験における塩基性溶液中で、ケト-エノール互変異性を繰り返し、エンジオール構造を経てアルドースとなり、例えば、フルクトースの場合は2位のエピマー（D-グルコースとD-マンノース）が生じることになるがいずれも、還元作用を示す（図1-31）。この反応は、ロブリー・ド・ブリュイン-ファン・エッケンシュタイン転位（Lobry de Bruyn-van Ekenstein transformation）とよばれる。

補足であるが、D-グルコースからも、数時間塩基性溶液で処理しておくと、平衡条件下エンジオール中間体を経て2つの異性体（D-フルクトースとD-マンノース）が得られる。グルコースのフルクトースへの変換は、アルドース-ケトース間の相互変換である。

多数ある不斉中心の1つのみが逆の立体化学となるD-グルコースのD-マンノースへの変換のような反応は、エピマー化とよばれる。省略して示したが、環状ヘミアセタール構造から開環し鎖状構造になり互異性化を経る2位のエピマー化後にまた環状構造になる。

さて、酸化されたアルドースとして炭素番号が1位がカルボン酸となったアルドン酸類以外にも炭素番号が最上位（グルコースだと6位）がカルボン酸のアルズロン酸（alduronic acid）類、両者がカルボン酸となったアルダル酸（aldaric acid）類がある。また、ケトース（-ulose）の1位がカルボン酸に酸化されたケトアルドン酸（一般的に2-ケト体）は2-ウロソン酸（-ulosonic acid）類である。同様に2-ウロスロン酸（-ulosuronic acid）類、2-ウロサル酸（-ulosaric acid）類がある。語尾をケトースの名称ウロース（-ulose）に語尾の（-onic acid）、（-uronic acid）や（-aric acid）をつけて命名する（図1-32）。

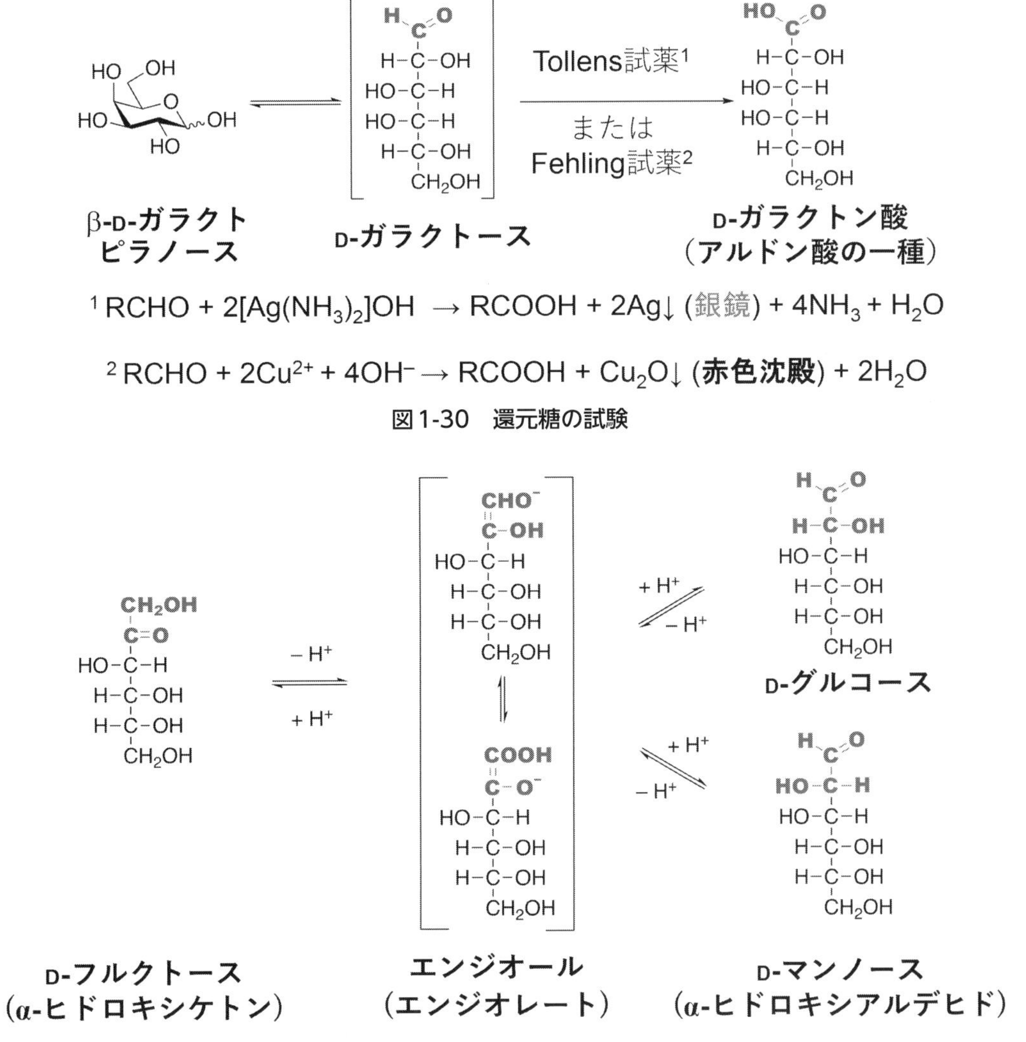

図1-30　還元糖の試験

図1-31　塩基性溶液中におけるD-フルクトースの異性化

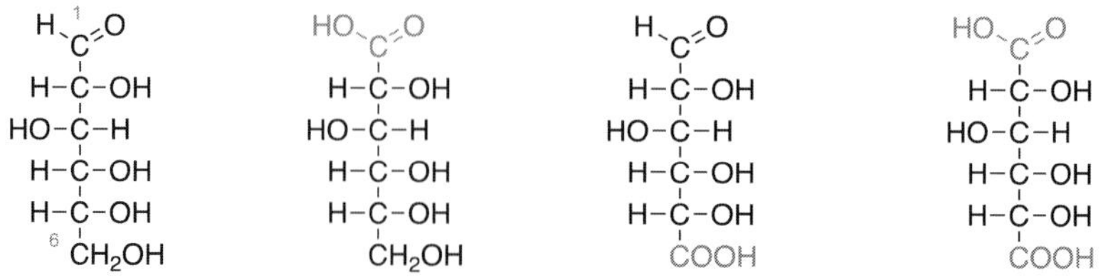

D-グルコース（アルドース）　D-グルコン酸（アルドン酸）　D-グルクロン酸（アルズロン酸）　D-グルカル酸（アルダル酸）

図1-32　アルドン酸、アルズロン酸、アルダル酸の構造

D-グルコースのアルズロン酸であるα-D-グルクロン酸と、その5位のエピマーであるβ-L-イズロン酸は、グリコサミノグリカンに見られ、コアタンパク質と結合しプロテオグリカンとして生体内に存在し、動物において重要な分子である。肝細胞中のD-グルクロン酸は、ステロイド、ある種の薬物、および ビリルビン（酸素運搬タンパク質であるヘモグロビン中ヘムの分解生成物）といった分子と結びついて、水への溶解性を高めている。この配糖化の過程は人体に不要な老廃物の水溶性を改善し、体から除去するために役立っている。

ヒドロキシ基とカルボキシ基の間での分子内脱水反応は、環状構造（ラクトン）を形成する。例えば、ヒドロキシ基がグルコースと同じ立体配置のアルドン酸であるD-グルコン酸の5位ヒドロキシ基とのラクトン形成でD-グルコノ-1,5-ラクトンが、アルズロン酸であるD-グルクロン酸の3位ヒドロキシ基とのラクトン形成で D-グルクロノ-6,3-ラクトンが得られる（図1-33）。活性酸素種や窒素酸化物から細胞を守る、強力な還元剤であるアスコルビン酸（ビタミンC）のようなラクトンも自然界でよく見られる（図1-34）。

なお、ヘミアセタール構造の β-D-グルコースをそのまま酸化して D-グルコノ-1,5-ラクトンを生成する酵素（グルコースオキシダーゼ）も存在している（図1-35）。この酵素反応を血糖（グルコース）の検出法として応用する試みもなされている。例えば、1) α-D-グルコースのβ体への異性化酵素（ムタロターゼ：変旋光を促す酵素）を行い、2) 引き続くD-グルコノ-1,5-ラクトンへの酵素酸化、3) 2) で生じる H_2O_2 をペルオキシダーゼで発行させてモニターする、三段階の酵素反応による血糖検出系が開発されている[17,18]。

その他、糖分子が受ける化学的な酸化反応として重要なものに、グリコール開裂がある。四酢酸鉛や過ヨウ素酸ナトリウムなどにより隣接の1,2-ジオール部分が、2つのカルボニル化合物への変換を伴う酸化的開裂反応[19]を受ける。後述するアルジトールの1つであるマンニトールの誘導体におけるグリコール開裂では、2分子のD-グリセルアルデヒド誘導体（左右対象であることに注意）が得られる（図1-36）。

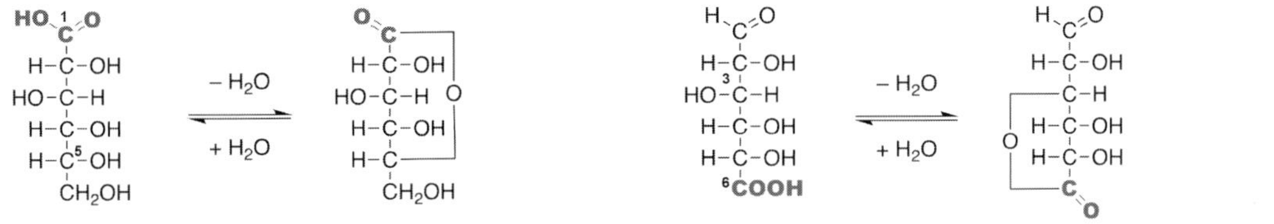

HO 1 O
C
H−C−OH
HO−C−H
H−C−OH
H−C 5 OH
CH_2OH

$-H_2O$ / $+H_2O$

O
C
H−C−OH
HO−C−H O
H−C−OH
H−C
CH_2OH

H O
C
H−C−OH
3
HO−C−H
H−C−OH
H−C−OH
6 COOH

$-H_2O$ / $+H_2O$

H O
C
H−C−OH
C−H
O H−C−OH
H−C−OH
C
O

D-グルコン酸　D-グルコノ-1,5-ラクトン　D-グルクロン酸　D-グルクロノ-6,3-ラクトン

図1-33　分子内脱水反応による環状構造（ラクトン）の形成

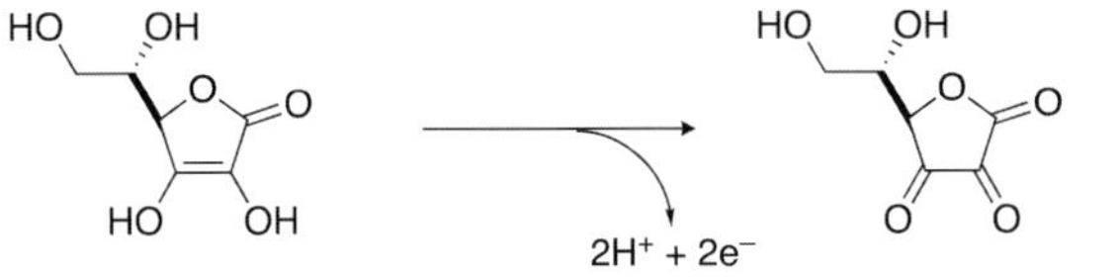

HO OH O O HO OH

HO OH O O O O

$2H^+ + 2e^-$

アスコルビン酸（ビタミンC）　デヒドロアスコルビン酸

図1-34　アスコルビン酸の構造とデヒドロ体への変換による還元性

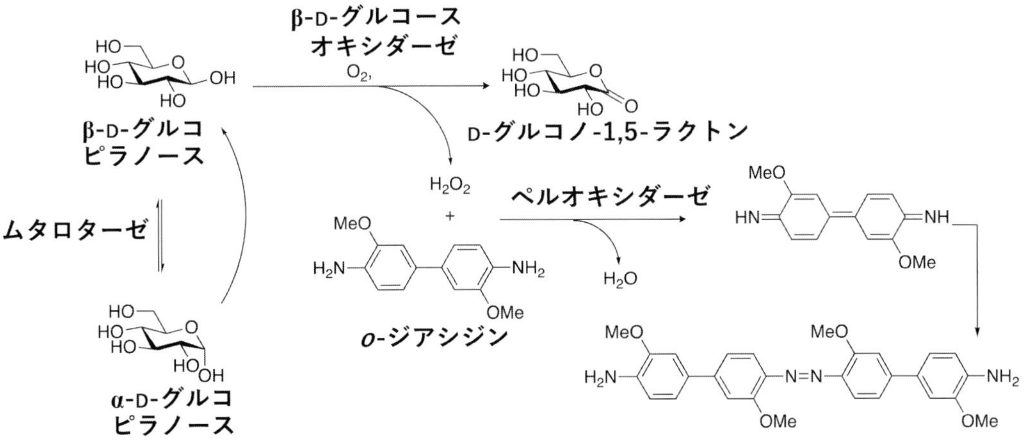

HO HO HO O OH HO

β-D-グルコピラノース

β-D-グルコースオキシダーゼ

O_2,

HO HO HO O HO O

D-グルコノ-1,5-ラクトン

ムタロターゼ

HO HO HO O HO OH

α-D-グルコピラノース

H_2O_2
+

MeO
H_2N NH_2
OMe

o-ジアシジン

ペルオキシダーゼ

H_2O

MeO
HN= =NH
OMe

MeO MeO
H_2N N=N NH_2
OMe OMe

図1-35　グルコースオキシダーゼによるD-グルコノ-1,5-ラクトンの生成と血糖の検出のスキーム

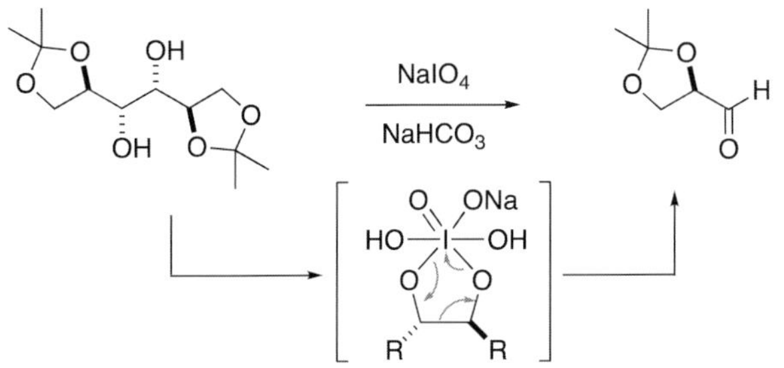

O OH O
O OH O

$NaIO_4$
$NaHCO_3$

O O H O

O ONa
HO−I−OH
O O
R R

図1-36　過ヨウ素酸ナトリウムでのグリコール開裂

1-3-2　単糖の還元

アルドースやケトースを $NaBH_4$ で処理すると、互変異性で生じるホルミル基やケトン基が還元され、アルジトール（alditol）とよばれる糖アルコール（ポリオール）を生成する（図1-37）。ケトースからは、生じたヒロドキシ基が結合している不斉炭素のエピマーが生じ得ることになる。アルジトールは分子として対称性を持つため、不斉炭素原子を持ちながら対応する鏡像異性体が存在しない立体異性体（メソ体）を生じることに注意が必要である（図1-38）。アルダル酸も同様に分子の対称性が高くなる。

炭素数3～6までのD-体のアルジトールの構造を示す（図1-39）。アルジトールは環状アセタール/ケタール構造をとるためのカルボニル基がないために、鎖状分子である。アルジトールは、天然に存在するグルシトール（ソルビトール）、マンニトール、キシリトール、エリトリトール（二糖からの還元生成物のマルチトール、ラクチトールなど）、商業的な食品加工や製薬業界において利用されている。例えば、ソルビトールは、水分量低下を押さえるため（保湿に）使われ、キシリトールは、インスリン非依存的に代謝されず、また虫歯の原因にならない甘味料として使われる。

H−C=O
H−C−OH
HO−C−H
H−C−OH
H−C−OH
CH_2OH

1) $NaBH_4$　2) H_2O →

CH_2OH
H−C−OH
HO−C−H
H−C−OH
H−C−OH
CH_2OH

← 1) $NaBH_4$　2) H_2O

CH_2OH
C=O
HO−C−H
H−C−OH
H−C−OH
CH_2OH

1) $NaBH_4$　2) H_2O →

CH_2OH
HO−C−H
HO−C−H
H−C−OH
H−C−OH
CH_2OH

D-グルコース　D-グルシトール（ソルビトール）（アルジトールの一種）　D-フルクトース　D-マンニトール（アルジトールの一種）

図1-37　アルジトールの形成

アルドース	不斉炭素原子数 (n)	可能な異性体の数 アルドース (アルドン酸) CHO (COOH) / (H−C−OH)$_n$ / CH_2OH	 アルジトール (アルダル酸) CH_2OH (COOH) / (H−C−OH)$_n$ / CH_2OH (COOH)
トリオース	1	2	1
テトロース	2	4	3
ペントース	3	8	4
ヘキソース	4	16	10
ヘプトース	5	32	16

図1-38　アルドースとアルドン酸およびアルジトールとアルダル酸の異性体の数

グリセロール（光学不活性）	エリトリトール（メソ形）	D-トレイトール	リビトール（メソ形）	D-アラビニトール	キシリトール（メソ形）
CH_2OH	CH_2OH	CH_2OH	CH_2OH	CH_2OH	CH_2OH
H-C-OH	H-C-OH	HO-C-H	H-C-OH	HO-C-H	H-C-OH
CH_2OH	H-C-OH	H-C-OH	H-C-OH	H-C-OH	HO-C-H
	CH_2OH	CH_2OH	H-C-OH	H-C-OH	H-C-OH
			CH_2OH	CH_2OH	CH_2OH

アリトール（メソ形）	D-グルシトール（ソルビトール）	D-マンニトール	D-イジトール	ガラクチトール（ズルシトール）（メソ形）	D-アルトリトール
CH_2OH	CH_2OH	CH_2OH	CH_2OH	CH_2OH	CH_2OH
H-C-OH	H-C-OH	HO-C-H	HO-C-H	H-C-OH	HO-C-H
H-C-OH	HO-C-H	HO-C-H	H-C-OH	HO-C-H	H-C-OH
H-C-OH	H-C-OH	H-C-OH	HO-C-H	HO-C-H	H-C-OH
H-C-OH	H-C-OH	H-C-OH	H-C-OH	H-C-OH	H-C-OH
CH_2OH	CH_2OH	CH_2OH	CH_2OH	CH_2OH	CH_2OH

図1-39　アルジトールの構造
単素数3～6までのD-体を示す。

1-3-3　単糖のエステル化

糖類の遊離ヒドロキシ基が酸または酸誘導体と反応すると、エステルへ変換される。このエステル化は、しばしば糖の化学的、物理的性質を大きく変えることとなる。例えば、酢酸エステルの化学合成法としては、ピリジン中過剰の無水酢酸処理にて、すべてのヒドロキシ基の酢酸エステル化が進行し、1,2,3,4,6-ペンタ-*O*-アセチル-D-グルコピラノースが生成する（図1-40）。なお、α, β-アノマーの混合物の場合、アノマー位の結合は波線で書く。

単糖のリン酸エステルは、核酸の構成要素として重要であることは前述したが、生体内で糖鎖をつなげていく糖転移反応の際に、中心的に働く糖転移酵素の糖供与体基質には糖ヌクレオチド以外にも脂質（ドリコールなど）との糖リン酸ジエステル（ドリコールリン酸マンノース/グルコース）などが使われる（図1-41）。天然では、各種糖核酸エステル転移酵素（UDP-グルコースピロホスホリラーゼなど）や各種加リン酸分解酵素（ホスホリラーゼ）にて合成される。なお、リン酸基付加の手法として、化学合成法も使用できる。例えば、糖一リン酸および脂質一リン酸を化学合成した後に縮合し二リン酸ジエステルを合成する手法も報告されている[20]。なお、糖鎖の硫酸エステルは、関節組織のプロテオグリカンで優位に見出され、糖鎖間の塩架橋形成や認識タンパク質との結合に関与している（図1-42）。硫酸エステルは、SO_3・Et_3N 試薬などの硫酸化試薬を用い、合成される[21]。合成例は参考文献として示した。

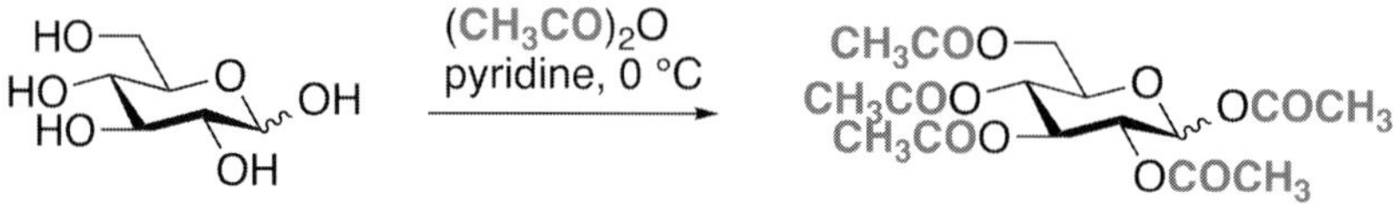

$(CH_3CO)_2O$
pyridine, 0 °C

D-グルコピラノース

ペンタ-*O*-アセチル-D-グルコピラノース

図1-40　単糖のエステル化：無水酢酸を用いた例

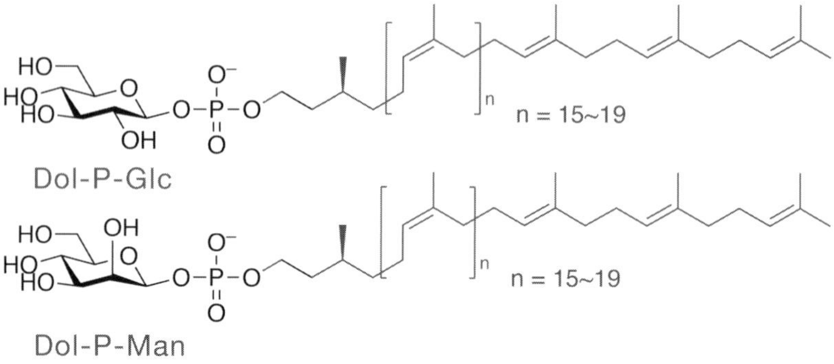

n = 15~19

Dol-P-Glc

n = 15~19

Dol-P-Man

図1-41　ドリコールリン酸グルコース/マンノース（Dol-P-Glc/Dol-P-Man）の構造

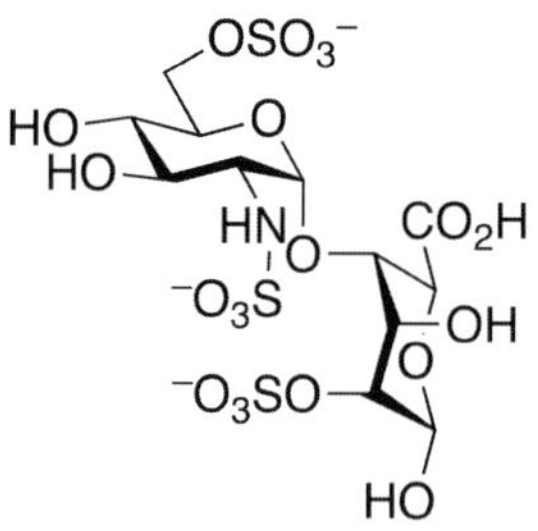

図1-42　血管新生因子である線維芽細胞増殖因子２に認識されるグリコサミノグリカン糖鎖の高度に硫酸化されたグルコサミンとイズロン酸からなる二糖部分構造の例

1-3-4　単糖のメチル化

酸化銀の存在下では、ヨウ化メチル処理にてメチル化が進行し、メチルエーテルが生成する（図1-43）[22]。その後、NaOH存在下、ジメチル硫酸での手法も報告されたが[23]、多糖のメチル化法として用いられていたこれらの初期の手法はいずれも変換効率に問題があった。箱守らによりDMSO中NaHを用いヨウ化メチル処理し、完全メチル化する手法が開発され[24]、これまでの糖鎖や多糖の構成糖の成分解析、結合や分岐構造解析の効率が飛躍的に向上した。近年、さらに箱守法で問題となっていた酸化副生成物の生成も制御され、大きく改良されている[25]。

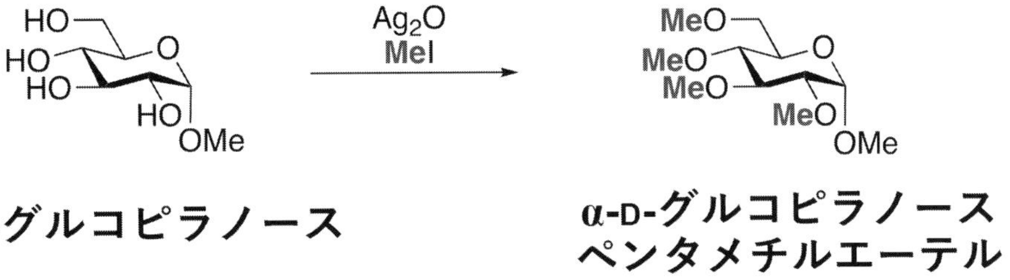

α-D-グルコピラノース　　α-D-グルコピラノース ペンタメチルエーテル

図1-43　単糖のメチル化：酸化銀の存在下、ヨウ化メチルを用いた例

1-3-5　グリコシド形成

ヘミアセタールとヘミケタールはアルコールと反応し、相当するアセタールとケタールを形成する。単糖の環状ヘミアセタールや環状ヘミケタールはアルコールと反応すると、グリコシド結合を形成し、グリコシド（配糖体）とよばれる環状アセタールや環状ケタールが得られる。糖部以外の部分をアグリコン（aglycone）と言う。グリコシドの名前は、糖の構成要素により特定され、例えば、グルコースとフルクトースの環状アセタールは、それぞれグルコシド、フルクトシドである。五員環はフラノシド、六員環はピラノシドとよばれる。グリコシドの生成は、酸触媒下脱水して生成するカチオン性の中間体（グリコシルカチオン）に対して、アルコールが付加する可逆的反応でカチオンの平面の上下から接近できる付加方向は2通りあるので、α-体、β-体の両方の異性体を生成する可能性がある。D-グルコースとメタノールの反応からのピラノシドの生成（図1-44）では、メチルα-D-グルコピラノシド、メチルβ-D-グルコピラノシドが得られるが、名称には、アグリコン名、α/β、D/L、糖の名称、環構造の情報を含む。

β-D-ガラクトピラノースとエタノールの酸触媒反応（図1-45）で、得られる生成物（エチルガラクトシド）として、エチル-β-D-ガラクトピラノシド、エチル-α-D-ガラクトピラノシド、エチル-β-D-ガラクトフラノシド、エチル-α-D-ガラクトフラノシドがある。開環した後に、5位からでなく4位のヒドロキシ基が閉環してくると、フラノースが生成する（1-2-5変旋光の節で説明した）。同様にフラノースからも五員環グリコシルカチオン経由で、エチルグリコシドの両異性体が生成することになる。

アセタール構造が、単糖のヘミアセタールと、別の単糖のヒドロキシ基の間で形成される（アグリコンが糖分子のグリコシドである）場合、二糖となる。多糖の場合、多数の単糖がアセタール結合を通してお互いがつながっている。二糖以上の構造は第2章で紹介する。グリコシドは、アセタール構造であるため、ヘミアセタールが示す変旋光も還元性も示さない。二糖や多糖の場合、グリコシドを有している場合でも、末端にヘミアセタール構造の糖残基が残って還元性を示すことがある。還元性を示す側を、還元末端、逆側を非還元末端とよび、還元末端がグリコシドである場合においても同様に区別

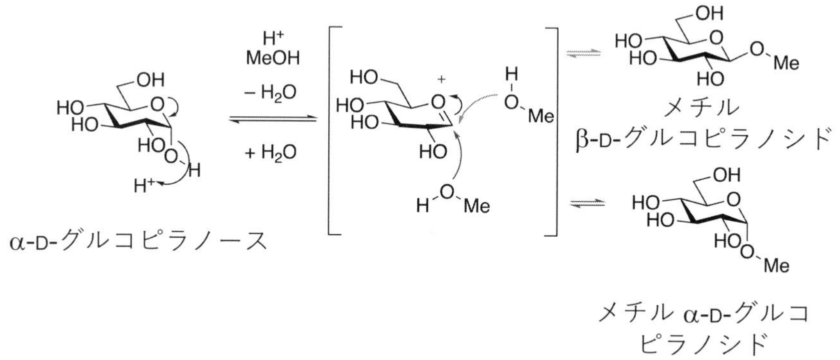

α-D-グルコピラノース

メチル β-D-グルコピラノシド

メチル α-D-グルコピラノシド

図1-44　酸触媒によるグリコシド（配糖体）の生成とその構造表示

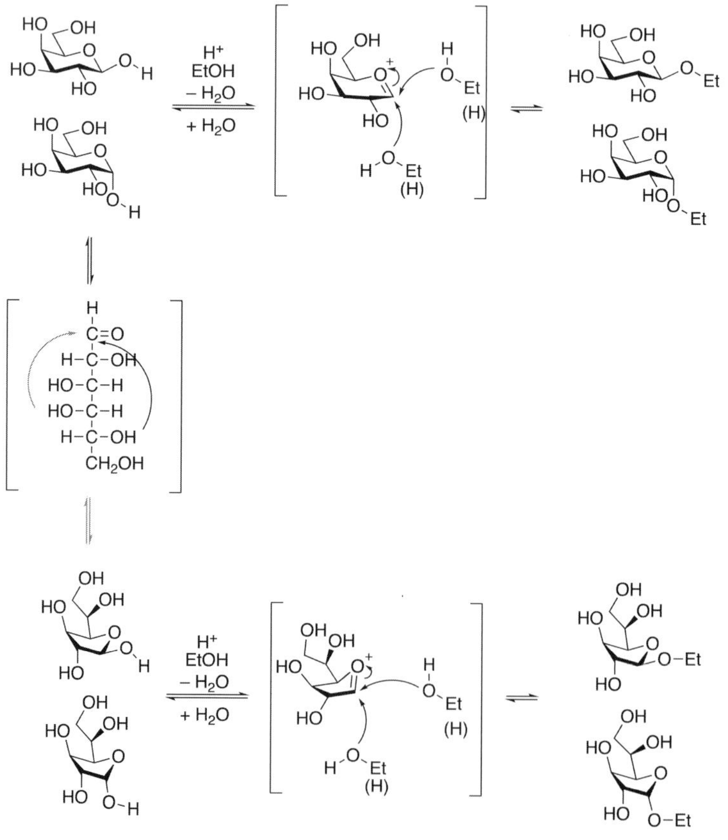

図1-45　酸触媒によるグリコシドの異性体の生成

されている。

(1) 糖アミノ酸

グリコシル化反応では、糖類以外の生体分子であるタンパク質や脂質に対しても、糖や糖鎖を付加する。糖付加反応は、糖転移酵素（グリコシルトランスフェラーゼ）によって触媒され、結合する糖残基のアノマー炭素と糖以外の分子の酸素原子や窒素原子との間でグリコシド結合が形成される。アグリコン (aglycon) との結合様式によって、アミノ酸との場合 (図1-46) では、アスパラギン側鎖アミド基との *N*-グリコシド、またセリン/トレオニンなどのヒドロキシ基との *O*-グリコシドに大別される (図1-46a)。詳細は第2章以降で述べる。一般的な*N*-グリコシド以外には、トリプトファンやアルギニンを介した*N*-グリコシド付加が昆虫のペルオキシダーゼの修飾構造やグラム陰性菌の翻訳伸長因子などとして見出されている (図1-46b)[26,27]。また、チロシンの*O*-グリコシドのほかにも、コラーゲンに見られるヒドロキシリジンやヒドロキシプロリンを介した *O*-グリコシドなどが、昆虫や植物、さらに細菌などでは広く知られている (図1-46c)。

また、糖側にも多様性があることが知られている。例えば、セリンなどの *O*-グリコシドでは多様なcore構造の非還元末端のα結合*N*-アセチルガラクトサミンが広く用いられている。また、翻訳後修飾構造の1つであるセリン/トレオニンのリン酸エステル化のシグナルと相補的に導入され転写因子などのタンパク質の機能調節をしているとされる、*N*-アセチルグルコサミンがβ結合した*O*-GlcNAc 構造が見られる。グリコサミノグリカン類の非還元末端共通四糖構造にβ結合したD-キシロースが見出される。また、細胞表層の α-ジストログリカンは、非還元末端のD-マンノースが α結合し、さらにマンノースの 2 位、2および6位、または4位にβ結合で*N*-アセチルグルコサミンが結合し、さらに複雑な core 1からcore 3の構造をとる (図1-46d)[28,29]。

植物の翻訳後修飾構造として、L-アラビノースが β-フラノシドとしてヒドロキシプロリンに結合した珍しい構造も見られる (図1-46c)。これは植物のエクステンシンや成長ホルモンなどにも見られる翻訳後修飾構造である[30,31]。前述の昆虫のペルオキシダーゼの修飾構造やグラム陰性菌の翻訳伸長因子などで見出されているトリプトファンやアルギニンを介した*N*-グリコシドについてもすでに数種の糖残基が見出されている (図1-46b)[32,33]。ほかに、システインスルフヒドリル基との*S*-グリコシド、およびトリプトファンとの *C*-グリコシドなども存在する (図1-46a)[32,33]。これらの糖付加は、タンパク質の構造や、機能発現に大きくかかわる。

グリコシド (配糖体) は、ヘミアセタール構造ではなく、アセタール構造を持つため、カルボニル基の露出する鎖状型構造と平衡にならないので、変旋光を示さない、還元性を示さないなどの特徴がある。また、酸の水溶液で加水分解することにより遊離の単糖に戻すことができる (グリコシドの生成の逆反応) (図1-44)。塩基性水溶液中では配糖体は安定である。しかしセリンなどに結合した糖アミノ酸誘導体は、塩基性で β-脱離を起こすので不安定であることが知られている。

(2) 各種配糖体

配糖体は自然界に普遍的に見られ、非常に多くの生物活性な分子がグリコシド結合を含んでいる。例えばサリシンは、柳の樹皮中に見出されて解熱と鎮痛の特性を持つ化合物である(図1-47)。サリシンの糖質部分はβ-D-グルコースで、アグリコン部分(非

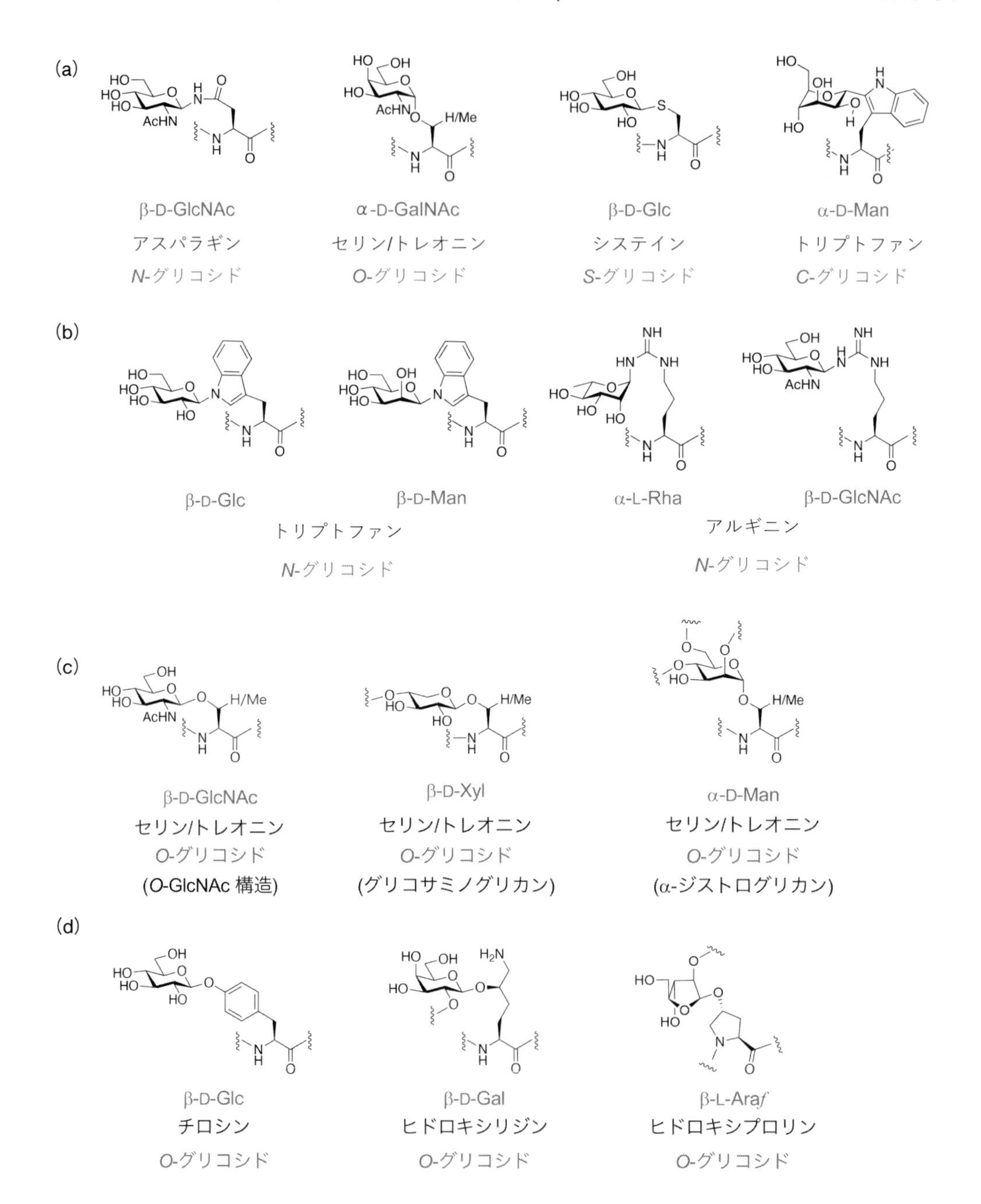

図1-46　天然に見られる各種アミノ酸とのグリコシドの例

(a) 各種グリコシド、(b) アスパラギン残基以外との *N*-グリコシド、(c) D-GlcNAc、D-XylおよびD-Manの *O*-グリコシド構造。さらに複雑に修飾されているものもある。波線は構造が続いていることを示す。(d) セリン/トレオニン残基以外との *O*-グリコシド．D-ガラクトピラノースやL-アラビノフラノース (L-Araf) の *O*-グリコシドなども見られる。

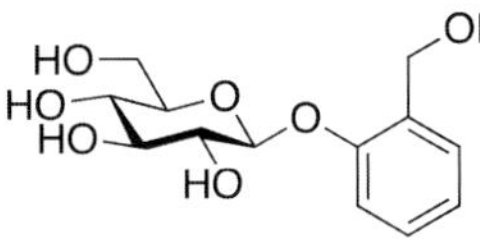

サリシン
（サリチルアルコールの
β-D-グルコピラノシド）

図1-47　サリシンの構造

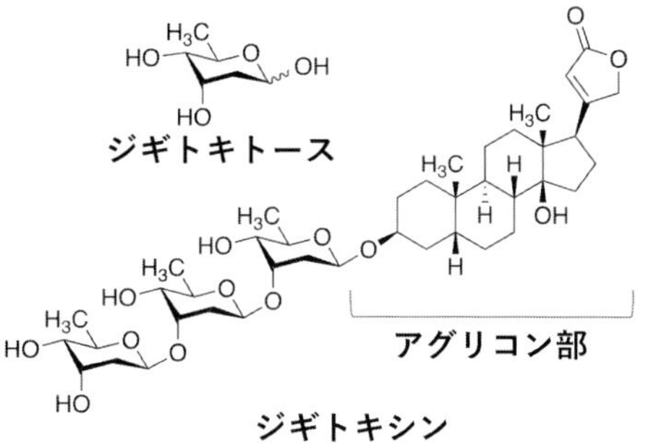

ジギトキトース
アグリコン部
ジギトキシン

図1-48　ジギトキシンの構造

糖質部分）は*o*-（ヒドロキシメチル）フェノール（サリチルアルコール）である。

また、心不全（うっ血性）の治療薬として用いられているジギタリス製剤の活性な成分であるジギトキシンは、ステロイドアルコールを含む配糖体である（図1-48）。糖質部分は、2位と6位のヒドロキシ基のないジデオキシ糖（ジギトキソース）が用いられ、さらに三糖としてグリコシド結合で互いに結ばれている複雑な構造である。

高等植物が生産する配糖体として存在する糖は、グルコース（Glucose）、マンノース（Mannose）、ガラクトース（Galactose）、フコース（Fucose）、ラムノース（Rhamnose）、アラビノース（Arabinose）、キシロース（Xylose）などアルドース（aldose）のほか、ケトース（ketose）としてフルクトース（Fructose）があり、*O*-グリコシドを形成している。ラムノース、アラビノースだけがL体である。また、植物配糖体で見られる主なウロン酸として、グルクロン酸がもっともよく知られ、配糖体の構成糖としてのみならず、各種代謝物の抱合体として生体内に存在する。生体で多様な機能を持って働いている糖タンパク質や糖脂質などの糖質部分は、これらがオリゴ糖や多糖構造として糖質部分となっており、さらに修飾を受けるなどしているため、極めて多様で複雑である。

アグリコンとしては、各種テルペノイド、ステロイド、キノン類、リグナンなど多様なタイプの二次代謝産物が挙げられる。一般に、配糖体になると水溶性が向上する。漢方薬などの疎水性薬効成分の抽出に効果があり、また、消化酵素や腸内細菌など酵素で遊離した疎水性のアグリコンは生体膜を透過可能であるので、経口投与の薬物輸送のシステムとして機能する。便秘を改善する生薬ダイオウの瀉下活性成分であるビスβ-D-グルコシドのセンノシドがその例である[36,37]（図1-49）。

天然物の中にはより複雑で機能的なアグリコン構造を持つものがある。なかでもエンジイン系抗生物質は配糖体構造がしばしば見られる。非常に歪みのかかった九員環エンジイン構造をアグリコンに持つネオカルチノスタチン（neocarzinostatin）、C-1027、ケダルシジン（kedarcidin）などのクロモフォアがそうである（図1-50）。その強力な抗がん活性と合成の難しい複雑なアグリコン部を有するクロモフォア構造から、天然物の全合成のターゲットとして合成研究がなされている[38]。

また、アグリコンとして蛍光分子を用い、蛍光発色の on/off を糖の切断により行うシステムにより、卵巣がんなどで酵素活性の促進しているガラクトシダーゼを利用した微小がんの蛍光検出にも応用されている[39]（図 1-51）。配糖化は分子設計の鍵としても医療応用研究が進められてきている。

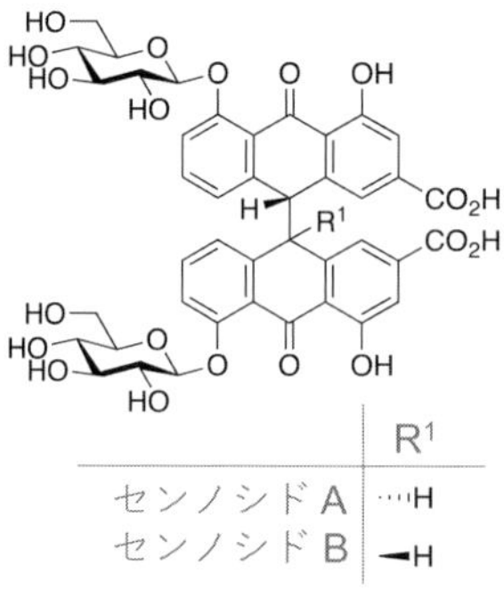

HO HO HO HO O O O OH H R^1 CO_2H CO_2H HO HO HO HO O O O OH

	R^1
センノシド A	···H
センノシド B	◀H

図 1-49　センノシド A および B の構造

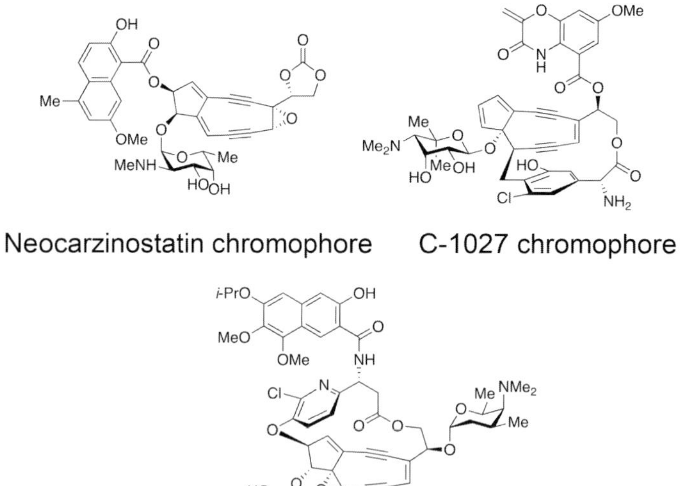

OH O O Me OMe O O O O O O MeNH Me HO OH

OMe O O N H O O Me Me_2N O O Me OH HO HO O O Cl NH_2 O

Neocarzinostatin chromophore　　C-1027 chromophore

i-PrO OH MeO OMe O NH Cl N Me NMe_2 O O O O Me O O HO O O Me HO Me

Kedarcidin chromophore

図 1-50　エンジイン系抗生物質に見られる配糖体構造

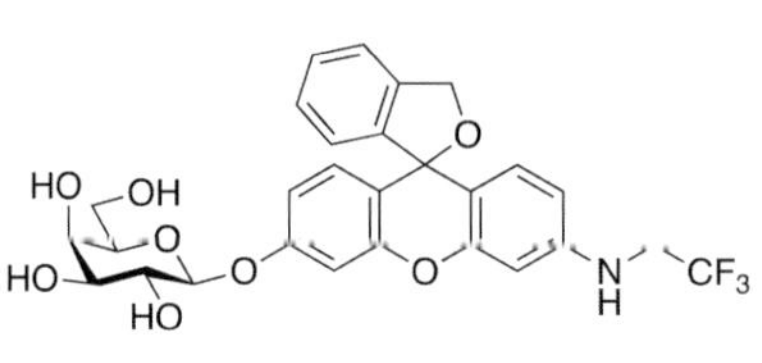

O HO OH O HO HO O O N H CF_3

図 1-51　ガラクトシダーゼ処理で蛍光を発するグリコシド構造の分子プローブ

1-3-6　メイラード反応

生体内でグルコースはタンパク質と糖化反応を起こす。ルイ・カミーユ・メヤール（メイラード）によって見出されたこの糖化は、メイラード反応（Maillard reaction）や褐変反応（browning reaction）としても知られ、非酵素的に起こる求核的窒素原子と還元糖との反応である（図1-52a）。生体内でグルコースはタンパク質の遊離アミノ基（N末端α-アミノ基やリシン残基側鎖ε-アミノ基）と非酵素的に反応して、シッフ塩基（アルジミンとも言う）を形成する。その後、ケトーエノール互変異性を経て安定な1-アミノ-1-デオキシケトース（アマドリ化合物、ケトアミンとも言う）を生成する。シッフ塩基から閉環すると平衡条件下グリコシルアミンとなるが、この反応をアマドリ転位[40]とよぶ。その後にさらに反応し、複雑なAGEs（後期糖化生成物、advanced glycation end-products）を形成する[41]（図1-52b）。

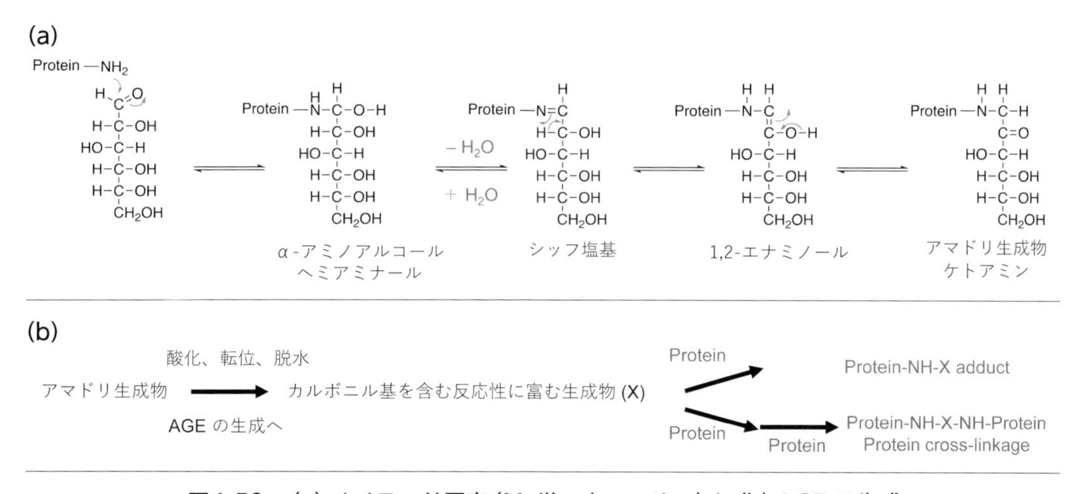

図1-52　(a) メイラード反応（Maillard reaction）と (b) AGE の生成

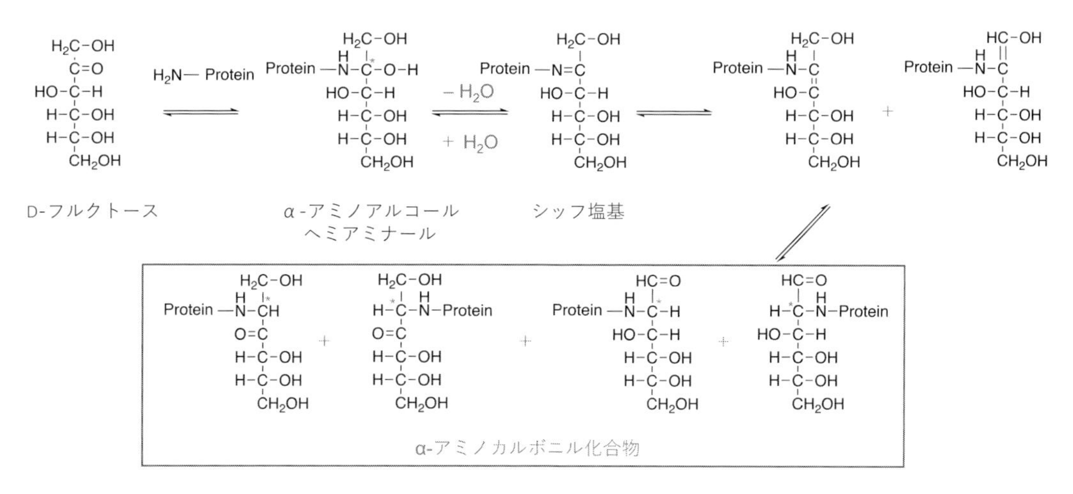

図1-53　ケトースからの糖化

一方、ケトースであるD-フルクトースは、やはりタンパク質の遊離アミノ基と非酵素的に反応して、シッフ塩基（ケチミン）を形成した後、転位を経て、2種のα-アミノカルボニル化合物（立体異性体を考慮すると4種）を生成する（図1-53）。これはハインズ転位として知られている。エナミノールの位置異性体は2つあり、それぞれ *E*/*Z* 異性体がある。その後、α-アミノカルボニル化合物に互変異性すると1位アルデヒド体と3位ケトン体の2位のジアステレオマーがそれぞれ2種ずつ得られることになる。

アマドリ生成物は、さらに単素数の小さいアルデヒドや、3-デオキシグルコソンやグリオキサール、メチルグリオキサールなどのα-ジカルボニル化合物を、脱水、加水分解、炭素間の開裂などを経て変換される（図1-54）。同様に中間体のシッフ塩基の分解や酸化などにより複雑なAGEsが生成する（図1-55）。特にα-ジカルボニル化合物類は反応性が高く、タンパク質中のリジンやアルギニンのような遊離アミノ基を持つ残基と反応し、AGEs生成を進行させ、タンパク質間で架橋（クロスリンク）した生成物を与えることができる。

血中や組織内でグルコース濃度が慢性的に上昇すると非酵素的糖化反応が生じ、種々のタンパク質は糖化される。ヘモグロビンA（成人型のヘモグロビン）中に少量存在しているA1 のβ鎖 N末端のバリンは、グルコースにより非酵素的に糖化される。この糖化ヘモグロビン（グリコヘモグロビン）は、ヘモグロビンA_{1c}（HbA_{1c}）とよばれ、安定で、糖化ヘモグロビンの中で、大きな割合を占めているので、糖化ヘモグロビンの指標として用いられる。1962年柴田らは、糖尿病の患者でヘモグロビンA_{1c}が正常な人に比べて多いことを発見し、その後、Rahbarらが生体内でもメイラード反応が起こることを示した[42]。ヘモグロビンA_{1c}のヘモグロビンに対する割合は、血中グルコース濃度（血糖値）に依存し、糖尿病治療における血糖コントロール（過去1～2か月間）の指標として用いられる。

糖尿病の場合、高血糖状態が引き起こすミトコンドリアでの活性酸素の生成を経る様々なグルコース代謝異常により蓄積したグリセルアルデヒド-3-リン酸（GAP）からトリオースリン酸イソメラーゼ、メチルグリオキサール合成酵素の作用で、前出のメチル

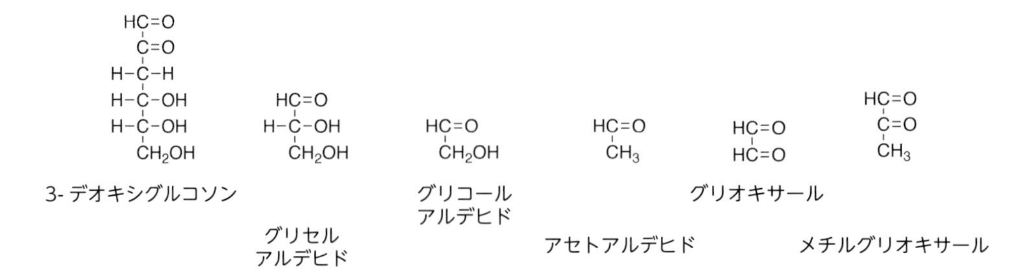

図1-54　AGEsの生成を加速するアルデヒドの例

グリオキサールを生じ、タンパク質のアミノ基と反応してAGEsを生成してしまう。

AGEsは、老化関連の病気に関与しているとされる。例えば、コラーゲンやエラスチンのような長寿命のタンパク質が糖化されると、炎症過程を促進するサイトカインの生産の引き金となり、血管と結合組織の構造が破壊される。ただ、健常の場合AGEsはゆっくり蓄積されるので、加齢に伴って血管系疾患、神経変性疾患や関節炎などの症状が出てくることと関連づけられてきた[43]。血管系疾患のアロテーム性動脈硬化症においては、血管内皮細胞がAGEsの生成と関連し損傷される。この損傷により、マクロファージや成長因子がかかわる修復過程が始まると、炎症が起こり、プラークとよばれる動脈を詰まらせる付着物［悪玉コレステロール（Low Density Lipoprotein: LDL）からのコレステロールや脂質からなる］が生成する。結果として、侵された血管が近くの組織を養う能力は損なわれる[44]。

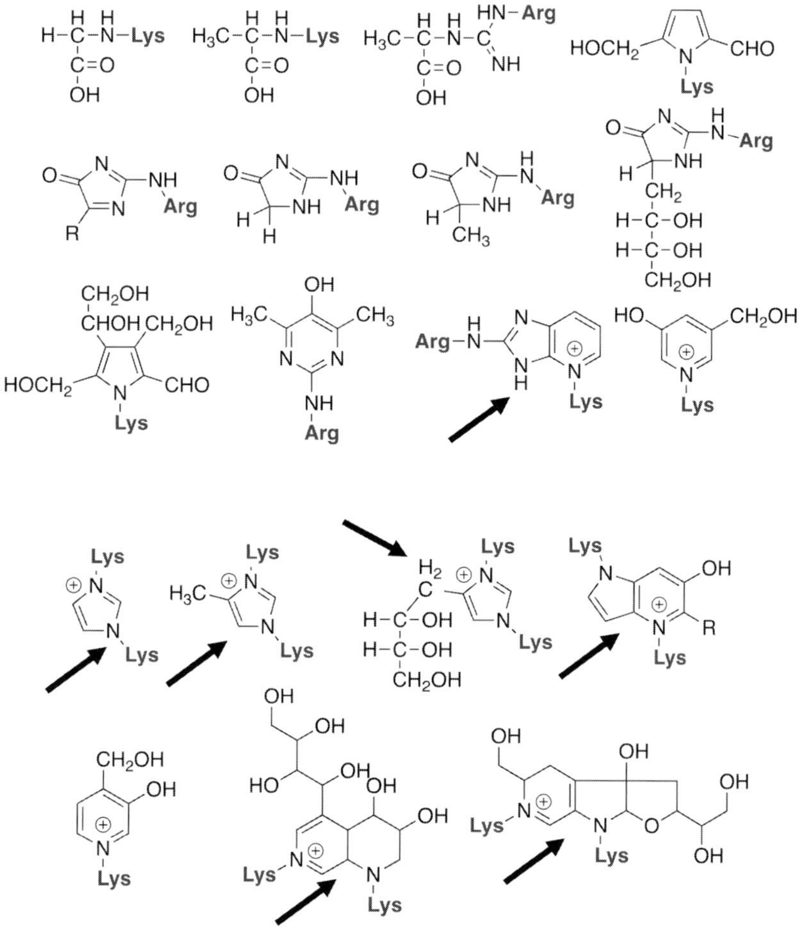

図1-55　Advanced glycation end products (AGEs)
(Protein-NH-X、Protein-NH-X-NH-Protein) の例
Lys、Argなどはタンパク質中のアミノ酸残基を、矢印はクロスリンク体を示す。

参考文献

1) Fischer, E. (1891) Ueber die configuration des traubenzuckers und seiner isomeren. *Ber. Dtsch. Chem. Ges*. **24**, 1836-1845.
2) Fischer, E. (1891) Ueber die configuration des traubenzuckers und seiner isomeren. II. *Ber. Dtsch. Chem. Ges*. **24**, 2683-2687.
3) Favre, H. A. and Powell, W. H. (2014) Nomenclature of organic chemistry: IUPAC recommendations and preferred names 2013 IUPAC. *Blue book*, RSC Publishing.
4) Kanie, O. (2017) Sugar is not always sweet: Naming. *Trends Glycosci. Glycotechnol*. **29**, E33-E34.
5) Haworth, W. N. (1925) A revision of the structural formula of glucose. *Nature* **116**, 430.
6) Haworth, W. N. (1929) The constitution of sugars. New York, Longmans, Green & Co.; London, E. Arnold & Co.
7) IUPAC-IUB joint commission on biochemical nomenclature (JCBN). (1980) Conformational nomenclature for five and six - membered ring forms of monosaccharides and their derivatives: Recommendations 1980. *Eur. J. Biochem*. **111**, 295-298.
8) Cremer, D. and Pople, A. (1975) General definition of ring puckering coordinates. *J. Am. Chem. Soc*. **97**, 1354-1358.
9) Jeffrey, G. A. and Yates, J. H. (1979) Stereographic representation of the Cremer-Pople ring-puckering parameters for pyranoid rings. *Carbohydr. Res*. **74**, 319-322.
10) Altona, C. and Sundaralingam, M. (1972) Conformational analysis of the sugar ring in nucleosides and nucleotides. A new description using the concept of pseudorotation. *J. Am. Chem. Soc*. **94**, 8205-8212.
11) Rose, I. A., Hanson, K. R., Wilkinson, K. D. and Wimmer, M. J. (1980) A suggestion for naming faces of ring compounds. *Proc. Natl. Acad. Sci*. **77**, 2439-2441.
12) http://csdb.glycoscience.ru/database/index.html?help=eog
13) https://www.genome.jp/kegg/catalog/codes2.html
14) Sato, H. and Manabe, S. (2013) Design of chemical glycosyl donors: Does changing ring conformation influence selectivity/reactivity? *Chem. Soc. Rev*. **42**, 4297-4309.
15) Brennan, R. G., Kondo, N. S. and Sundaralingam, M. (1984) X-ray structure of cytidine-5'-*O*-dimethylphosphate. Novel stacking between the ribosyl O (2') hydroxyl oxygen atom and the base. *Nucleic Acids Res*. **12**, 6813-6825.
16) Moreau, C., Ashamu, G. A., Bailey, V. C., Galione, A., Guse, A. H. and Potter, B. V. L. (2011) Synthesis of cyclic adenosine 5'-diphosphate ribose analogues: a C2' *endo/syn* "southern" ribose conformation underlies activity at the sea urchin cADPR receptor. *Org. Biomol. Chem*. **9**, 278-290.
17) Miwa, I., Okuda, J., Maeda, K. and Okuda, G. (1972) Mutarotase effect on colorimetric determination of blood glucose with β-D-glucose oxidase. *Clinica Chimica Acta* **37**, 538-540.
18) Claiborne, A. and Fridovich, I. (1979) Chemical and enzymic intermediates in the peroxidation of *o*-dianisidine by horseradish peroxidase. 1. Spectral properties of the products of dianisidine oxidation. *Biochemistry* **18**, 2324-2329.
19) Schmid, C. R. and Bryant J. D. (1995) D- (*R*) -glyceraldehyde acetonide. *Org. Synth*. **72**, 6.
20) Lee, Y. J., Ishiwata, A. and Ito, Y. (2009) Synthesis of undecaprenyl pyrophosphate-linked glycans as donor substrates for bacterial protein *N*-glycosylation. *Tetrahedron* **65**, 6310-6319.
21) 最近の例: Yeh, C.-J., Ku, C.-C., Lin, W.-C., Fan, C.-Y., Zulueta, M. M. L., Manabe, Y., Fukase, K., Li, Y.-K. and Hung, S.-C. (2019) Single-step per-*O*-sulfonation of sugar oligomers with concomitant 1,6-anhydro bridge formation for binding fibroblast growth factors. *ChemBioChem* **20**, 237-240.
22) Purdie, T. and Irvine, J. C. (1903) C. - The alkylation of sugars. *J. Chem. Soc*. **83**, 1021-1037.
23) Haworth, W. N. (1915) III. - A new method of preparing alkylated sugars. *J. Chem. Soc*. **107**, 8-16.
24) Hakomori, S. (1964) A rapid permethylation of glycolipid, and polysaccharide catalyzed by methylsulfinyl carbanion in dimethyl sulfoxide. *J. Biochem*. **55**, 205-208.
25) Ciucanu, I. and Costello, C. E. (2003) Elimination of oxidative degradation during the per-*O*-methylation of carbohydrates. *J. Am. Chem. Soc*. **125**, 16213-16219.

26) Li, J. S., Cui, L., Rock, D. L. and Li. J. (2005) Novel glycosidic linkage in *Aedes aegypti* chorion peroxidase: *N*-mannosyl tryptophan. *J. Biol. Chem*. **280**, 38513-38521.
27) Li X., Krafczyk R., Macošek J., Li Y. L., Zou Y., Simon B., Pan X., Wu Q. Y., Yan F., Li S., Hennig J., Jung K., Lassak J. and Hu H.G. (2016) Resolving the α-glycosidic linkage of arginine-rhamnosylated translation elongation factor P triggers generation of the first ArgRha specific antibody. *Chem. Sci*. **7**, 6995-7001.
28) Endo, T. (2015) Glycobiology of α-dystroglycan and muscular dystrophy. *J. Biochem*. **157**, 1-12.
29) Kuwabara, N., Imae, R., Manya, H., Tanaka, T., Mizuno, M., Tsumoto, H., Kanagawa, M., Kobayashi, K., Toda, T., Senda, T., Endo T. and Kato, R. (2020) Crystal structures of fukutin-related protein (FKRP), a ribitol-phosphate transferase related to muscular dystrophy. *Nat. Commun*. **11**, 303.
30) Kieliszewski, M. J., Lamport, D. T. A., Tan L. and Canno, M. C. (2011) Hydroxyproline-rich glycoproteins: Form and function. in *Ann. Plant Rev*. **41** (Ed.: P. Ulvskov), Wiley-Blackwell, Oxford, Chapt. 13, pp. 321-342.
31) Ohyama, K., Shinohara, H., Ogawa-Ohnishi, M. and Matsubayashi, Y. (2009) A glycopeptide regulating stem cell fate in *Arabidopsis thaliana*. *Nat. Chem. Biol*. **5**, 578-580.
32) Park, J. B., Kim, Y. H., Yoo, Y, Kim. J., Jun, S. H., Cho, J. W., Qaidi, S. E., Walpole, S., Monaco, S., García-García, A. A., Wu, M., Hays, M. P., Hurtado-Guerrero, R., Angulo, J., Hardwidge, P. R., Shin J.-S. and Cho H.-S. (2018) Structural basis for arginine glycosylation of host substrates by bacterial effector proteins. *Nat. Commun*. **9**, 4283.
33) Gutsche, B., Grun, C., Scheutzow, D. and Herderich, M. (1999) Tryptophan glycoconjugates in food and human urine. *Biochem. J*. **343**, 11-19.
34) Lafite, P. and Daniellou, R. (2012) Rare and unusual glycosylation of peptides and proteins, *Nat. Prod. Rep*. **29**, 729-738.
35) Hofsteenge, J., Müller, D. R., Beer, T., Löffler, A., Richter, W. J. and Vliegenthart, J. F. G. (1994) New type of linkage between a carbohydrate and a protein: *C*-glycosylation of a specific tryptophan residue in human RNase Us. *Biochemistry*, **33**, 13524-13530.
36) Bartnik, M. and Facey, P. C. (2017) Glycosides. *Pharmacognosy; Fundamentals, Applications and Strategies*, Chapt. **8**, 101-161.
37) Yang, L., Akao, T., Kobashi, K. and Hattori, M. (1996) Purification and characterization of a novel sennoside-hydrolyzing β-glucosidase from *bifidobacterium* Sp. Strain SEN, a human intestinal anaerobe. *Bio. Pharm. Bull*. **19**, 701-704.
38) Hirama M. (2016) Total synthesis and related studies of large, strained, and bioactive natural products. *Proc. Jpn. Acad., Ser. B*, **92**, 290-329. References sited in this paper.
39) Asanuma, D., Sakabe, M., Kamiya, M., Yamamoto, K., Hiratake, J., Ogawa, M., Kosaka, N., Choyke, P. L., Nagano, T., Kobayashi, H. and Urano, Y. (2015) Sensitive β- galactosidase-targeting fluorescence probe for visualizing small peritoneal metastatic tumours *in vivo*. *Nat. Commun*. **6**, 6463.
40) Isbell, H. S. and Frush, H. L. (1958) Mutarotation, hydrolysis, and rearrangement reactions of glycosylamines. *J. Org. Chem*. **23**, 1309-1319.
41) Marie, A. L., Przybylski, C., Gonnet, F., Daniel, R., Urbain, R., Chevreux, G., Jorieux. S. and Taverna, M. (2013) Capillary zone electrophoresis and capillary electrophoresis-mass spectrometry for analyzing qualitative and quantitative variations in therapeutic albumin. *Anal Chim Acta*. **800**, 103-110.
42) Rahbar, S., Blumenfeld, O., and Ranney, H. M. (1969) Studies of an unusual hemoglobin in patients with diabetes mellitus. *Biochem. Biophys. Res. Commun*. **36**, 838-843.
43) McKee, T. and McKee, J. R. (2015) *Biochemistry*, 6th Edition, Chap. 7, Oxford University Press.
44) 山岸昌一編 (2004) AGEs研究の最前線，糖化蛋白関連疾患研究の現状，メディカルレビュー社.

第2章

二糖およびオリゴ糖・多糖

2-1　二糖

2-1-1　二糖・糖鎖の表記法

糖の還元末端はヘミアセタール構造（RO-C-OH）を持ち、アルコール（R'-OH）と反応するとアセタール（RO-C-OR'）を生成する。このアセタール構造をグリコシドとよび、新しく生成したアノマー炭素とアルコールとの結合をグリコシド結合とよぶ。脱水反応に伴って形成されるグリコシド結合は、アノマー炭素を含むため図2-1に示すようにαまたはβの立体配座を持つ2種類の立体異性体が存在する。

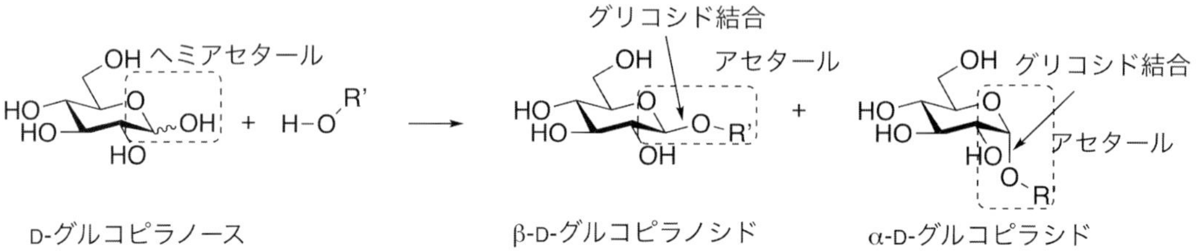

図2-1　グリコシド結合

アルコール（R'-OH）が単糖（monosaccharide）のヒドロキシ基であるとき、生じるアセタールは二糖（disaccharide）となる。グリコシド結合を介して単糖単位が3つ、あるいは4つ連結した化合物はそれぞれ三糖（trisaccharide）および四糖（tetrasaccharide）などとよぶ。天然に存在する糖の多くは単糖が連なった糖鎖の形で存在する。そのうち単糖単位が2からおおよそ10個からなる糖鎖をオリゴ糖（oligosaccharide）、それ以上のものを多糖（polysaccharide）に分類する。

糖鎖は非還元末端を左側に、還元末端を右側に表記することが多く、この方法はペプチド・タンパク質のN末端を左側、C末端を右側に表記することと類似している。二糖の表記例としてラクトース（乳糖、lactose）の例を図2-2に示す。ラクトースは哺乳類の乳中に多く含まれヒトの場合約5%程度含まれている二糖で、D-ガラクトースの1位の炭素がD-グルコースの4位のヒドロキシ基にβ-1, 4グリコシド結合（β1-4結合）した構造である。図2-1のような構造式で表す場合、グリコシド結合の結合位置や立体化学は容易に判別可能であるが、タンパク質のようにテキスト表記で構造式を表す必要がある場合はIUPACが推奨する単糖の3文字による表記法を用いるとよい（第1章、表1-1、1-2参照）。拡張型表記（extend form）、凝縮型表記（condensed form）、短縮型表記（short form）の3種類が存在する。

拡張型は単糖をアノマー位の配置、（α, β）-立体配置、環のサイズ順の記号（*p*：ピラノース型、*f*：フラノース型）で表し、結合している位置を括弧（　）内に表す表記法で、ラクトースの場合β-D-Gal*p*-(1-4)-D-Glc*p*と表記する。

凝縮型は、文献、データベース、Webでよく用いられている表記法で、立体配置はD型、環はピラノース型と仮定して立体配置記号と環サイズの情報を省いた表記法でGal(β1-4) Glcのように表す。

短縮型表記は結合位置を表す（　）とハイフンをさらに省略した表記法でGalβ4Glcのように表す。なお、分岐は括弧（　）または[　]を使用して同一線上に記載する。このほか、糖鎖を記号で表記する方法が複数提案されている。近年ではSymbol Nomenclature for Glycans (SNFG) による表記がよく使用される。これは単糖単位を色と形で表記し (第1章参照)、結合に沿って立体化学と結合位置の番号を表記する方法である。

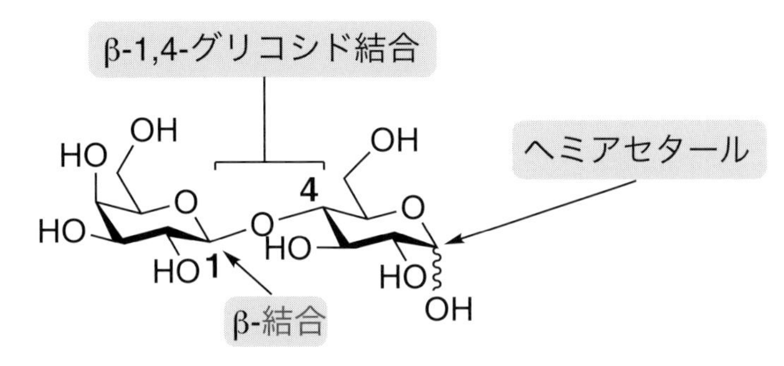

D-ガラクトース　D-グルコース

IUPACによるテキスト表記

β-D-Gal *p*-(1- 4)-D-Glc *p*	拡張型表記
Gal(β1- 4)Glc	凝縮型表記
Galβ4Glc	短縮型表記

SNFGによる記号表記

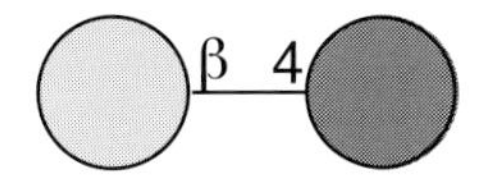

図2-2　ラクトースを例にした糖鎖の表記方法
[カラー画像は表2 (表紙の裏) 参照]

天然に存在する二糖には、ラクトースのほか、スクロース (ショ糖、sucrose)、マルトース (麦芽糖、maltose)、トレハロース (海藻糖、trehalose) などがあり、慣用名が使用されることが多いが、ここでは構成糖と結合様式の観点から説明する。

(1) スクロース

スクロースは天然に最も多く存在する二糖であり、主にテンサイやサトウキビから生産される。D-グルコースとD-フルクトースで構成され、α-D-グルコピラノースの1位の炭素とβ-D-フルクトフラノースの2位炭素とがβ1-2結合でつながった構造である（図2-3）。また2つの糖のアノマー炭素がグリコシド結合を形成しているため、スクロースは還元力を持たない非還元糖である。加水分解酵素であるスクラーゼ（インベルターゼ、またはβ-フルクトフラノシダーゼ）によりD-グルコースとD-フルクトースに速やかに分解される（第7章参照）。

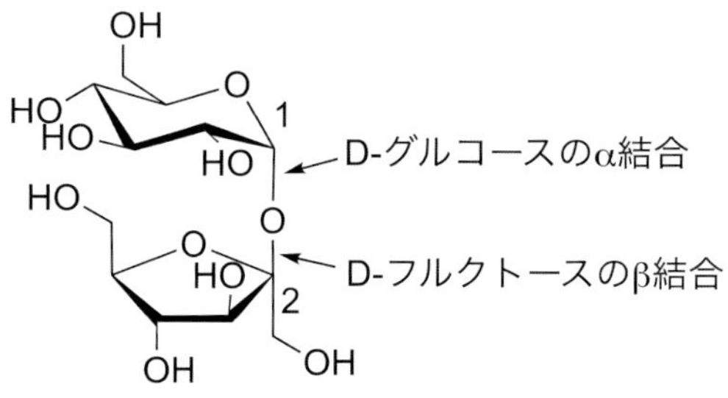

図2-3　スクロース

(2) マルトース

マルトースは麦汁に多く含まれるD-グルコース2分子で構成される二糖である。D-グルコースの1位炭素がグルコースの4位ヒドロキシ基とα1-4結合した構造を持ち、還元末端がヘミアセタール構造を持つため還元性を示す（図2-4）。

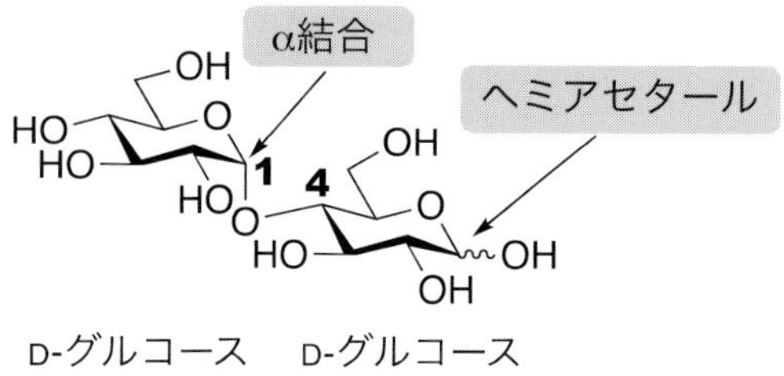

図2-4　マルトース

(3) トレハロース

トレハロース（海藻糖）は、植物、昆虫に含まれるD-グルコース2分子で構成される二糖で、シイタケなどの菌類きのこ類に多く含まれることから「きのこ糖」とよばれることもある。上述したマルトースとは結合様式が異なり、D-グルコースのそれぞれのアノマー炭素同士がα1-1α結合している（図2-5）。近年では、トレハロースが持つ保水作用やタンパク質の変性抑制作用などの物理化学的特性を利用して食品、飼料、化粧品などの幅広い分野で利用されている。

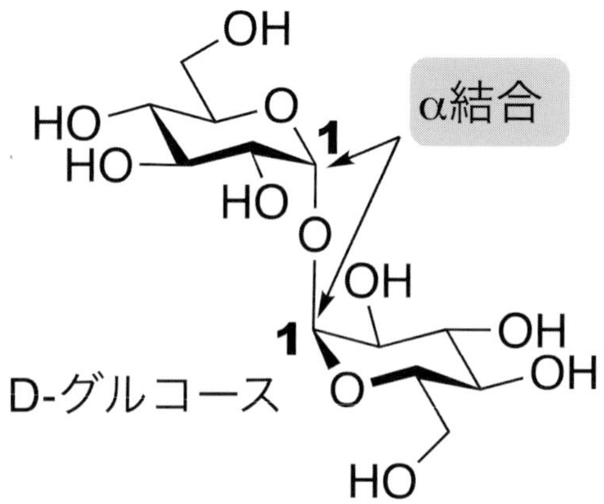

図2-5　トレハロース

2-2　多糖

多糖類は様々な分類法が存在する。構成糖に着目する場合は、1種類の単糖から形成されているものを単純多糖（単一多糖）、2種類以上の単糖から構成される場合は複合多糖に分ける。また、官能基に着目して、ウロン酸や硫酸基を多く含むものは酸性多糖、ウロン酸とアミノ糖により構成される多糖の一群はムコ多糖に、特徴的な官能基を持たないものを中性多糖に分類する方法もある。また、生物に対する機能によって構造多糖、貯蔵多糖、機能多糖に分けることもある。

名称も多岐にわたっている。構成単糖が単一の場合、単糖の名称の語尾-oseを-anに変更する方法（例えばglucoseはglucan）や構成単糖の名前の接頭語にpoly-をつける方法も使用されており、現在でも多くの慣用名が使用されている。

(1) でん粉

でん粉はD-グルコースを構成単糖とした多糖で、α1-4結合した直鎖のアミロース（図2-6）と、これにα1-6結合を有する分岐構造を持つアミロペクチンからなる（図2-7）。アミロースとアミロペクチンの構成比率は、原料となる植物の種類によって異なる。

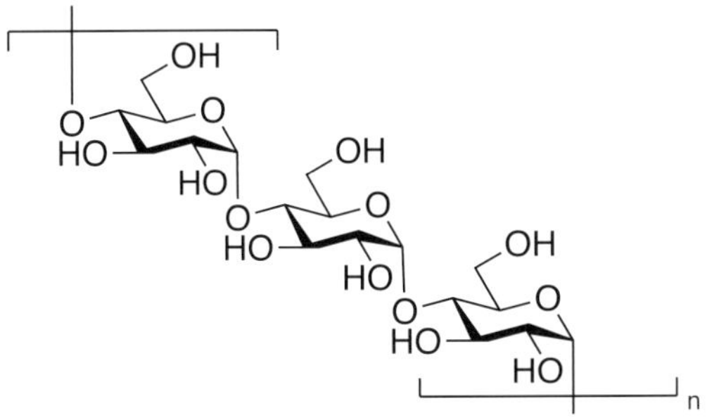

図2-6　アミロース

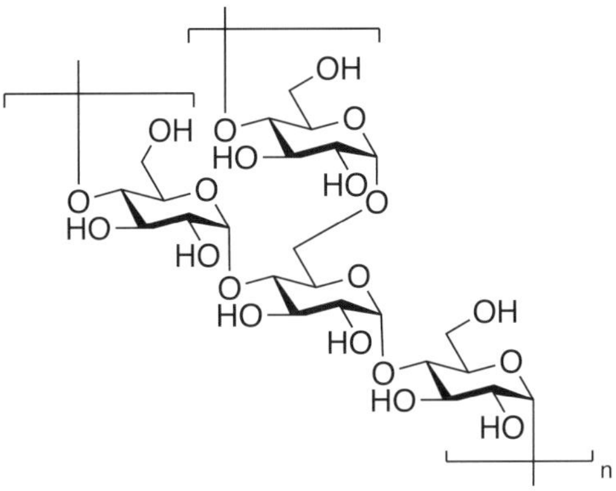

図2-7　アミロペクチン

(2) セルロース

セルロースは植物の細胞壁の主な構成分子であり、D-グルコースがβ1-4結合によって重合した多糖高分子である。構成糖のグルコースのピラノース環はすべてイス型配座であり、*O*-6位と*O*-2位、*O*-3位とピラノース環酸素との間でそれぞれ水素結合することにより、分子がねじれることなく剛直な構造を形成するとともに、分子間でも強固な水素結合を形成し大きな集合体を形成する（図2-8）。

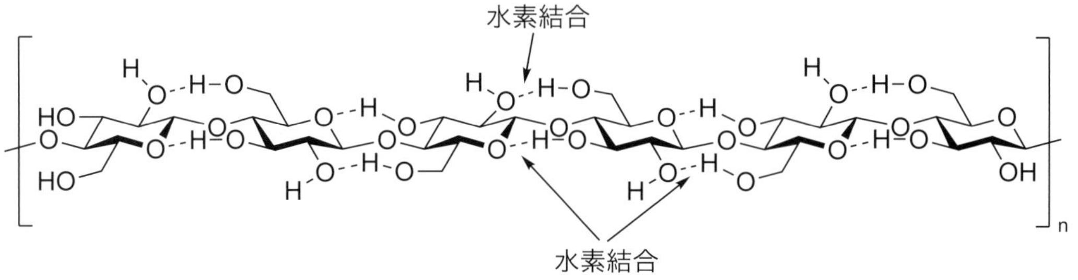

水素結合

水素結合

図2-8　セルロース

(3) ペクチン

ペクチンもセルロースと同様に植物の細胞壁成分である。主に熱水やキレート溶液による抽出で得られる酸性多糖の総称として用いられる。

(4) ガラクツロナン

ホモガラクツロナンはD-ガラクツロン酸がα1-4結合した構造をしており、天然からは50%以上がメチルエステル化された形で得られる(図2-9)。一方、ラムノガラクツロナンⅠはD-ガラクツロン酸とL-ラムノースがα1-2結合した二糖単位がα1-4結合した重合体である(図2-10)。この主鎖のL-ラムノースの*O*-4位に中性糖鎖が側鎖として結合している場合もある。その側鎖の構成糖はD-ガラクトース、L-ラムノース、L-アラビノースが知られており、組み合わせは数十種に及ぶ。ラムノガラクツロナンⅡはホモ

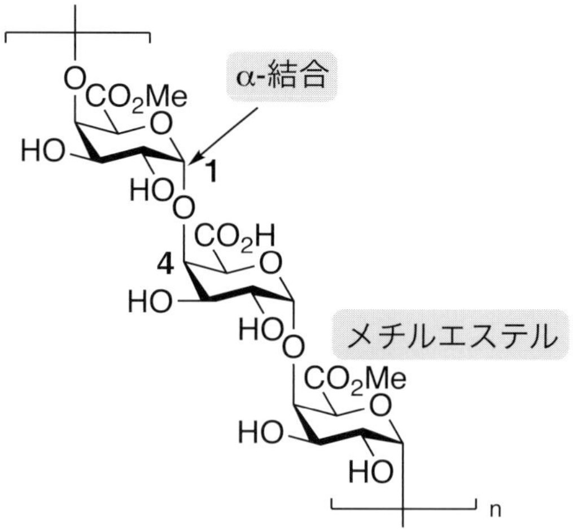

α-結合

メチルエステル

図2-9　ホモガラクツロナン

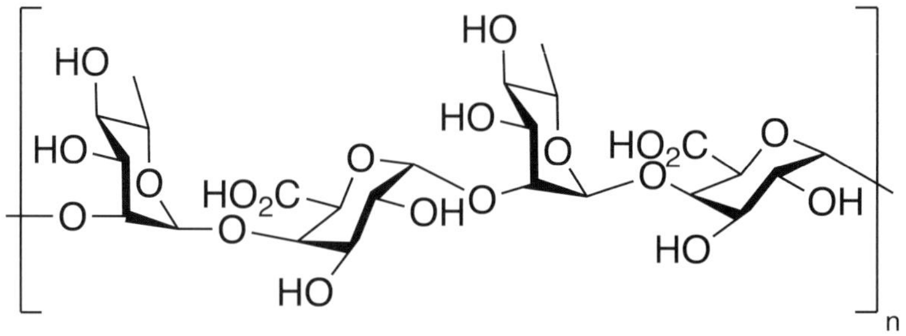

図2-10　ラムノガラクツロナン

ガラクツロナンの*O*-2または*O*-3位に分枝糖鎖が存在する。分枝の構成糖の種類は多く、L-ラムノース、D/L-ガラクトース、L-アラビノース、L-フコース、D-グルクロン酸、3-ケト-D-マンノオクト-2-ウロソン酸（Kdo）、D-リキソ-ヘプト-2-ウロサリン酸（Dha）、2-*O*-メチル-L-フコース2-*O*-メチルキシロース、D-アピオース（Api）、L-アセリン酸（aceric acid）が確認されている。

(5) アラビナン

アラビナンは、L-アラビノフラノースがα1-5結合した主鎖を持つ多糖の総称である。ガラクタンとともに細胞壁の熱水抽出により得られるペクチン質の一成分であり、植物から得られるアラビナンの多くは*O*-3位からL-アラビノフラノースがα1-3結合で分岐する（図2-11）。興味深いことに、結核菌などの抗酸菌は、鏡像異性体のD-アラビノフラノースからなるアラビナンを有し、β1-2結合を非還元末端構造に有する[1)]。

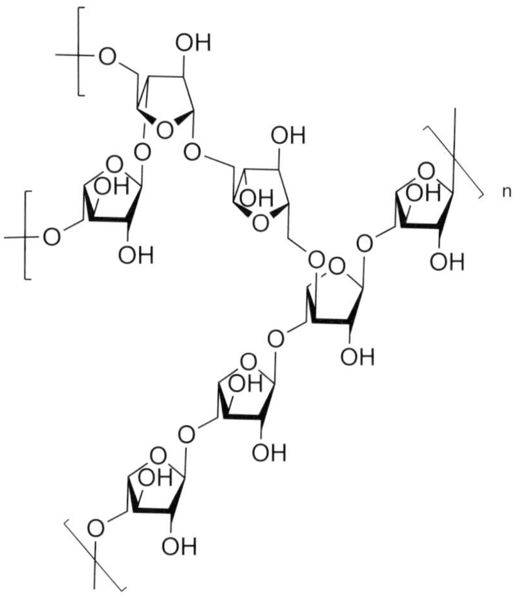

図2-11　アラビナン

(6) ヘミセルロース

植物の細胞壁からペクチンを抽出し、除去したのちに、アルカリ水溶液で抽出される多糖類を総称してヘミセルロースとよぶ。ヘミセルロースはグルカン、マンナン、キシランなど主鎖の構成糖の種類によりさらに分類される。

(7) β-グルカン

β-グルカンは細菌類、菌類きのこ類、穀類の細胞壁の構成成分で、D-グルコースがβ1-3またはβ1-4結合した多糖の総称である。1-3結合と1-4結合の割合は生物種によって異なる。主鎖のグルコース残基の*O*-6位からD-グルコースもしくはβ-1,3-グルカンがβ1-6結合により分岐した構造も存在する（図2-12）[2-5)]。1-2結合により環を形成したβ1-2グルカンも見つかっている。セルロースもβ-グルカンの仲間である。

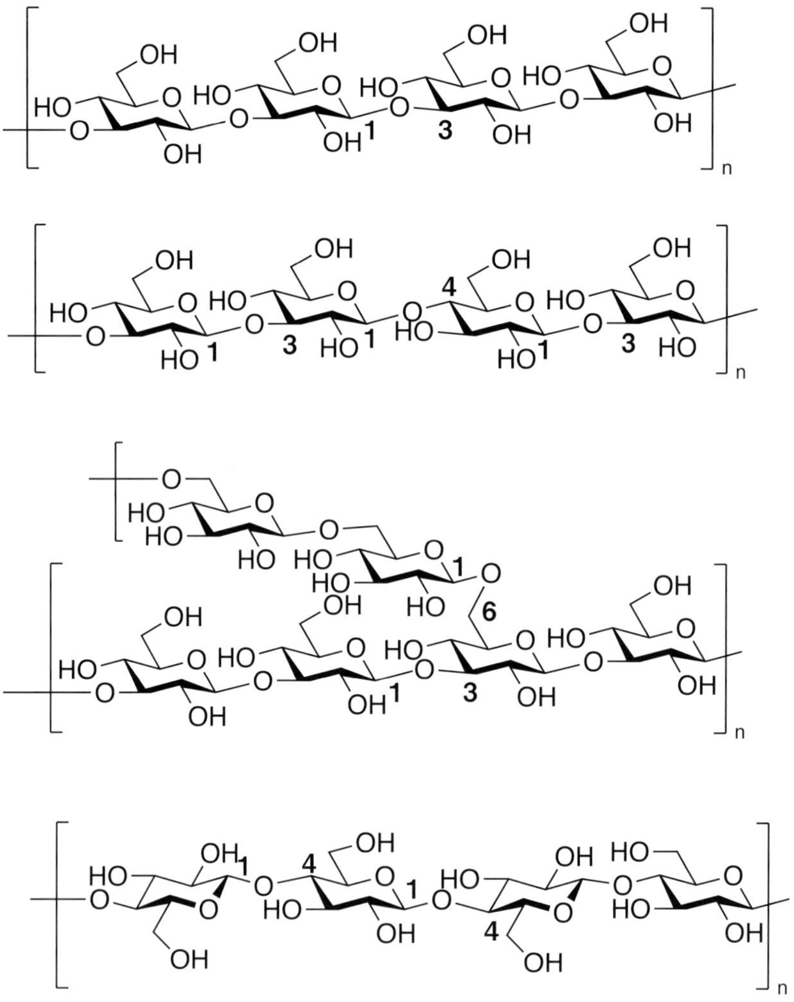

図2-12　β-グルカン

(8) キシラン

キシランはD-キシロースがβ1-4結合した主鎖を持つ多糖の総称である。側鎖を持たないキシランも存在するが、キシロースの*O*-3位にL-アラビノースもしくは*O*-2位にD-グルクロン酸誘導体が結合した分岐鎖を持つ場合が多い（図2-13）。

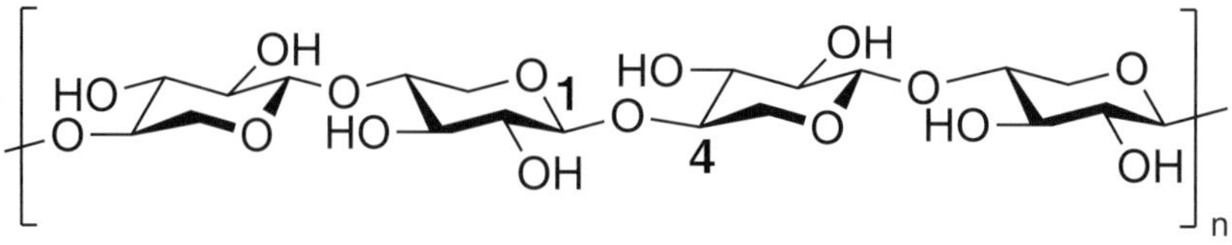

図2-13　キシラン

(9) マンナン

マンノグリカンともよばれ、D-マンノースを主構成成分とする多糖の総称である。植物、海藻、微生物や酵母などに広く分布しているが、結合様式がそれぞれ異なっている。ゾウゲヤシの種子からアルカリ抽出したマンナンの主鎖はほとんどがβ1-4グリコシド結合をしているが、微生物や酵母の由来のマンナンの主鎖はα1-6結合したものであり、多数のα1-2およびα1-3結合した分枝を持っている(図2-14)。

蒟蒻芋から抽出されるマンナンはD-マンノースとD-グルコースがモル比約3:2でβ1-4結合した基本単位を持ち、部分的にアセチル化された多糖でグルコマンナンともよばれる。一方、大豆種皮から抽出されるマンナンは、D-マンノースがβ1-4結合した主鎖にD-ガラクトースがα1-6結合で分岐した構造をしており、ガラクトマンナンとよばれる。

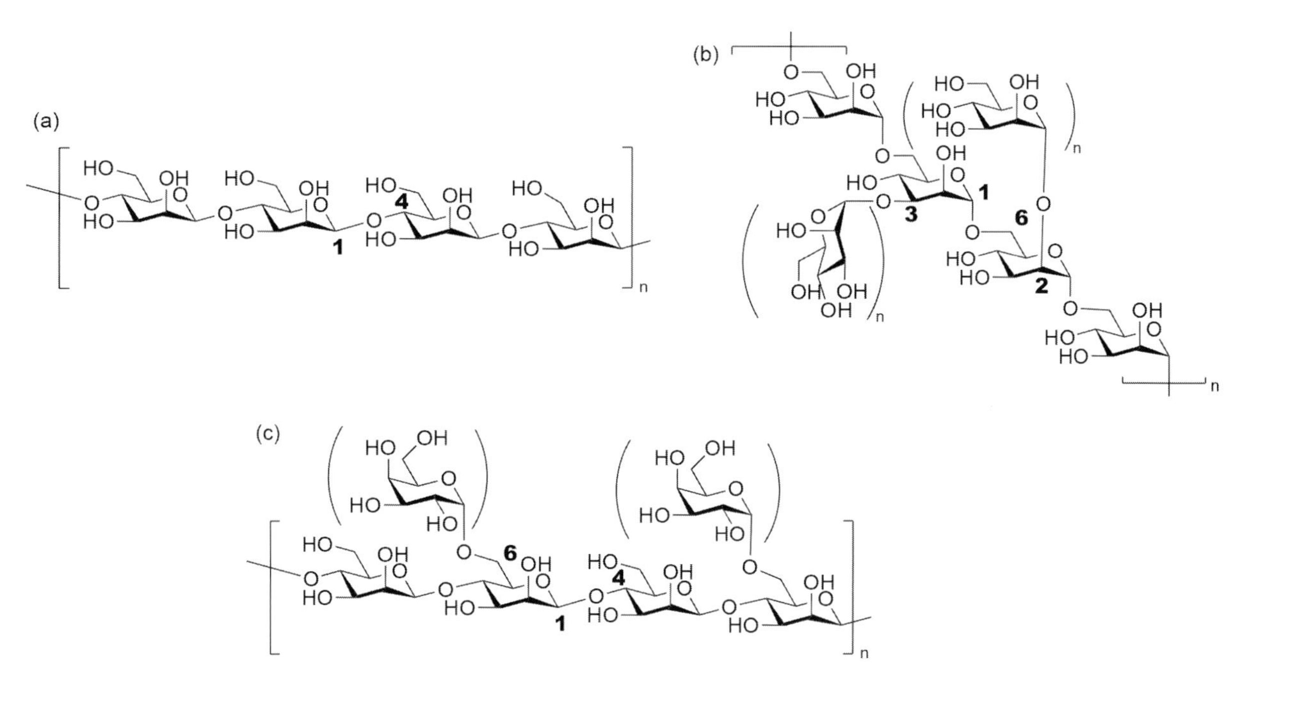

図2-14　(a)、(b) マンナン、(c) ガラクトマンナン

(10) ガラクタン

ガラクタンは主鎖がD-ガラクトースで構成される多糖の総称で、植物や海藻類等に広く分布している。主鎖にはD-ガラクトース単独よりも他の糖を含むヘテロ多糖として存在するものが多い。結核菌類からはフラノース構造からなるガラクタン構造も見出されていて興味深い。

アガロースは紅藻類を熱水抽出することで得られる寒天の主成分でD-ガラクトースがL-ガラクトースの6位と3位が架橋したアンヒドロ-L-ガラクトースにβ1-4結合したアガロビオースがα1-3結合で重合した直鎖の中性多糖である。アガロペクチンはアガロースが硫酸基、メトキシ基、ピルビン酸基で修飾された酸性多糖のことを指す。寒天はアガロースとアガロペクチンの混合物である（図2-15）。

カラギーナンは紅藻類からアルカリ抽出されるアガロースと類似した酸性多糖である。D-ガラクトースの6位と3位が架橋したアンヒドロ-D-ガラクトースにD-ガラクトースがβ1-4結合した二糖単位がさらにα1-3結合で重合した主鎖を持ち、硫酸基が遊離ヒドロキシ基に結合した構造である。硫酸基の数と位置でさらに細かく分類される。

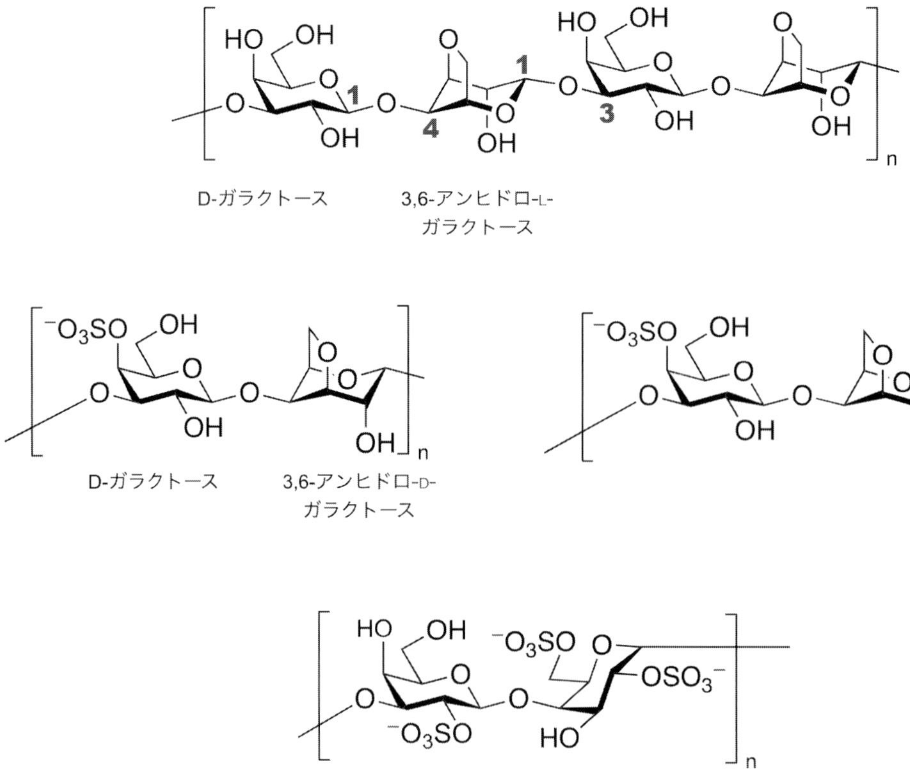

D-ガラクトース　3,6-アンヒドロ-L-ガラクトース

D-ガラクトース　3,6-アンヒドロ-D-ガラクトース

図2-15　ガラクタン（アガロースとカラギーナン）

(11) フルクタン

フルクトースの多糖であるフルクタンは、β2-1結合のイヌリン型フルクタンと、主としてβ2-6 結合のレバン型フルクタンがある。ムギ類の両者混合型フルクタンはグラミナンとよばれている（図2-16）。

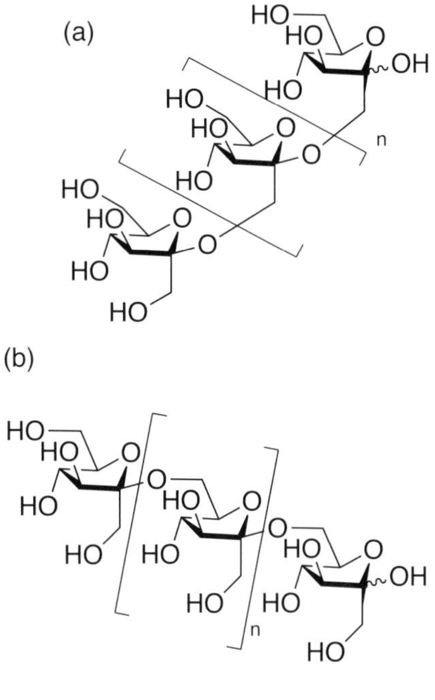

(12) キチン

キチンは昆虫類をはじめとする節足動物、および甲殻類の殻を構成するS多糖の1つであり、菌類の構成成分の1つでもある。セルロースはD-グルコースが構成単位であるのに対し、キチンの構成単位はN-アセチル-D-グルコサミンであり、それぞれがβ1-4結合を形成する。このためキチンはセルロースと同様に構造的に剛直な構造を有し、強固な集合体を形成するため、水に対して不溶である。キトサンはキチンをアルカリ処理することで得られる多糖で、アセチル基が除去されることで、酸の水溶液に対する溶解度が高くなっている（図2-17）。

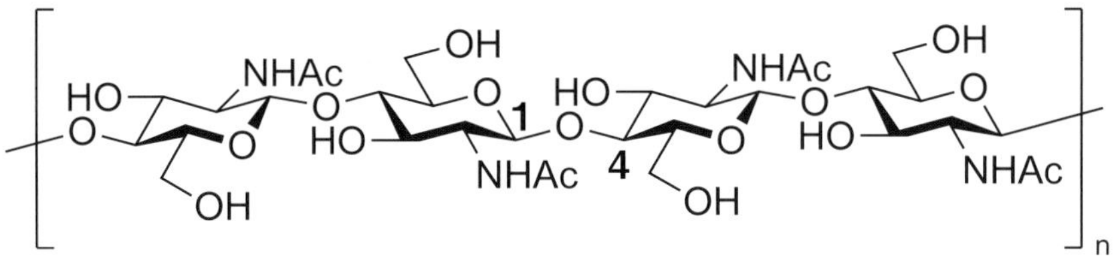

図2-16　フルクタン
(a) イヌリン（β 2,1）型、
(b) レバン（β 2,6）型。

図2-17　キチン

(13) フコイダン

フコイダンは、L-フコースを主構成単位としてα1-2、α1-3もしくはα1-4結合でつながった構造を持ち、フコース残基のヒドロキシ基が硫酸化された多糖の総称である[6,7]。褐藻類に含まれる水溶性の食物繊維の1つである（図2-18）。

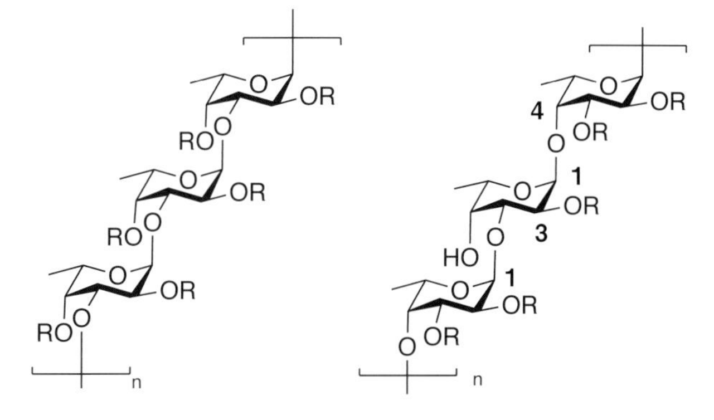

R = α-L-フコース, α-D-グルクロン酸, 硫酸基, アセチル基

図2-18　フコイダン

2-3　複合糖質の糖鎖

細胞膜上には多くの複合糖質が存在する。これらは糖鎖単独ではなく、タンパク質や脂質と結合した糖タンパク質、糖脂質の形で存在する。これらの中～高分子を総称して複合糖質とよぶ。

2-3-1　糖脂質

糖脂質は動物、植物、微生物が産生し、多様な構造を有する生体膜成分の1つである。IUPACでは1つ以上の糖もしくは糖鎖がグリコシド結合を介して疎水性部位に結合した化合物と定義している[8]。これに加え、疎水性部がグリコシド結合を介さず、エステル結合やアミド結合などを介して糖鎖に結合した非グリコシド型も糖脂質に含む分類方法も提案されている[9]。

糖脂質の糖部は、単糖、二糖、オリゴ糖、多糖に加え、マンニトール、リビトール、アラビノールなどの糖アルコール、アミノ糖の場合もある。疎水性部分は、脂肪酸を中心にポリケチド、ステロール、カロテノイドがあり、置換度、鎖長、飽和度、分岐の有無、重合度などが異なっている。このうち、酵母や動物細胞に存在して糖タンパク質の糖鎖生合成前駆体となる糖リン酸ジエステル、限られた組織にのみ存在するスフィンゴ糖脂質、グリセロ糖脂質、細菌に見られる糖脂質について以下に紹介する。

(1) ドリコール結合型（オリゴ）糖

真核生物、真正細菌では単糖単位もしくは糖鎖が一リン酸または二リン酸を介してドリコール、ポリプレノールに結合した化合物が存在する。古細菌では一リン酸を介してポリプレノールに結合したものが存在する（図2-19）。これらは、生体内で糖鎖をつなげる糖転移反応、あるいは糖タンパク質合成における糖供与体基質として働く（第1章参照）ほか、糖タンパク質の生合成における異常な糖鎖修飾を防ぐ品質管理機構に重要な役割を持つことが報告されている。

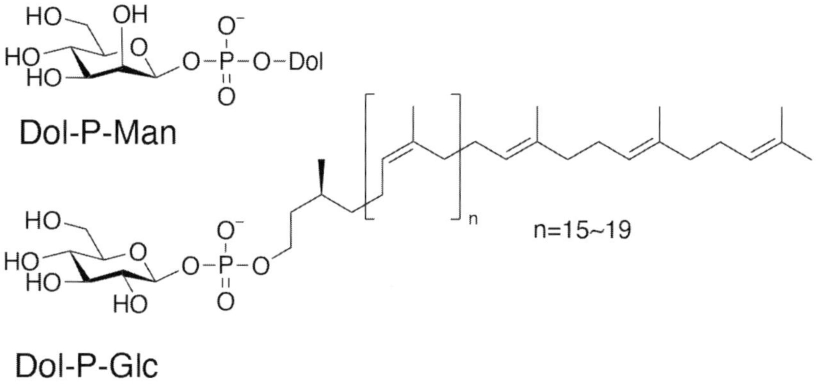

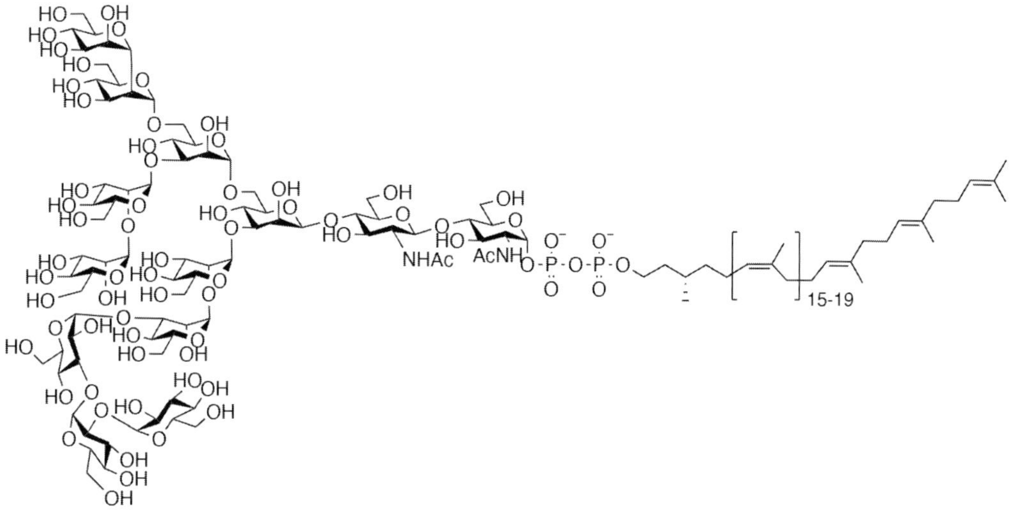

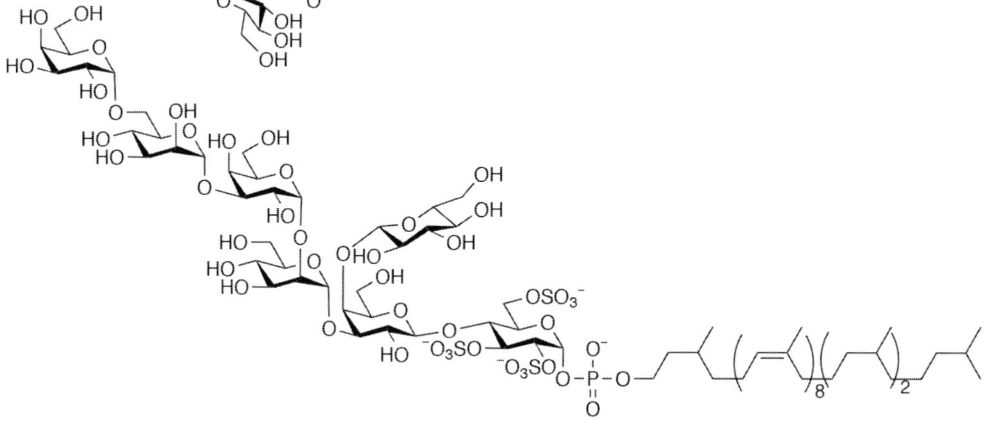

Dol-P-Man

Dol-P-Glc

図2-19　ドリコール、ポリプレノールリン酸結合糖鎖

(2) スフィンゴ糖脂質

スフィンゴ糖脂質は、スフィンゴシンのアミノ基に脂肪酸がアミド結合したセラミドに糖鎖が結合した構造を持つ化合物の総称である[10)]。スフィンゴ糖脂質は糖鎖部の構造的特徴により、酸性糖であるシアル酸を持つガングリオシド、セラミドにβ-D-ガラクトースが結合したガラクトシルセラミド、およびその*O*-3位が硫酸化されたガラクトシルセラミド3-硫酸に分けることができる(図2-20)。

ガングリオシドは最も構造多様性に富み、中性骨格部分の糖鎖配列や結合様式によって、ガングリオ系列、グロボ系列、ネオラクト系列、ラクト系列、などのサブグループに分類できる。これらはセラミドにD-グルコースがβ-結合したグルコシルセラミドを共通構造とし、さらに糖鎖伸長したものである。ガングリオ系列はラクトシルセラミドのガラクトース*O*-4位に*N*-アセチル-D-ガラクトサミンがβ1-4結合した構造を持ち、グロボ系列はD-ガラクトースがα1-4結合した構造を、ラクト系列はラクトースのガラクトース*O*-3位にGal(β1-3)GlcNAc構造を持つもの、ネオラクト系列はGal(β1-4)GlcNAcをコア構造に持つ糖脂質である。なお、ガングリオ系列に属さないがシアル酸を含む糖脂質はすべてガングリオシドと総称される。

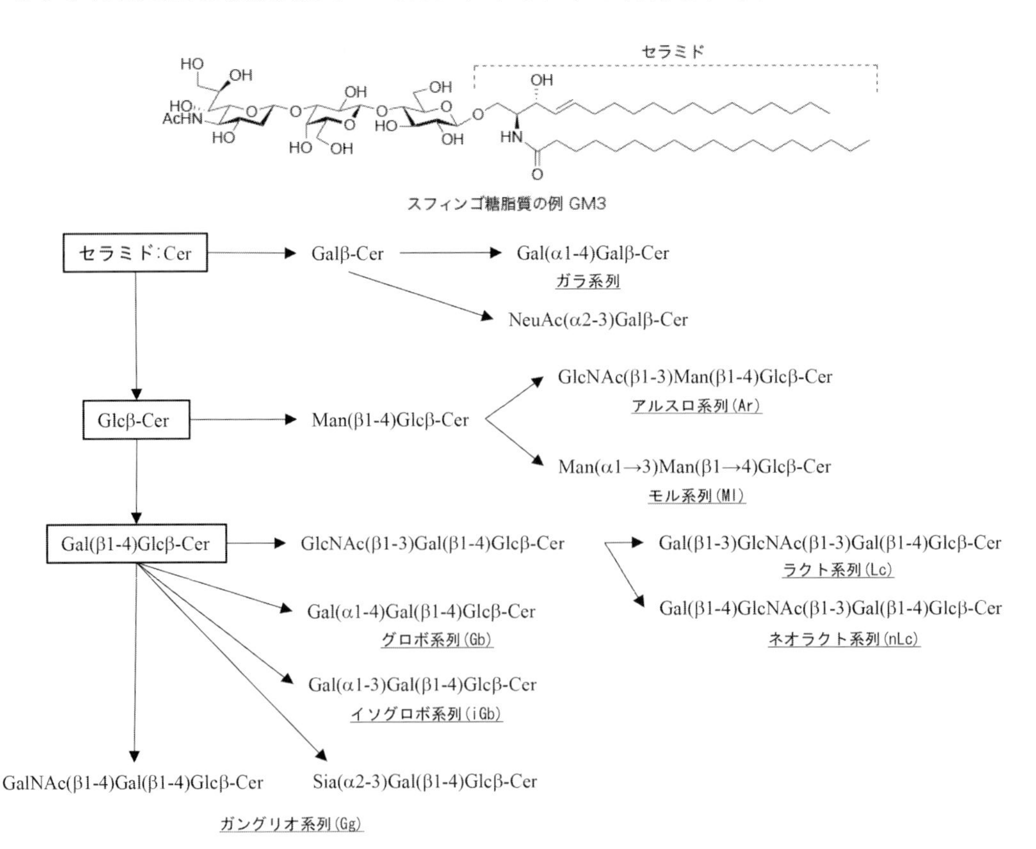

図2-20　スフィンゴ糖脂質

(3) グリセロ糖脂質

グリセロ糖脂質は主にグラム陽性菌の細胞膜や高等植物葉緑体のチラコイド膜成分として存在している[11]。古細菌にも存在する。グリセロ脂質にD-ガラクトース、D-グルコース、D-グルクロン酸、スルホキノボース（6-スルホ-6-デオキシ-D-グルコース）もしくはオリゴ糖鎖が結合した化合物の総称である。またグリセロ脂質にリン酸を介してD-グルコースが結合したホスファチジルグルコシドのように、グリセロ糖脂質と構造が類似した糖脂質も存在する（図2-21）。

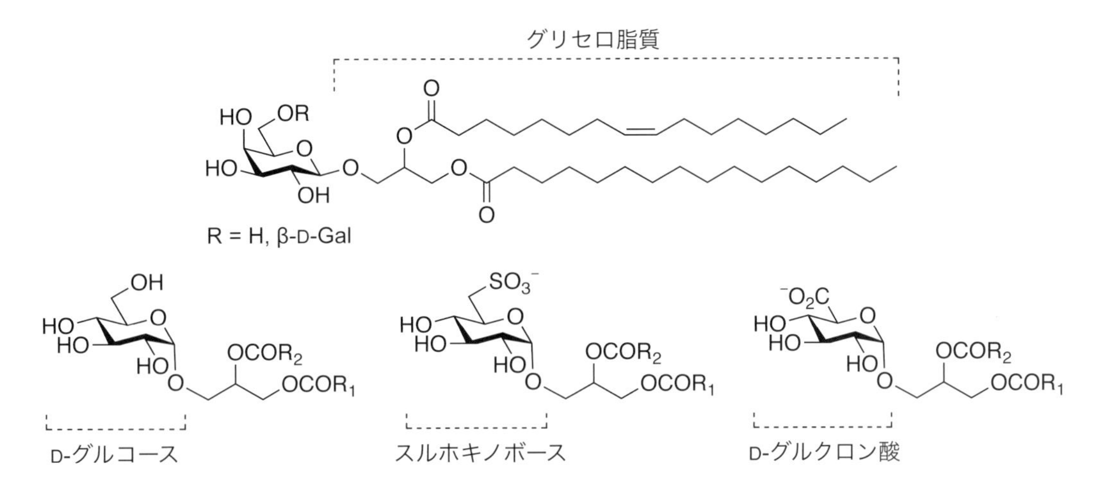

図2-21　グリセロ糖脂質の糖残基の種類

(4) リポ多糖 (LPS) / リポオリゴ糖 (LOS)

グラム陰性細菌の細胞外膜にはリポ多糖（LPS）/リポオリゴ糖（LOS）とよばれる複合糖脂質が存在する。LPSの構造は還元末端側からLipid A、コア糖鎖、O抗原多糖の3つの部分に分けられる。LOSはLPSのうちO抗原糖鎖が欠損した分子量が比較的小さいものを指す。Lipid AはD-グルコサミン二分子がβ1-6結合した二糖の窒素原子および*O*-3位に脂肪酸が、*O*-1, *O*-4位にリン酸修飾された脂溶性に富んだ部位で内毒素ともよばれる。コア糖鎖は、酸性八炭糖の3-デオキシ-D-マンノオクト-2-ウロン酸（Kdo）と中性七炭糖のD-グリセロ-D-マンノヘプトースを中心とした構造変異が少ない内部コアと外部コアに分かれ、ホスホエタノールアミンなどによってさらに修飾されていることもある。O抗原糖鎖は、3から7個の構成糖からなる糖鎖ユニットが繰り返し結合したもので強い抗原性を示す。菌株により構成する糖、およびその結合様式が異なるため、細菌の血清型の分類に利用される。例えば大腸菌のO抗原ではO1からO181まで存在する[12-14]。これらはバクテリオファージなどの受容体にもなっている（図2-22）[15]。

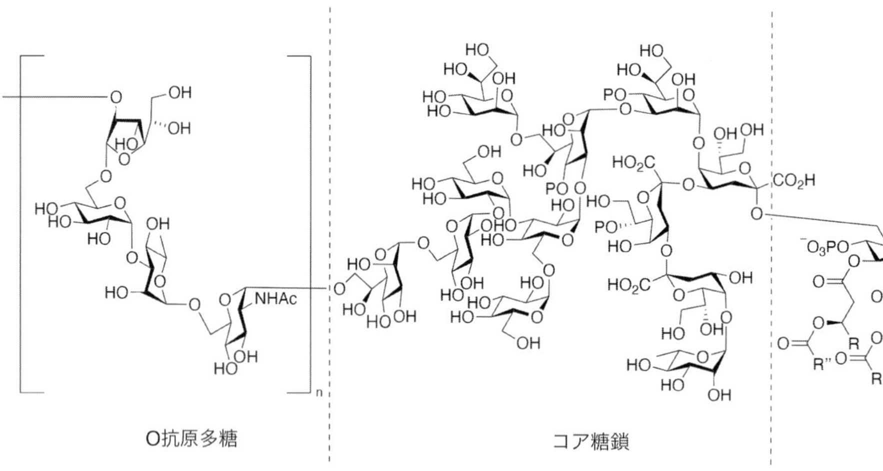

P: $PO_3CH_2CH_2NH_3^+$, R: $(CH_2)_{10}CH_3$, R': $(CH_2)_{10}CH_3$, R": $(CH_2)_{12}CH_3$

図2-22　大腸菌（*E. coli*）K-12株が産生するLPS[16)]

2-3-2　糖タンパク質関連糖鎖

細胞膜の表面にはタンパク質が糖鎖修飾された糖タンパク質が多く存在している。糖タンパク質の糖鎖は一般的に2種類に分けられる。1つはタンパク質のアスパラギン（Asn）の側鎖アミド基のアミノ基に*N*-アセチル-D-グルコサミンを還元末端に持つ糖鎖がβ型で結合したアスパラギン結合型糖鎖（*N*-結合型糖鎖）とセリン（Ser）またはトレオニン（Thr）の側鎖ヒドロキシ基に糖鎖が結合したセリン/トレオニン結合型糖鎖（*O*-結合型糖鎖もしくはムチン型糖鎖）である（図2-23）。これらに加え、トリプトファン（Trp）、アルギニン（Arg）やヒドロキシプロリン（Hyp）などのアミノ酸残基が糖鎖修飾された糖タンパク質も新たに見出されている。

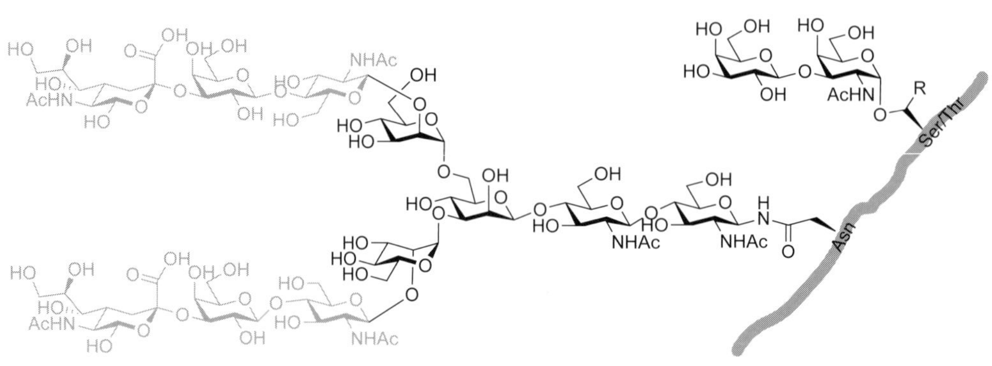

図2-23　糖タンパク質糖鎖

(1) アスパラギン結合型糖鎖 (*N*-結合型糖鎖)

タンパク質のAsn-X-Ser/Thr配列のAsnの側鎖アミド基が糖鎖修飾された*N*-結合型糖鎖は、2分子の*N*-アセチル-D-グルコサミンβ1-4結合した二糖の非還元末端側のグルコサミンの*O*-4位にβ-D-マンノースが結合し、そのマンノースの*O*-3および*O*-6位にα-D-マンノースが結合した構造が保存されたコア五糖を有している。ここからさらに非還元末端側に特徴的な糖鎖が伸張し、それぞれ高マンノース型、複合型、ハイブリッド型糖鎖として分類される(図2-24)。高マンノース型糖鎖は、コア五糖の非還元末端側のマンノース残基の*O*-2、*O*-3または*O*-6位からD-マンノースのみからなる糖鎖が伸長した構造である。コンプレックス型は生合成の中では最も成熟した形であり、コア五糖の非還元末端側の2つのマンノース残基の*O*-2位から*N*-アセチル-D-グルコサミンがβ-結合、さらにD-ガラクトース、D-グルコース、シアル酸などが結合した糖鎖を持つ。さらに分岐した3分岐、4分岐した構造や、還元末端のグルコサミンにL-フコースが修飾したコアフコース型などの構造の多様性が大きい。ハイブリッド型は、高マンノース型とコンプレックス型の糖鎖を併せ持った中間構造を持っている。

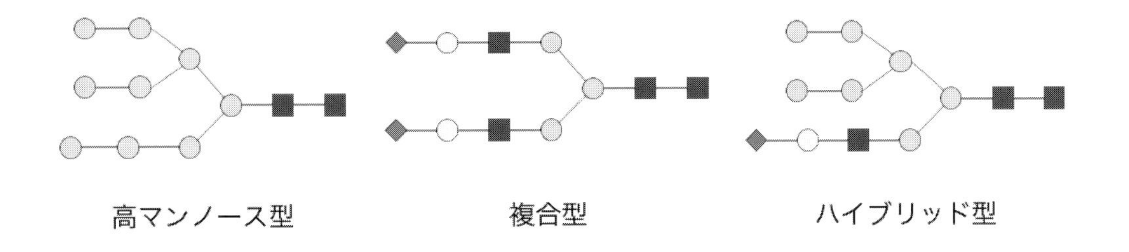

図2-24　アスパラギン結合型 (*N*-結合型) 糖鎖の分類

ポリシアル酸は、シアル酸[*N*-アセチル-D-ノイラミン酸(Neu5Ac)、*N*-グリコリル-D-ノイラミン酸(Neu5Gc)、デアミノノイラミン酸(KDN)]が縮重合した直鎖状のオリゴマー・ポリマーのことを指す。これらの糖鎖は神経細胞接着分子(NCAM)の*N*-結合型糖鎖を修飾している糖鎖で、癌胎児性抗原として知られている。ヒト、鳥、魚、昆虫、細菌など様々な生物に発見されている。シアル酸間の結合様式はα2-8、α2-9結合もしくはその両方を持つ場合がある。また*N*-グリコリル-D-ノイラミン酸のグリコリル基がグリコシド結合したα2-5-$O_{glycolyl}$様式も存在する(図2-25)。

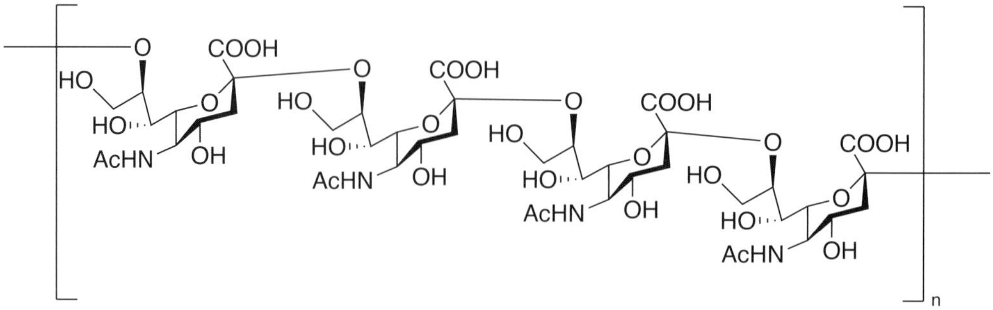

図2-25　α2-8結合したポリシアル酸の構造

(2) セリン/トレオニン結合型糖鎖 (*O*-結合型糖鎖)

O-結合型糖鎖は多種存在する。タンパク質のSer/Thrヒドロキシ残基に直接結合する糖単位は、*N*-アセチル-D-ガラクトサミン、D-キシロース、D-マンノース、L-フコース、*N*-アセチル-D-グルコサミンなど多岐にわたる。このうち還元末端に*N*-アセチル-D-ガラクトサミンを持つ糖鎖はムチン型糖鎖ともよばれ、結合する糖残基の数、種類、結合様式により、さらにCore 1からCore 8型までのサブタイプに分類される (図2-26)。

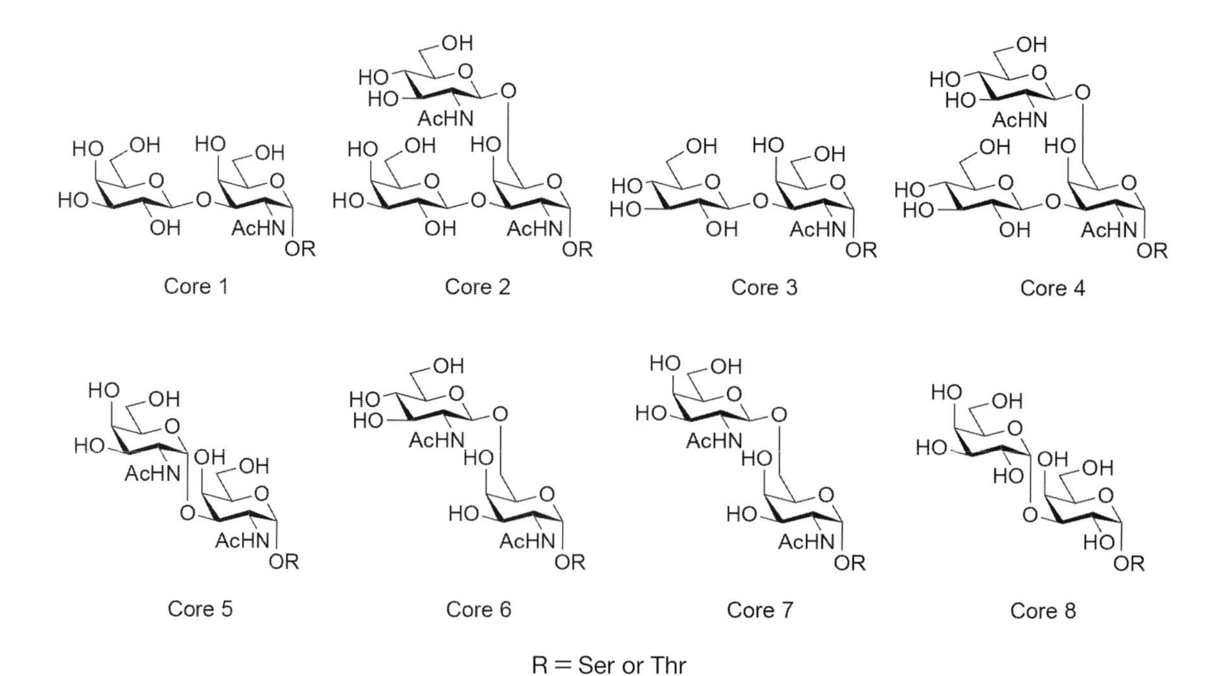

図2-26　セリン/トレオニン結合型 (*O*-結合型) 糖鎖

一方、D-マンノースがセリン/トレオニン水酸基にα結合した修飾型（*O*-Man型）は、骨格筋から見出されたジストロフィン-糖タンパク質複合体の成分であるジストログリカンの2つのサブユニットのうち、αサブユニット（αDG）に普遍的に見られる。αDGの*O*-Man型糖鎖はさらに3つのサブタイプ（core M1-M3）に分類される（図2-27）[17]。

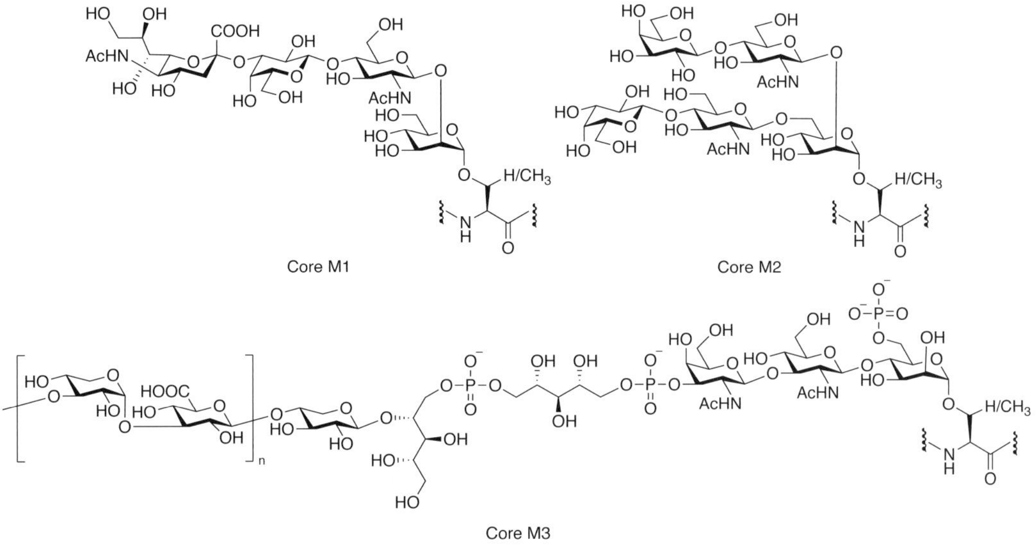

Core M1

Core M2

Core M3

図2-27　*O*-Man型糖鎖（α-ジストログリカンの core M1, core M2, およびcore M3構造）

(3) プロテオグリカン

プロテオグリカンは、動物や植物のあらゆる組織に存在する糖タンパク質で、コアタンパクのペプチド鎖に1本以上の直鎖高分子を持つものとして定義される。グルコサミノグリカンはプロテオグリカンの糖鎖部分を指し、一般にウロン酸とアミノ糖の二糖単位の繰り返し構造を有する多糖の総称である（図2-28a）。これらはエピマー化や硫酸化などの修飾を受けている場合があるが、一般的に構成糖の種類により、コンドロイチン硫酸、デルマタン硫酸、ヘパリン・ヘパラン硫酸、ケラタン硫酸に分類される。前者の3種はコアタンパク質のセリン残基の側鎖ヒドロキシ基からD-グルクロン酸1分子、ガラクトース2分子、キシロース1分子が伸張した共通コア四糖（図2-28b）を介して、二糖単位が数十回繰り返し伸長した構造を有する。

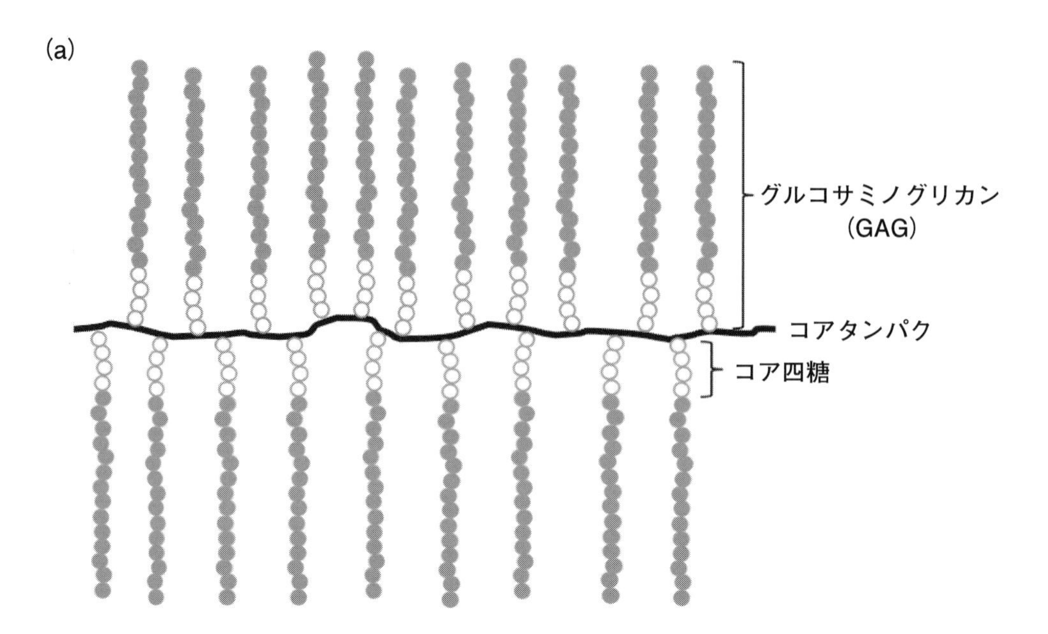

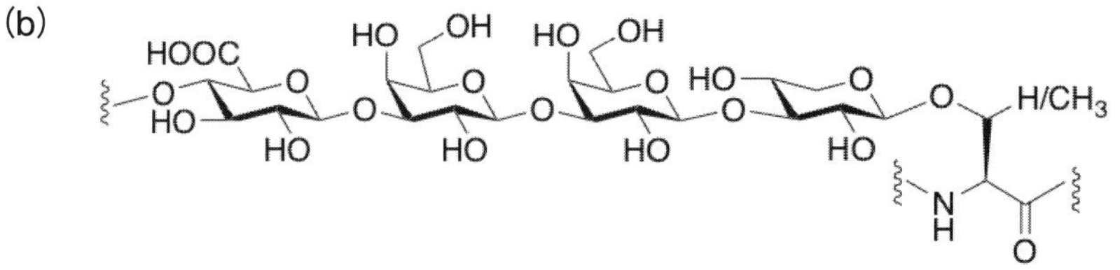

(b)

図2-28　(a) プロテオグリカンの模式図、(b) コンドロイチン硫酸、デルマタン硫酸、ヘパリン・ヘパラン硫酸の共通コア四糖

(4) コンドロイチン硫酸

コンドロイチン硫酸は軟骨（chondro- 軟骨を意味する連結形）から単離された多糖で、グルコサミノグリカンの中で最も多く存在する。D- グルクロン酸が*N*- アセチル-D- ガラクトサミンにβ1-3結合した二糖を基本単位としており、二糖ユニットがβ1-4結合した構造である。ヒドロキシ基は部分的に硫酸化されており、硫酸化の位置と数によってA、C、D、Eに細かく分類される（図2-29）。

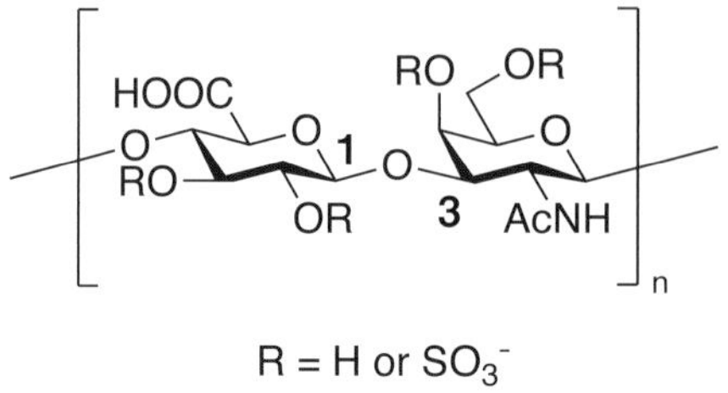

R = H or SO_3^-

図2-29　コンドロイチン硫酸の繰り返し二糖構造

(5) デルマタン硫酸

デルマタン硫酸は、名前の語源となった皮膚（derma- 皮膚を意味する連結形）にあるように皮膚組織に存在するほか、心臓弁、動脈壁、腱などに見出される。コンドロイチン硫酸Bとして分類された時期もある。基本単位となる二糖はL-イズロン酸が*N*-アセチル-D-ガラクトサミンにβ1-3結合した構造を持ち、この二糖がα1-4結合した構造である（図2-30）。

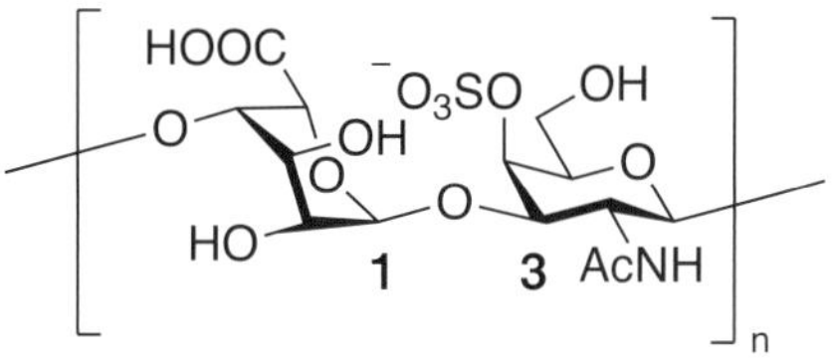

図2-30　デルマタン硫酸の繰り返し二糖構造

(6) ヘパリン・ヘパラン硫酸

ヘパリン・ヘパラン硫酸の骨格はウロン酸であるD-グルクロン酸またはL-イズロン酸が*N*-アセチル-D-グルコサミンまたはD-グルコサミンの4位にβ1-4結合した二糖単位であり、この二糖単位がα1-4結合で繰り返した構造を持つ。コンドロイチン硫酸と同様に硫酸化の位置、数が異なる誘導体が存在する。*N*-アセチル-D-グルコサミンがD-グルコサミンの場合、アミノ基は通常硫酸化されている（図2-31）。

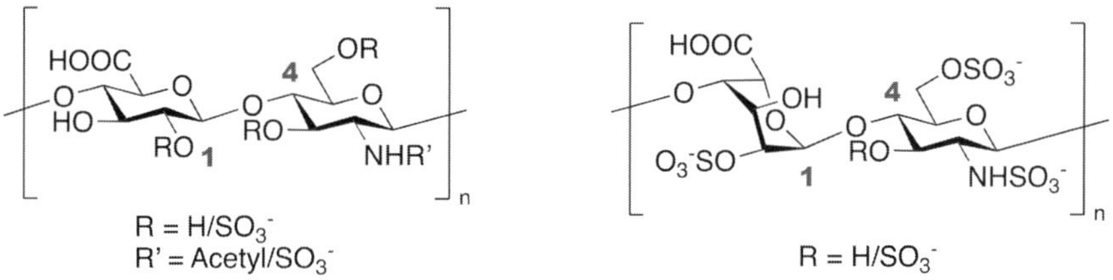

図2-31　ヘパリン・ヘパラン硫酸の繰り返し二糖構造

(7) ケラタン硫酸

ケラタン硫酸は牛の角膜から単離されたグルコサミノグリカン[18]でコンドロイチン硫酸と比較するとプロテオグリカン中に少量存在する。基本骨格となる構成二糖はラクトサミンであり、ウロン酸を含まない。また上述の3種のグルコサミノグリカンとは異なり、共通コア四糖を介さず*N*-結合型糖鎖または*O*-結合型糖鎖からラクトサミン単位がβ1-4結合で繰り返し伸張する点が特徴である。*N*-アセチル-D-グルコサミンの6位水酸基は通常硫酸化されているが、D-ガラクトースの6位水酸基は硫酸化されていない場合もある。また3位からしばしばα-L-フコースが分枝する（図2-32）。

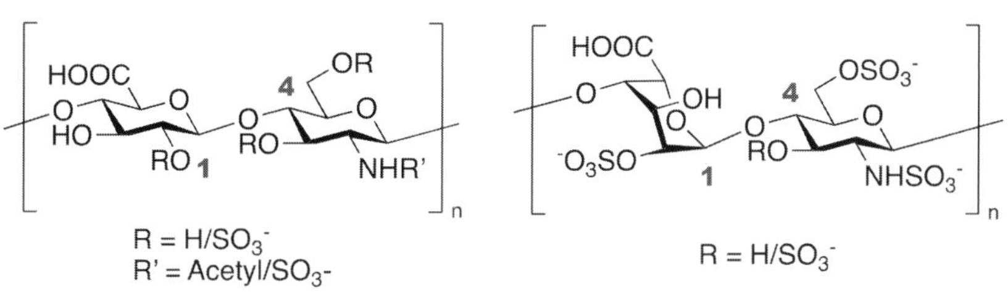

図2-32　ケラタン硫酸の繰り返し二糖構造

(8) ヒアルロン酸

ヒアルロン酸は牛の眼の硝子体(hyaloid)から単離されたグルコサミノグリカンで[19]、D-グルクロン酸が*N*-アセチルD-グルコサミンにβ1-3結合した二糖単位がβ1-4結合した繰り返し構造を持つ多糖である。構成する糖が前述したコンドロイチン硫酸、デルマタン硫酸、ヘパリン・ヘパラン硫酸と類似している多糖であることから、同じグルコサミノグリカンとして分類される。一方で、前述のコンドロイチン硫酸、デルマタン硫酸、ケラタン硫酸とは異なる生合成経路などの理由からこれらと独立した形で扱う場合もある(図2-33)。タンパク質には結合していない。

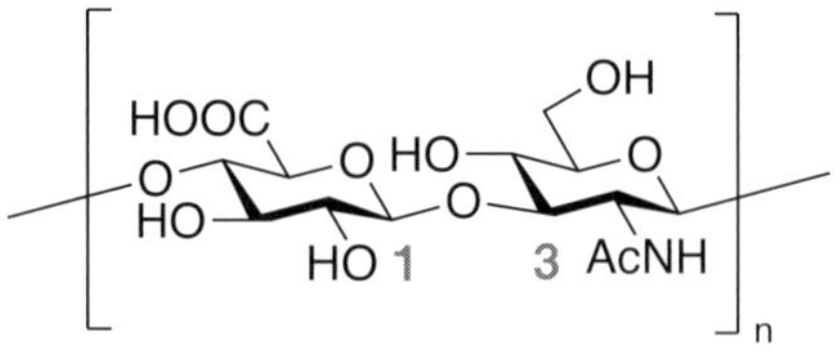

図2-33 ヒアルロン酸の繰り返し二糖構造

(9) アラビノガラクタン

アラビノガラクタン-タンパク質は、植物組織に普遍的に存在するプロテオグリカンの1つで、細胞外マトリックスとして存在する。植物のプロテオグリカンは、動物のそれと同様にコアタンパク質が多くの直鎖糖鎖で修飾された構造を有する。動物のグルコサミノグリカンが上述したようにウロン酸とアミノ糖を主構成成分としているのに対し、植物の場合は中性のL-アラビノースとD-ガラクトースを主成分とする点が異なる。アラビノガラクタンの名称は構成糖に由来している。その構造はコアタン

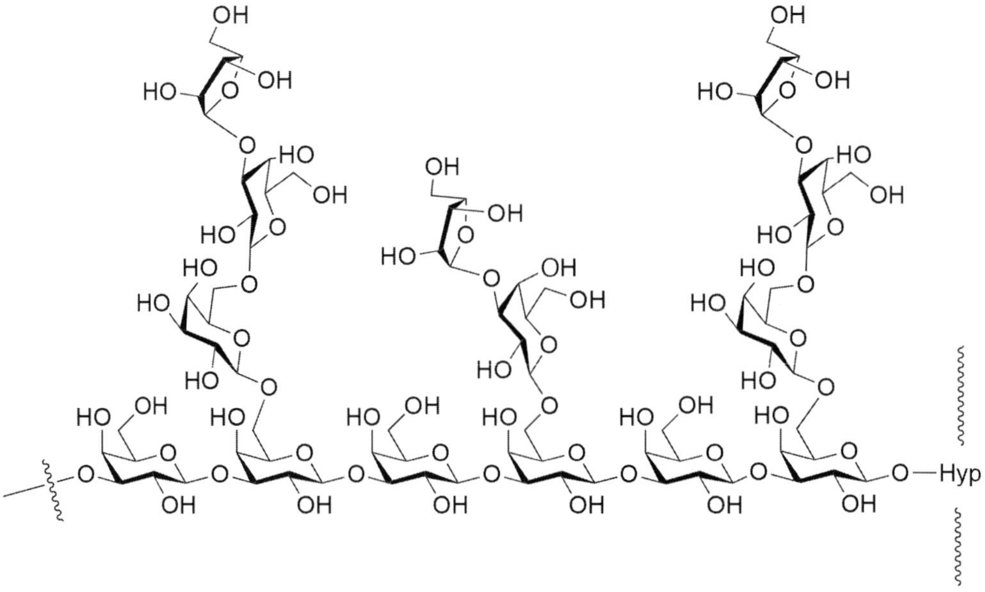

図2-34 アラビノガラクタン

パク質のヒドロキシプロリン（Hyp）残基のヒドロキシ基に、D-ガラクトースがβ1-3結合した主鎖に対し、ガラクトース残基の*O*-6位からβ1-6結合したガラクトース鎖が伸長したβ-1,3/β-1,6-ガラクタンである。この側鎖ガラクトース残基の*O*-3位にα-L-アラビノフラノースが結合した分岐構造を基本骨格としている。これらがさらにD-グルコース、D-グルクロン酸、4-*O*-メチル-D-グルクロン酸、L-フコース等の糖単位によって修飾されている（図2-34）。

　また、植物のタンパク質のヒドロキシプロリン残基の水酸基からアラビノフラノースが直接結合し、糖鎖伸長した糖タンパク質も見出されている（図3-35）。

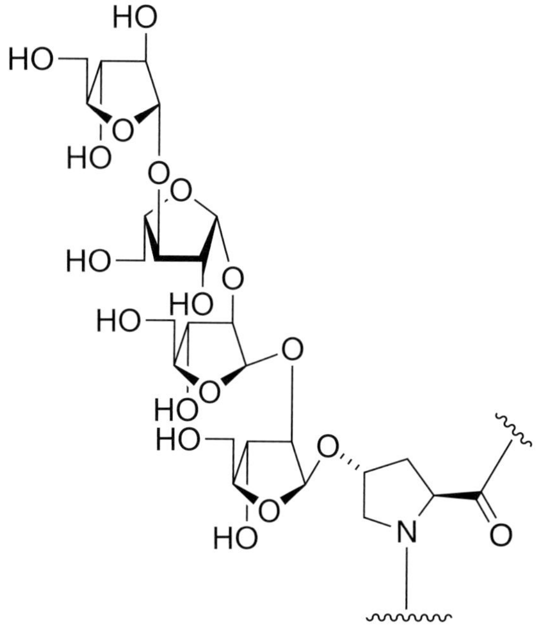

図2-35　ヒドロキシプロリンにアラビノフラノースが修飾された糖タンパク質

(10) グリコシルホスファチジルイノシトール（GPI）アンカー型タンパク質

　細胞表層には多くの膜タンパク質が存在するが、真核生物には細胞膜側からイノシトールリン酸に糖鎖を介してタンパク質が結合した膜タンパク質が広く存在しており、グリコシルホスファチジルイノシトール（GPI）アンカー型タンパク質とよばれる。GPIアンカーはD-マンノース3分子とD-グルコサミン1分子がα型で結合した四糖からなり、この四糖が脂質部のホスファチジルイノシトールにα型で結合した構造を持つ[20,21]。マンノース残基はホスホエタノールアミンで修飾されることが多く、タンパク質は非還元末端マンノースのホスホエタノールアミンを介して結合している（図2-36）。

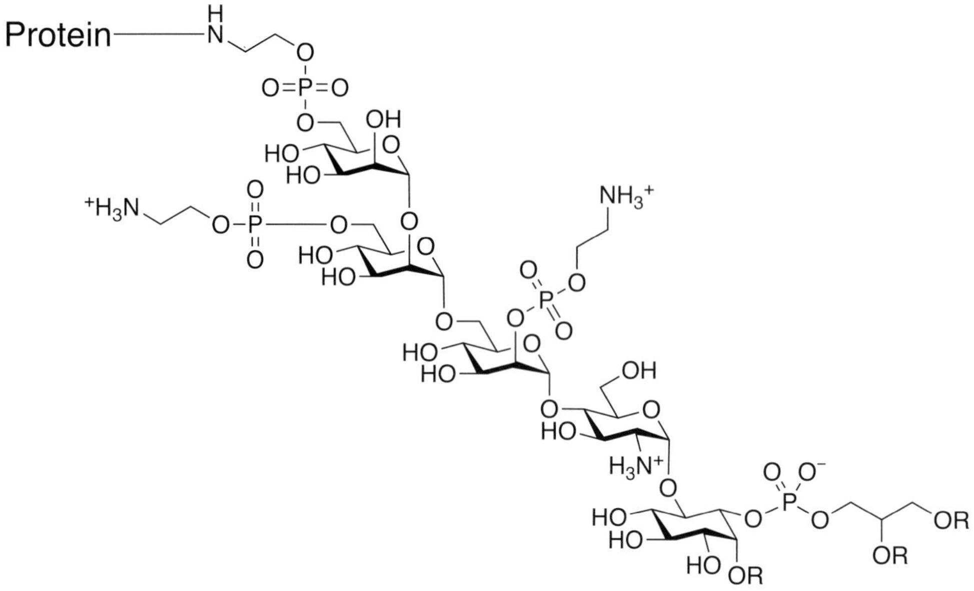

図2-36　グリコシルホスファチジルイノシトール（GPI）アンカー型糖タンパク質の GPI アンカー構造

2-4　糖鎖修飾RNA

最近、*N*-結合型糖鎖がRNA に結合し、細胞外に糖鎖が提示されていることが示された。生物学的意義の解明など今後の研究が期待される[22]。

参考文献

1) Daffe, M., Brennan, P. J., and McNeil, M.（1990）Predominant structural features of the cell wall arabinogalactan of *Mycobacterium tuberculosis* as revealed through characterization of oligoglycosyl alditol fragments by gas chromatography/mass spectrometry and by ^{1}H and ^{13}C NMR analyses. *J. Biol. Chem*. **265**, 6734-6743.
2) Manners, D. J., Masson, A. J., and Patterson, J. C.（1973）The structure of a β-(1-3)-D-glucan from yeast cell walls. *Biochem. J*. **135**, 19-30.
3) Bowman, S. M., and Free, S. J.（2006）The structure and synthesis of the fungal cell wall. *BioEssays* **28**, 799-808.
4) Latgé, J. P.（2007）The cell wall: a carbohydrate armour for the fungal cell. *Mol. Microbiol*. **66**, 279-290.
5) Fontaine, T., Simenel, C., Dubreucq, G., Adam, O., Delepierre, M., Lemoine, J., Vorgias, C. E., Diaquin, M., and Latgé, J. P.（2000）Molecular organization of the alkali-insoluble fraction of *Aspergillus fumigatus* cell wall. *J. Biol. Chem*. **275**, 27594-27607.
6) Cumashi, A., Ushakova, N. A., Preobrazhenskaya, M. E., D'Incecco, A., Piccoli, A., Totani, L., Tinari, N., Morozevich, G. E., Berman, A. E., Bilan, M. I., Usov, A. I., Ustyuzhanina, N. E., Grachev, A. A., Sanderson, C. J., Kelly, M., Rabinovich, G. A., Iacobelli, S and Nifantiev, N. E（2007）A comparative study of the anti-inflammatory, anticoagulant, antiangiogenic, and antiadhesive activities of nine different fucoidans from brown seaweeds. *Glycobiology* **17**, 541-552.

7) Li, B., Lu, F., Wei, X., and Zhao, R. (2008) Fucoidan: structure and bioactivity. *Molecules* **13**, 1671-1695.
8) Chester, M. A. (1999) IUPAC-IUB joint commission on biochemical nomenclature (JCBN) nomenclature of glycolipids recommendations 1997. *J. Mol. Biol.* **286**, 963-970.
9) Abdel-Mawgoud, A. M., and Stephanopoulos, G. (2018) Simple glycolipids of microbes: Chemistry, biological activity and metabolic engineering. *Synth. Syst. Biotechnol.* **3**, 3-19.
10) Yu, R. K., Yanagisawa, M., and Ariga, T. (2007) Glycosphingolipid Structures. *Comprehensive Glycoscience From Chemistry to Systems Biology* **1**, 73-122.
11) Hölzl, G., and Dörmann, P. (2007) Structure and function of glycoglycerolipids in plants and bacteria. *Prog. Lipid Res.* **46**, 225-243.
12) Orskov, I., Orskov, F., and Rowe, B. (1984) Six new *E. coli* O groups: O165, O166, O167, O168, O169 and O170. *Acta. Pathol. Microbiol. Immunol. Scand. B* **92**, 189-193.
13) Orskov, I., Wachsmuth, I. K., Taylor, D. N., Echeverria, P., Rowe, B., Sakazaki, R., and Orskov, F. (1991) Two new *Escherichia coli* O groups: O172 from "Shiga-like" toxin II-producing strains (EHEC) and O173 from enteroinvasive *E. coli* (EIEC) . *APMIS* **99**, 30-32.
14) Scheutz, F., Cheasty, T., Woodward, D., and Smith, H. R. (2004) Designation of O174 and O175 to temporary O groups OX3 and OX7, and six new *E. coli* O groups that include Verocytotoxin-producing *E. coli* (VTEC) : O176, O177, O178, O179, O180 and O181. *APMIS* **112**, 569-584.
15) Lindberg, A. A. (1973) Bacteriophage receptors. *Annu. Rev. Microbiol.* **27**, 205-241.
16) Raetz, C. R. H., and Whitfield, C. (2002) Lipopolysaccharide endotoxins. *Annu. Rev. Biochem.* **71**, 635-700.
17) Endo, T. (2019) Mammalian *O*-mannosyl glycans: Biochemistry and glycopathology. *Proc. Jpn. Acad., Ser. B Phys. Biol. Sci.* **95**, 39-51.
18) Meyer, K., Linker, A., Davidson, E. A., and Weissmann, B. (1953) The mucopolysaccharides of bovine cornea. *J. Biol. Chem.* **205**, 611-616.
19) Meyer, K., and Palmer, J. W. (1934) The Polysaccharide of the Vitreous Humor. *J. Biol. Chem.* **107**, 629-634.
20) Homans, S. W., Ferguson, M. A., Dwek, R. A., Rademacher, T. W., Anand, R., and Williams, A. F. (1988) Complete structure of the glycosyl phosphatidylinositol membrane anchor of rat brain Thy-1 glycoprotein. *Nature* **333**, 269-272.
21) Ferguson, M. A., Homans, S. W., Dwek, R. A., and Rademacher, T. W. (1988) Glycosyl-phosphatidylinositol moiety that anchors *Trypanosoma brucei* variant surface glycoprotein to the membrane. *Science* **239**, 753-759.
22) Flynn, R. A., Pedram, K., Malaker, S. A., Batista, P. J., Smith, B. A. H., Johnson, A. G., George, B. M., Majzoub, K., Villalta, P. W., Carette, J. E., and Bertozzi, C. R. (2021) Small RNAs are modified with *N*-glycans and displayed on the surface of living cells. *Cell* **184**, 3109-3124 e3122.

第3章

分析手法

3-1 質量分析

3-1-1 質量分析における質量の考え方

質量分析法は、生体分子や合成化合物の同定の際に有用な情報をもたらす。特にタンパク質の糖鎖修飾などの翻訳後修飾は、ゲノム情報やタンパク質のアミノ酸配列を調べているだけでは予想できないことが多く、実際に試料の質量分析を行うことが重要になる。例えば、タンパク質に*N*-結合型糖鎖が付加するためには、Asn-X-Ser/Thr (XはPro以外) のコンセンサス配列が必要であるが、この配列が存在しても*N*-結合型糖鎖が付加しているとは限らない。実際に*N*-結合型糖鎖が付加しているかどうかは質量分析法などで実験的に調べる必要がある。質量分析にも様々な方法があるが、どんな試料に対して、どのような情報を得たいのかによって、試料の調製方法や測定方法を選択する必要がある。本章では、はじめに質量分析法における質量の表現について説明し、質量分析の各方法について述べる。

3-1-2 質量の表現

質量分析法における質量の表現の仕方にはルールがある。質量分析法では、原子・分子の質量をkg単位で表現するのではなく、^{12}Cの質量の1/12 ($1.66053906660 \times 10^{-27}$ kg) を統一原子質量単位 (unified atomic mass unit: u) もしくはダルトン (Da) として表現する。Daとuはまったく同じ意味である。歴史的に原子質量単位 (atomic mass unit: amu) が用いられていたが、同位体の発見などにより原子質量単位に複数の定義が混在する状況となった (^{16}Oを16とする物理的原子量、同位体混合物である天然の酸素を16とする化学的原子量など)。それらを統一するため^{12}Cを12とする統一原子質量単位 (u) が提案された。現在はこの定義が受け入れられている。そのためamuとuは本来定義が異なるが、amuもuと同じ意味で用いられる場合もある。^{12}Cは陽子6個、中性子6個、電子6個から構成されており、従来 (旧SI単位系) では^{12}C 1 molはぴったり0.012 kg (最小位の2以下には無限個の0が並んでいる) と定義されていた。しかし、2019年に新しいSI単位系が発効し、新SI単位系では逆にアボガドロ定数を$6.02214076 \times 10^{23}$ mol^{-1}と定義することになった[1)]。そのため、^{12}C 1 molの質量は0.0119999999958 kgとなった。一方で、原子量・分子量の数値は新SI単位系が発効されても変化しない。それは、^{12}Cの原子量がぴったり12と定義されており、それぞれの原子量・分子量が^{12}Cの原子量の相対値として表現されているからである。そのため、分子量・原子量からモル質量を計算する場合、分子量・原子量の数値に単にグラムをつけるだけでは厳密には正しくなくなったが、その差はほとんどの化学計測において無視できるレベルである。

通常それぞれの元素の原子量は、自然に存在する同位体について重みつき平均を求めたものである。例えば炭素の原子量は、^{12}C（陽子6個、中性子6個、電子6個）が98.93%、^{13}C（陽子6個、中性子7個、電子6個）が1.07%存在すると仮定すると、以下のように求められる。

$$炭素の原子量 = \frac{^{12}Cの質量 \times {}^{12}Cの割合 + {}^{13}Cの質量 \times {}^{13}Cの割合}{^{12}Cの質量 \div 12}$$

$$= \frac{12\ Da \times 0.9893 + 13.00335483507\ Da \times 0.0107}{12\ Da \div 12}$$

$$= \frac{11.8716\ Da + 0.1391\ Da}{1\ Da}$$

$$= 12.0107$$

炭素の原子量の計算過程において、分母にも分子にもDaの単位があるため、約分するとDaの単位はなくなる。すなわち原子量は無次元量で単位は存在しない。分子量も原子量から計算されるため、単位はない。したがって、例えば、分子量10,000もしくは分子質量10,000 Daと表現するのが正しく、分子量10,000 Daと表現するのは正しい表現ではない。

質量分析は同位体を区別できる方法であり、質量を取り扱う際には常に同位体を意識する必要がある。それに関連して原子・分子に対する3種類の質量の考え方があり、質量を表現するときは、どの考え方に基づいているかを明確にしておく必要がある。

(1) 相対分子質量（分子量）

平均（相対）原子質量を基にして計算した質量で、分子量とよばれ、最も多く用いられている概念である。分子量は単位がなく無次元数である。例えばグルコース（$C_6H_{12}O_6$）の場合、$12.0107 \times 6 + 1.00794 \times 12 + 15.9994 \times 6 = 180.15588$となる。

(2) モノアイソトピック質量

分子を構成する各元素について、天然存在比が最も高い同位体の組み合わせで計算した質量である。例えばグルコース（$C_6H_{12}O_6$）の場合、$12.00000 \times 6 + 1.007825 \times 12 + 15.9949 \times 6 = 180.0633$となる。

(3) 最大強度質量

最も存在確率の高い同位体の組み合わせによる質量である。質量分析で、最も強度の高いピークを与えることになる。グルコースのように分子量の小さい化合物では、モノアイソトピック質量が最大強度質量となる。しかし分子量の大きい化合物では、モノアイソトピック質量が最大強度質量と同一にならなくなり、モノアイソトピック質量よりも最大強度質量の強度が大きくなる。

質量分析において、得られる観測値はイオンの電荷数zにも依存するため、マススペクトルの横軸はm/z（単位なし）で表現される場合が多い。この場合mはイオンの質量を統一原子質量単位（^{12}Cの質量の1/12）で割ったものであり、単位はない。zはイオンの電荷数であり、+1, +2, +3……など整数である。$z = 1$のとき（一価のとき）m/zは統一原子質量単位と等しくなる。

3-1-3　質量分析の種類（イオン化・分離・検出）

質量分析計は、

①試料のイオン化

②イオンの質量による分離

③イオンの検出

の3つの部分から構成されている。特に重要となる①と②には複数の方法があり、①と②の組み合わせによって方法も多様化する。イオン化には、電子イオン化（electron ionization: EI）法、化学イオン化（chemical ionization: CI）法、高速原子衝撃イオン化（fast atom bombardment: FAB）法、エレクトロスプレーイオン化（electrospray ionization: ESI）法、マトリックス支援レーザー脱離イオン化（matrix-assisted laser desorption/ionization: MALDI）法などが知られている。これらイオン化の中でESIとMALDIはペプチド・タンパク質・糖鎖などの生体高分子の質量測定によく用いられる。ESIは、プロトン付加による多価イオン$[M + nH]^{n+}$を生み出しやすい。例えば分子量15万のタンパク質で30価のプロトン付加イオンが生じた場合、H = 1とするとm/z（質量/電荷）=（150000 + 30）/30 = 5001として観測される。そのため、高分子量側に測定限界がある装置においても、多価イオンを検出することによって質量を計測することが可能になる。一方、MALDIによるイオン化では、一価のイオン（$z = 1$）が主として得られやすく、多価イオンが得られるESIとは対象的である。一価のイオン（$z = 1$）が得られやすいことから、ペプチド混合物や糖鎖混合物の測定に向いている。MALDIは試料をマトリックスと混合し、レーザーを照射することにより目的の試料をイオン化する方法である。マトリックスには、レーザー光の波長と吸収波長が近く、結晶化しやすいものが選択される。3,5-ジメトキシ-4-ヒドロキシ桂皮酸（3,5-dimethoxy-4-hydroxycinnamic acid: SA）、2,5-ジヒドロキシ安息香酸（2,5-dihydroxybenzoic acid: DHBA）、α-シアノ-4-ヒドロキシ桂皮酸（α-cyano-4-hydroxycinnamic acid: CHCA）などが用いられる（図3-1）。どのマトリックスを用いるかは試料の性質にもよるが、糖鎖を測定する場合はDHBAがよく用いられる。

質量分析において肝となるところは、質量の違いをいかに見分けるかである。質量の分離には様々な方法があり、代表的なものとして磁場セクター型（magnetic sector mass

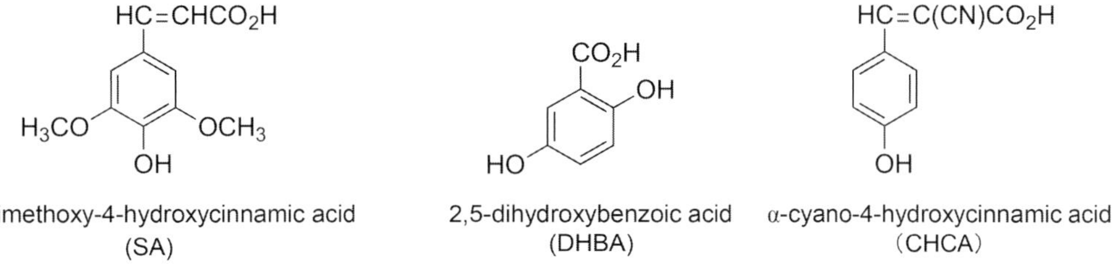

$HC{=}CHCO_2H$　H_3CO　OCH_3　OH

3,5-dimethoxy-4-hydroxycinnamic acid (SA)

CO_2H　OH　HO

2,5-dihydroxybenzoic acid (DHBA)

$HC{=}C(CN)CO_2H$　OH

α-cyano-4-hydroxycinnamic acid （CHCA）

図3-1　生体試料のイオン化に用いられるマトリックスの例

spectrometer)、四重極型 (quadrupole mass spectrometer: QMS)、飛行時間型 (time-of-flight mass spectrometer: TOF-MS)、イオントラップ型 (ion trap mass spectrometer: ITMS)、フーリエ変換イオンサイクロトロン共鳴 (Fourier transform ion cyclotron resonance: FT-ICR) などが知られている。いずれも高真空中におけるイオンの運動を、物理の法則に基づき質量と価数を含む式で表現できる。以下イオンの分離方法の原理について概説する。

(1) 磁場セクター型

質量mの試料がイオン化されてzの価数を持ち、電圧Vによって加速された後に、磁束密度Bの領域を通過する (図3-2)。その際、電荷ezを持つイオンは磁場Bによるローレンツ力を受け、半径rの円運動をする。ローレンツ力と遠心力が釣り合うこと、およびイオンの運動エネルギー $mv^2/2$ とポテンシャルエネルギー zeV は等しいことから、以下の関係が導き出される。

$$m/z = eB^2r^2 / 2V$$

磁場に加えて電場を置いて分解能を向上させる2重収束型も開発されている。

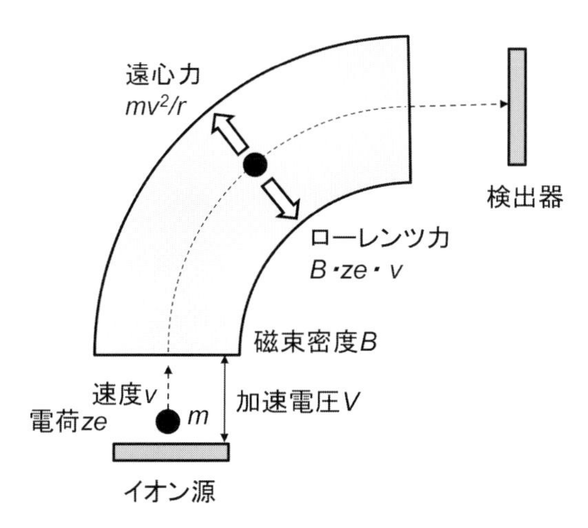

図3-2　磁場セクター型質量分析計におけるイオンの分離
磁束密度Bにおいて電荷$+ze$を持つイオンは遠心力とローレンツ力が釣り合い、円運動する。

(2) 飛行時間（TOF）型

質量mの試料がイオン化されてzの価数を持ち、電圧Vで加速された後に等速直線運動をして最終的に検出器に到達するまでの飛行時間を測定して質量分離する方法である（図3-3）。イオン化部位から検出器までの直線距離をLとすると、イオンの運動エネルギー$mv^2/2$とポテンシャルエネルギーzeVは等しいことから、以下の関係式が成り立つ。

$$m/z = 2eVt^2 / L^2$$

理論的には質量範囲の制限はなく、高分子量の質量分析に適している。TOFにはここで説明したリニア型とリフレクター型があり、リフレクター型では、飛行しているイオンにさらに電場を掛けることにより、イオンをイオン源方向にUターンさせる。リフレクター型で得られるスペクトルはリニア型のスペクトルと比べて分解能が高い。しかし飛行時間が長くなるため、寿命の短い高質量イオンの測定にはリニア型が適している。TOF型はMALDIとの組み合わせで用いられる場合が多い。

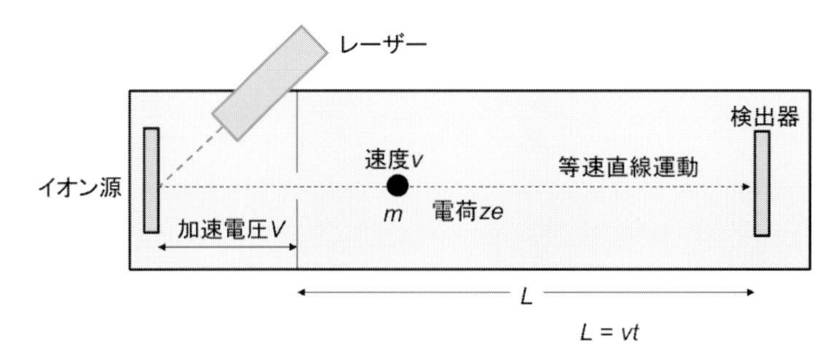

図3-3　飛行時間型質量分析計におけるイオンの分離
図のようにMALDIとの組み合わせが多い。電荷+zeを持つイオンは速度vにて等速直線運動をする。

(3) 四重極型

質量の分離部分には4本の円柱状の電極（四重極）からなり、隣り合う2本に対して、

$$+ (U + V\cos wt)$$
$$- (U + V\cos wt)$$

の直流電圧（U）と交流電圧（$V\cos wt$）を組み合わせた電圧を掛けておく（図3-4）。四重極内にイオンが侵入すると、特定のm/zのイオンのみ振幅が大きくならずに安定な振動をして検出器に到達する。一方、その他のイオンは振幅幅が大きくなり、電極に衝突してしまうため、イオン検出器には検出されない。測定されるイオンのm/zは電極に与える交流電圧の最大値Vとその周波数wおよび電極間の距離rで決まり、次の式で与えられる（Kは定数）。

$$m/z = K\ V / rw^2$$

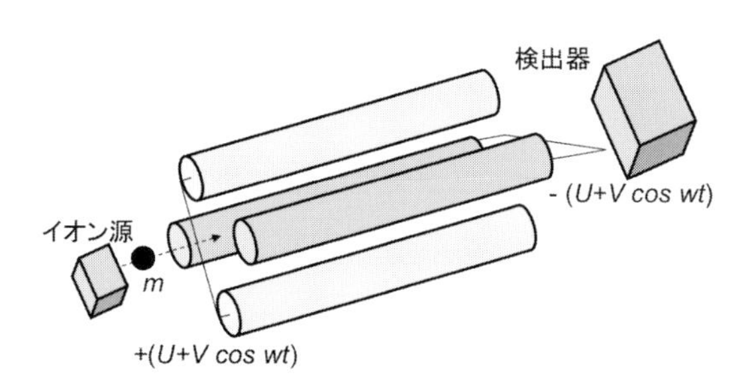

図3-4　四重極型質量分析計におけるイオンの分離
特定のm/zを持つイオンのみが振動しながら四重極を通過できるが、他のイオンは通過できない。

(4) イオントラップ型

イオントラップ型は、四重極型と似ている。イオントラップは一対のエンドキャップ電極と中央のリング電極からなる（図3-5）。四重極型では安定に振動するイオンが四重極部分を通過して検出されるが、イオントラップ型では、安定な軌道を示すイオンすべてが電極内にトラップされ、逆に軌道が不安定になったイオンを検出する。リング電極に交流電圧Vを掛け、rをリング電極の内接円の半径、wを角周波数、qを固有係数とすると測定されるイオンのm/zは以下のように表現される。

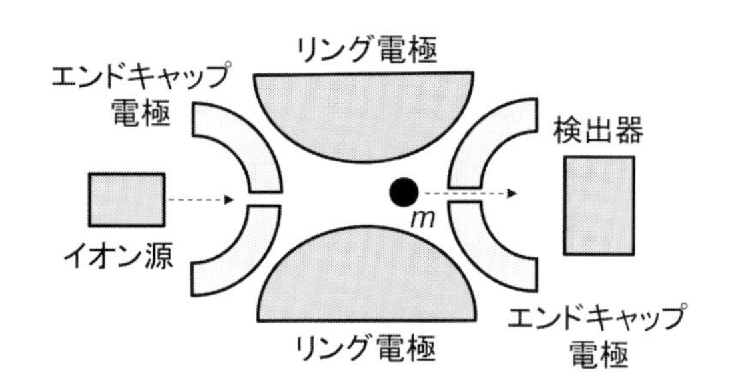

図3-5　イオントラップ型質量分析計によるイオンの分離
原理的には四重極と同じであるが、電場や磁場を用いてできた空間（トラップ）内にイオンを閉じ込め、電圧を変化させることにより、特定のm/zを持つイオンが排出されていく。

$$m/z = 4V/\, r^2w^2q$$

(5) フーリエ変換イオンサイクロトロン共鳴（FT-ICR）

本方法もイオントラップ型と原理は同じで、広義にはイオントラップ型に含まれる。電荷$+ze$を帯びた質量mの粒子が強い磁場中（B）に置かれると、ローレンツ力によって磁場方向を中心軸として回転運動（サイクロトロン運動）をする（図3-6）。検出電極間に周期的に変動する誘導電流が流れるが、その周波数fをフーリエ変換することによりm/zを求めることができる。

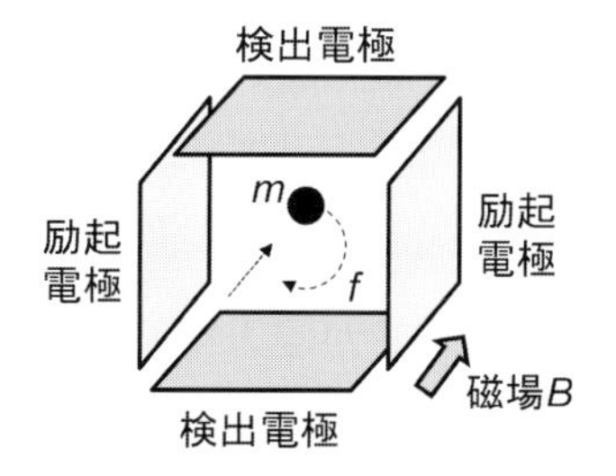

図3-6　フーリエ変換イオンサイクロトロン共鳴（FT-ICR）質量分析計の概略図
質量mのイオンは周波数fの円運動（サイクロトロン運動）をする。周波数fとm/zが結びついている。

$$f = zeB/2\pi m$$

この方法は、非常に高い分解能を与えるのが特徴である。強力な磁場が必要となるため、NMRマグネットと同様に超電導磁石を用いる。

3-1-4　フラグメンテーション法

分子の構造情報を得るために、質量分析時に積極的に分子を分解する方法がしばしば行われる。これをフラグメンテーションと言う。質量分析におけるフラグメンテーションは様々な方法がある。衝突誘起解離（collision-induced dissociation: CID）は飛行しているイオンを希ガスなどの衝突ガスと衝突させることで、イオンを解離させる。衝突ガスのエネルギーの大きさや衝突の回数（single collisionかmultiple collision）によってフラグメンテーションの様子が変わることに注意を払う必要がある。CIDのほか、光を使う光誘起解離（infrared multiphoton dissociation: IRMPD）、電子捕獲解離（electron capture dissociation: ECD）、電子移動解離（electron transfer dissociation: ETD）などがある。低分子化合物にCIDはよく用いられ、タンパク質などの高分子量化合物に対してはIRMPD、ECD、ETDが用いられる。ペプチドのフラグメンテーションにおけるフラグメントイオンの表記方法は図3-7のように定められている。また糖鎖においても、フラグメントイオンの表記方法が図3-7のように提案されている[2)]。

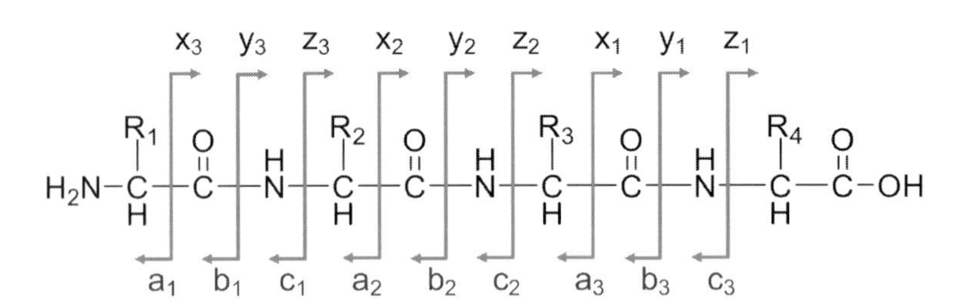

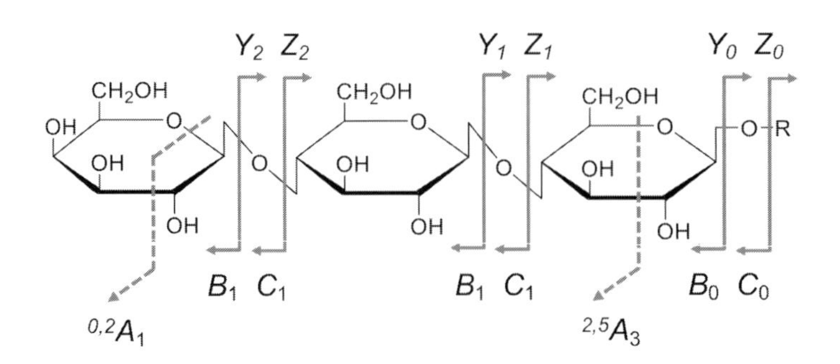

図3-7　ペプチド・糖鎖のフラグメンテーションとフラグメントイオン

ペプチドの場合、フラグメントイオンはN末端からa_1, b_1, c_1, a_2, b_2, c_2……、C末端からz_1, y_1, x_1, z_2, y_2, x_2……のようにそれぞれ切断位置に対応した記号を用いる。糖鎖のグリコシド結合の切断により生じるフラグメントイオンは非還元末端からB_1, C_1, B_2, C_2……、還元末端からZ_0, Y_0, Z_1, Y_1……のように記号を付す。糖の環内で切断が起こる場合は、還元末端から${}^{0,2}A_1$, ${}^{2,4}A_2$, ${}^{2,5}A_3$……のように示し、非還元末端から${}^{1,5}X_1$……のように示す。

3-1-5　糖鎖の質量分析における課題：異性体識別

糖鎖の質量分析において異性体の識別は大きな課題の1つである。異性体と言っても様々なレベルの異性体が糖鎖の質量分析には存在する。

①糖の種類（ヘキソース/*N*-アセチルヘキソサミンなど）

②アノマー（α/β）

③結合位置（β1-3とβ1-4など）

①はアミノ酸のロイシンとイソロイシンが同じ質量であるが構造が異なることと似ている。糖の場合、ヘキソース（$C_6H_{12}O_6$）は、グルコース、マンノース、ガラクトースなど、*N*-アセチルヘキソサミン（$C_8H_{15}NO_6$）は*N*-アセチル-D-グルコサミン、*N*-アセチル-D-ガラクトサミンなどが候補として考えられる。質量分析の結果からヘキソース（Hex）が何個、*N*-アセチルヘキソサミン（HexNAc）が何個あるということがわかり、糖鎖の質量分析の結果は$(Hex)_6(HexNAc)_2$のように表現される。しかし、どの種類の糖が含まれているかはわからない。そのため、糖の同定には単糖分析やNMRなど他の方法を用いるか、糖鎖の構造の知識とフラグメントイオンの解析結果を合わせて判定する場合が多い。実際には、その組成を満たす糖鎖をデータベース（例えばGlycoMod、https://web.expasy.org/glycomod/など）により検索して、可能な糖鎖構造を見つけ出し、その中から実験条件を満たすもの（例えば*N*-結合型糖鎖に分類されるなど）を絞り込む。

②のアノマーの違い、③の結合位置の違いも質量分析のみを用いて区別することは通常容易ではない。糖鎖の構造の知識に基づいて判定する場合が多い。基質特異性があらかじめわかっているグリコシダーゼに対する感受性をもって、糖鎖の結合様式に関する情報を得る方法も有効である。未知化合物におけるアノマーの同定には後述するNMR法が有効である。

③の結合位置の違いは例えば、

Gal (β1-4) GlcNAc (β1-2) Man (α1 ↘ 6)
Man (β1-4) GlcNAc (β1-4) GlcNAc (β1-) Asn
GlcNAc (β1-2) Man (α1 ↗ 3)

と

GlcNAc (β1-2) Man (α1 ↘ 6)
Man (β1-4) GlcNAc (β1-4) GlcNAc (β1-) Asn
Gal (β1-4) GlcNAc (β1-2) Man (α1 ↗ 3)

のようにガラクトースが2本の枝のうち、上の枝［Man（α1-6）分枝］にガラクトースが結合している場合と下の枝［Man（α1-3）分枝］にガラクトースが結合している場合もある。この異性体の区別も質量分析では容易ではなく、以下に述べるような液体クロマトグラフィーにおける分離・標準品との比較が有効である。

3-2　液体クロマトグラフィー（LC）分析

3-2-1　カラムの種類と分離原理

クロマトグラフィーは物理的な分離の方法であり、移動相と固定相の2つの相に成分が分配されることを利用している。例えば、ペーパークロマトグラフィーではろ紙が、薄層クロマトグラフィーでは、シリカゲル層が固定相の役割を果たしている。また、液体クロマトグラフィーでは、移動相に液体が、ガスクロマトグラフィーでは移動相に気体が利用される。クロマトグラフィーにおける分配係数Kは以下のように定義される。

$$K = \frac{\text{移動相の溶質の濃度}}{\text{固定相の溶質の濃度}}$$

分子が移動相にとどまる時間の割合は$K/(1+K)$となる。したがって、分配係数が異なる分子は、移動相中を異なる速度で移動することになり、これがクロマトグラフィーの分離の基礎となる。ここでは主にタンパク質や糖鎖の分離に適した液体クロマトグラフィーについて述べる。

(1) ゲルろ過クロマトグラフィー

ゲルろ過クロマトグラフィーはサイズ排除クロマトグラフィーともよばれ、分子の大きさによって分離する方法である。カラムには架橋した多糖類などを固定相として用い、固定相に存在する空洞の大きさが分離を決めることになる。空洞には、ある分子量のサイズまでは入るが、それ以上の大きなものは排除されるというメカニズムによる。そのため、高分子量のものは速くカラムを通り抜け、低分子量のものは空洞にトラップされながら遅く溶出される。ゲルろ過クロマトグラフィーを利用する場合には、対象とする分子量範囲に適したカラムを選択する必要がある。糖鎖溶液中に含まれる塩や低分子化合物の除去を目的としてゲルろ過クロマトグラフィーを用いることがある。

(2) イオン交換クロマトグラフィー

イオン交換クロマトグラフィーは、分子を電荷に基づいて分離する。正の電荷を帯びた固定相（陰イオン交換）もしくは負の電荷を帯びた固定相（陽イオン交換）を用いる。例えば、陰イオン交換体では、もともとCl^-などが付加しており、そこに負の電荷を持つ生体分子が通過すると、Cl^-と取って代わり（イオン交換）、静電相互作用によって正の電荷を帯びた固定相に吸着される。この相互作用は強力であり、試料を溶出するためには、高いイオン強度の緩衝液（NaCl水溶液など）を流すことが必要である。実際タンパク質の分離にイオン交換クロマトグラフィーを用いる際には、タンパク質の等電点・移動相のpHに注意を払う必要がある。糖鎖の分析において、シアル酸を含む糖鎖（負電荷を持つ）と中性糖鎖（電荷を持たない）の分離に陰イオン交換カラムが有効である。

(3) アフィニティクロマトグラフィー

アフィニティクロマトグラフィーは、高分子の特異的な結合を利用したもので、その高分子を固相化して固定相として用いる分離方法である。最も代表的なアフィニティクロマトグラフィーは特定の分子に対する抗体を固定化したカラムクロマトグラフィーである。糖鎖の場合には、レクチンを固定化したアフィニティクロマトグラフィーが有効である。固定化されたレクチンの糖結合特異性を利用して、糖鎖混合物の仕分けや糖鎖の精製が可能になる。

(4) 逆相クロマトグラフィー

逆相クロマトグラフィーは、固定相に長鎖の炭化水素（C18など）が結合した支持体が用いられ、分子の疎水性に基づいて分離する。溶出のために、非極性の溶媒（例えばアセトニトリル）が用いられる。生体試料の場合は、ペプチド混合物や疎水性の高い低分子化合物の分離に用いられる。糖鎖そのものは親水性が高いために逆相クロマトグラフィーには向かないが、後述するように2-アミノピリジンなど疎水性のタグを結合した糖鎖誘導体や糖ペプチドなどの分離分析に有効である。

(5) 順相・親水性相互作用クロマトグラフィー

順相クロマトグラフィーは、固定相に極性を持った支持体（シリカゲルなど）を用い、低極性の移動相を用いる方法である。低極性の移動相（ヘキサンなどの有機溶媒）を流すことにより、極性の低い成分から極性の高い成分へと順に溶出される。糖鎖のような親水性の化合物は低極性の有機溶媒に溶けないため、分析できないという問題があった。そこで親水性相互作用クロマトグラフィー（hydrophilic interaction chromatography: HILIC）が考案され、糖鎖の分析にも用いられるようになった。HILICは順相クロマトグラフィーの一種であるが、水と有機溶媒（主にアセトニトリル）の混合溶液を移動相とし、固定相にはそれより極性の高い物質を選ぶ方法である。古典的なシリカゲルに加えてアミノ基やアミド基などで修飾されたシリカが固定相としてよく用いられている。HILICモードでは、移動相に有機溶媒を多く含み、ESIによるイオン化効率がよいことから、質量分析との相性もよく、LC-MSによる分析時によく選ばれる組み合わせである。

3-2-2　糖鎖切り出し方法、誘導体化

糖鎖は遊離の状態として存在するか、あるいはタンパク質や脂質などと結合した状態で存在している。糖鎖の構造を詳しく調べる場合は糖鎖をキャリアー分子から切り出す必要がある。切り出す方法は大きく分けると、化学的な手法と酵素的な手法がある。ここでは主に酵素的な手法について述べる。

現在、Asnに結合している*N*-結合型糖鎖を切り出す方法として広く用いられている方法はpeptide:*N*-glycosidase F（PNGase F）を用いた酵素的切断である。

R-GlcNAc (β1-4) GlcNAc (β1-) Asn + H_2O ⟶ R-GlcNAc (β1-4) GlcNAc (β1-) NH_2 + Asp
R-GlcNAc (β1-4) GlcNAc (β1-) NH_2 + H_2O ⟶ R-GlcNAc (β1-4) GlcNAc-OH + NH_3
R = 糖鎖構造

PNGase Fは、Asn側鎖のNH-C=Oのアミド結合を切断するアミダーゼである。その結果、アミノ基が還元末端に結合したアミノ糖鎖が最初に生じるが、アミノ基がアンモニアとして遊離することになる。PNGase Fによる切断で注意する点は、Asnに結合しているGlcNAcにFucがα1-3結合で結合している場合、PNGase Fによる切断ができないことである。この場合はアーモンド由来のPNGase A (glycoamidase A) を用いる必要がある。

なお*O*-結合型糖鎖 (*O*-Man糖鎖や*O*-Fuc糖鎖などと区別するため、最近は*O*-GalNAc型糖鎖、ムチン型糖鎖とよぶ場合が多い) を切断する万能な酵素は現時点では報告されていない。細菌由来の*O*-glycosidaseが報告されているが、あらかじめシアル酸を除去しておく必要があること、またcore 1 [Gal (β1-3) GalNAc (α1-) Ser/Thr] とcore 3 [GlcNAc (β1-3) GalNAc (α1-) Ser/Thr] typeの*O*-結合型糖鎖 [Gal (β1-3) GalNAc (α1-) Ser/Thr] しか切断することができない。そのため*O*-結合型糖鎖を一斉に遊離させるには、ヒドラジン分解のような化学的手法が用いられる場合が多い。なお、化学的手法による*O*-結合型糖鎖の切断では、切り出された糖鎖の分解 (ピーリング) が副反応として起こることが知られており、ピーリングを抑制するために反応条件には注意を払う必要がある。またヒドラジン分解を行った場合、GlcNAc/GalNAcのアセチル基が切断されるため、再アセチル化が必要である。

タンパク質はTrpやTyrに由来する紫外吸収があるため、280 nmの紫外線吸収によってタンパク質を検出することができる。しかし、糖鎖の場合、そのような紫外線吸収を担う官能基は存在しない。そのためクロマトグラフィー分析時における糖鎖の検出は工夫が必要である。GlcNAc/GalNAcが含まれる場合は*N*-アセチル基のアミド結合に由来する210 nm程度の紫外線を用いて検出することも可能である。示差屈折率 (refractive index: RI) の違いを利用する示差屈折検出器を用いる方法も有用であるが、検出感度はやや劣る。糖鎖の高感度検出・選択的検出のために糖鎖の還元末端に蛍光性の物質 (2-アミノピリジンや2-アミノベンズアミドなど) をタグとして付加することも行われる (図3-8)。いずれの場合も糖鎖還元末端のアルデヒド基とタグ側のアミノ基との還元アミノ化反応である。このタグ付加は糖鎖の蛍光検出を可能にするとともに、糖鎖に疎水性を与えることになるため、逆相クロマトグラフィーによる分離をも可能にする。現在糖鎖修飾のための様々なタグが報告されている。実験の目的・手法などに応じてタグ付加を行うかどうか、タグによる誘導体化を実施する場合はどのタグを用いるかなどをあらかじめ検討しておく必要がある。例えば、糖鎖をキャピラリー電気泳動で分離する場合、8-aminopyrene-1,3,6-trisulfonate (APTS) などが用いられ (図3-8)、APTS中に存在する3つの硫酸基の負電荷が電場中におけるクーロン力となり、電気泳動における試料の駆動力になる。

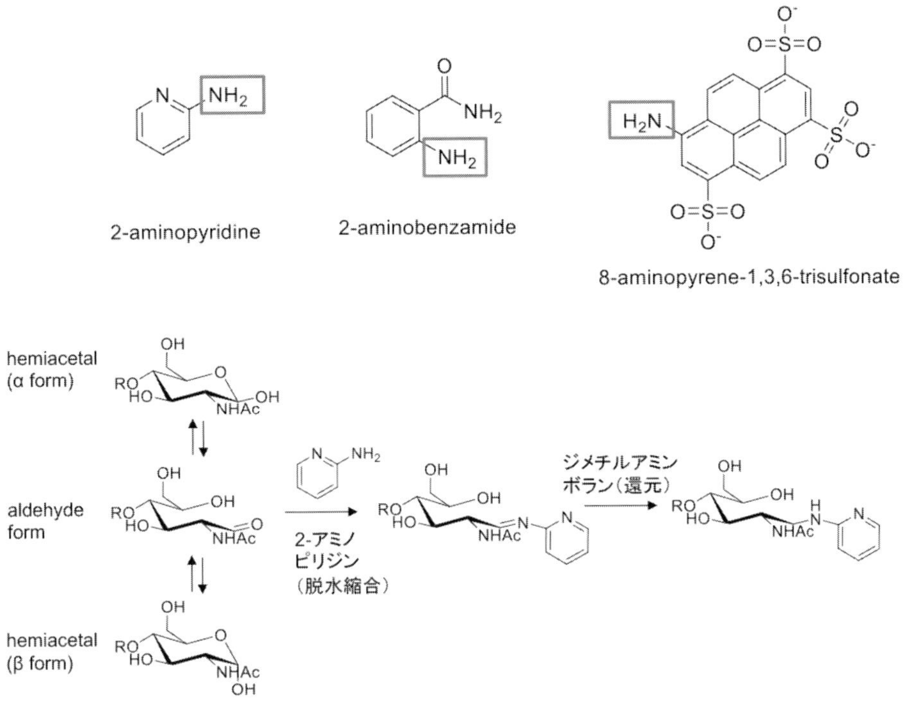

図3-8　糖鎖還元末端の修飾に用いられる蛍光性タグの例と糖鎖還元末端の還元アミノ化法
蛍光性タグはいずれもアミノ基を共通に持つ。

3-3　NMR

3-3-1　NMR法の原理

核磁気共鳴（nuclear magnetic resonance: NMR）法は、磁場中において原子核の示す共鳴現象を観測する分析法である。図3-9にNMRマグネットの断面図を示す。コイルを液体ヘリウム（4.5 K）で冷却した状態にして超電導状態（抵抗が0）を達成する。コイルに電流が流れ続ける状態になり、強力な磁場を安定に発生させ続けることになる。多くの元素は磁気モーメントを持っており、磁場中において小さな棒磁石のように振る舞う。水素原子が磁場中におかれたとき、エネルギーレベルの分裂が起こる（図3-10）。量子力学的な制限から、水素原子の場合、スピン（小さな棒磁石）が磁場と並行に存在する場合（α状態）と、反並行に存在する場合（β状態）の2通りだけが可能になる。このエネルギーレベルの分裂をゼーマン分裂と言う。2つのエネルギーレベルの差（$\varDelta E$）は、相当する周波数νの電磁波と結びつけることができ、$\varDelta E = h\nu$と表現される（hはプランク定数)。この2つのエネルギー状態間の遷移は、$\Delta E = h\nu$ が成立したときに起こる。これが核磁気共鳴となる。すなわち、NMRは原子核のエネルギーレベルの分裂(ゼーマン分裂)と共鳴による電磁波の吸収を利用したものと言える。

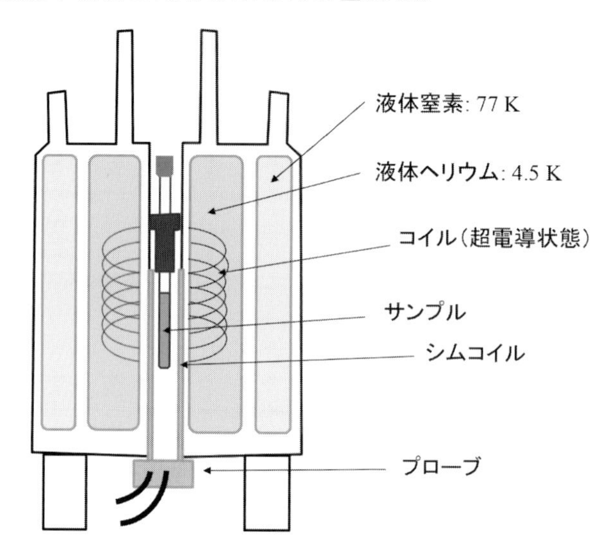

図3-9　超伝導磁石(マグネット)の断面模式図

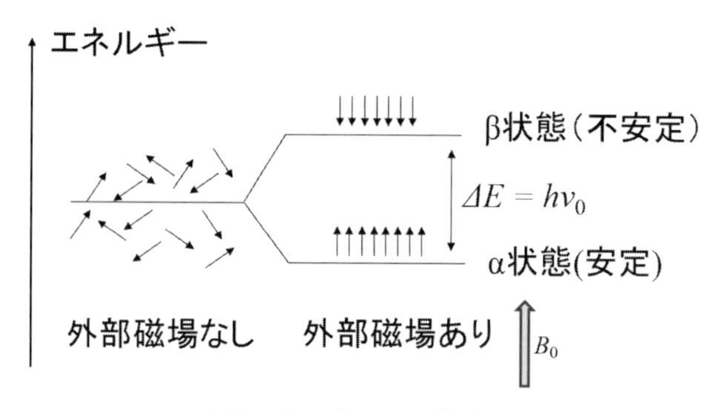

図3-10　ゼーマン分裂の図
原子核のスピンを矢印で示している。

それぞれのエネルギーレベルには、ボルツマン分布に従い、並行スピンと反並行スピンが占有する。スピンが外部磁場に対して並行に存在する場合(α状態)と、反並行に存在する場合(β状態)にある原子核の数をそれぞれ N_α, N_β とすると、

$$N_\beta / N_\alpha = \exp\ (-\Delta E\ /\ RT)$$

となる(R は気体定数、T は絶対温度)。占有数差(N_α-N_β)を利用して、NMRを観測することになり、占有数の差がNMRの感度を決定することになる。一般にこの占有数差はわずかであり、他の分光法としてNMRは感度が悪いと言われるのはそのためである。

一方で、NMRにおける共鳴周波数νはその核に固有の核磁気回転比γと測定磁場の強さB_0に比例している。

$$\nu = \gamma B_0 / 2\pi$$

そのため外部磁場を大きくすれば共鳴周波数νも比例して大きくなり、$\varDelta E$も大きくなる。$\varDelta E$が大きくなれば、ボルツマン分布の式より、N_αとN_βの差が大きくなり、したがって感度は向上する。

実際のNMR測定では、試料に電磁波を与えた直後から得られる時間依存的な信号（自由誘導減衰、free induction decay: FID）に数学的処理（フーリエ変換など）をすることにより、各原子の共鳴周波数νを得ている（図3-11）。各原子は同じ官能基であっても、その置かれている環境により共鳴周波数が少しずつ異なるため、異なる信号として出現する。このように、化合物中における原子1つ1つを区別して議論できるのは、他の分析法にはあまり見られない特徴であり、この恩恵を受けられるのが、NMR法の強みである。

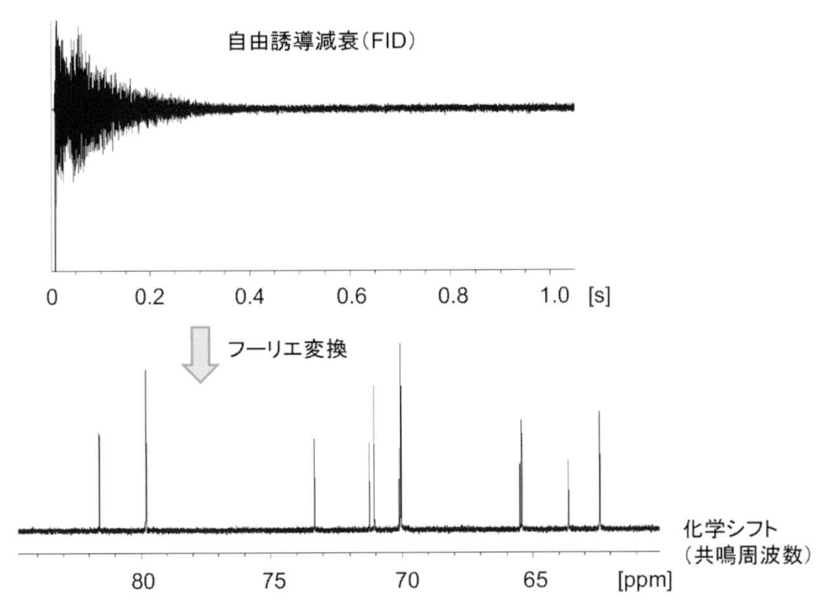

図3-11　自由誘導減衰（FID）のフーリエ変換によるNMRスペクトルの導出
FIDのフーリエ変換により、それぞれの周波数に対応するシグナルを得ることができる。

NMR信号と測定試料中の原子との1対1の対応（帰属）がつけられれば、その原子周辺の構造や運動、相互作用についての情報を得ることができる。NMR測定を行う目的は様々であるが、測定試料の化学構造の決定と試料の立体構造・運動性・相互作用の情報抽出の大きく2つに分けられる。どちらにおいてもNMR測定により得られる観測値（オブザーバブル）からの議論となる。ここではNMR測定から得られる4つの重要なNMRパラメータについて説明し、溶液NMRを想定して記載する。

(1) 化学シフト

化学シフト (part per million: ppm) は、各信号の共鳴周波数を変換したものであり、以下の式により定義される。

$$
\text{化学シフト} = \frac{\text{対象となるシグナルの周波数[Hz]} - \text{基準周波数[Hz]}}{\text{基準周波数[Hz]}} \times 10^{6}
$$

^{1}H, ^{13}Cの化学シフトの基準物質は溶媒が有機溶媒の場合はTMS (tetramethylsilane)、水の場合はDSS (4,4-dimethyl-4-sila pentane-1-sulfonic acid) を用いることが推奨されている (図3-12)。また、^{13}C、^{15}N、^{31}Pなど^{1}H以外の化学シフトを表現する場合、^{1}Hと他核との0 ppmにおける核磁気回転比の比γ (X) / γ (H) を用いる間接的な方法もある。例えば、^{13}Cと^{1}Hの核磁気回転比の比としてγ (^{13}C) / γ (^{1}H) = 0.251449530 、^{15}Nと^{1}Hの核磁気回転比の比γ (^{15}N)/ γ (^{1}H) = 0.1013291180、^{31}Pと^{1}Hの核磁気回転比の比γ (^{31}P) /γ (^{1}H) = 0.404808636が報告されている[3]。

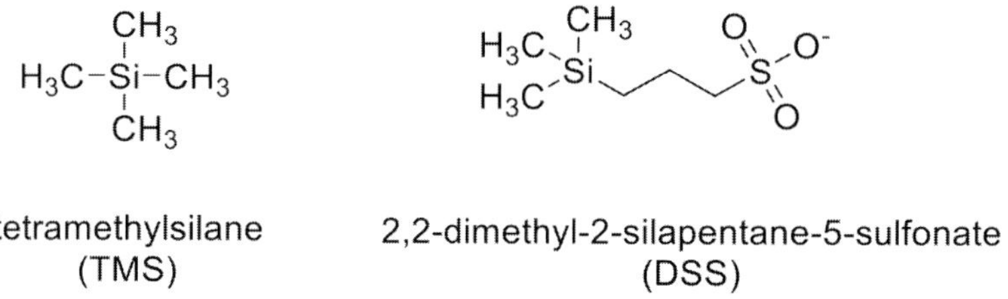

tetramethylsilane
(TMS)

2,2-dimethyl-2-silapentane-5-sulfonate
(DSS)

図3-12 ^{1}H, ^{13}C化学シフトの基準物質の例
TMSやDSSのメチル基に由来する^{1}H, ^{13}C NMR信号を0 ppmとする。

各NMR信号を周波数Hzではなく、化学シフトppmで表現するのには理由がある。化学シフトは目的の信号の周波数と基準周波数の差を基準周波数で除している。NMRにおける共鳴周波数は先に述べたようにその核に固有の核磁気回転比γと測定磁場の強さB_0に比例している。

$$
\text{共鳴周波数} = \gamma B_0 / 2\pi
$$

共鳴周波数を用いて議論する場合、測定磁場の異なるデータ間で単純に数値を比較することができない。一方で化学シフトを用いれば、測定磁場が異なっても、データ間の比較をスムーズに行うことができる。

(2) スピン-スピン結合定数 (カップリング定数)

^{1}H-^{13}Cのように化学結合を介してNMR activeな核がつながっている場合、1つの核 (例えば^{1}H) が化学結合によってつながっているもう1つの核 (この場合^{13}C) のスピンの影響 (αとβ) を受けて、シグナルが分裂する。これをカップリングと言い、観測される分裂幅をカップリング定数と言う。One bondを介したHとCの場合は$^{1}J_{CH}$のよう

に表記し、3 bondを介したHとCの場合は$^3J_{CH}$のように表記する。ここで^3Jについては4つの原子からなる2面角との関係が存在する。一般に^3Jと2面角の関係は以下のような式（Karplusの式）で表現することができる[4,5)]。

$$^3J = A\cos 2\varphi + B\cos\varphi + C$$

A, B, Cは経験的に求められる定数であり、2面角を構成する4つの原子の種類によって変わってくる。この式を使うことにより、^3Jから2面角に関する情報を得ることが可能になり、対象化合物の構造決定や生体分子の構造決定に貢献する。なお、カップリング定数は測定磁場に依存しないパラメータである。

(3) 核オーバーハウザー効果（nuclear Overhauser effect: NOE）

磁場中にある^{1}Hと^{1}Hが空間的に近くに存在する場合、片方の^{1}Hを選択的に励起すると、もう片方の^{1}HのNMR信号の強度が変調を受ける。この現象を核オーバーハウザー効果（NOE）と言う。NOEは対象としている^{1}Hと^{1}Hが化学結合を通じて結ばれている必要はなく、その点はスピンスピンカップリングのように化学結合を通じた相互作用とは異なる。NOEで重要な点はそのNOE強度が^{1}Hと^{1}Hの距離rと関係することであり、運動性の項f (τ_c) を定数と見なした場合、NOE強度は距離rの6乗に反比例する。

$$\mathrm{NOE} = f(\tau_c) \times r^{-6}$$

NOE強度の距離依存性は化合物の構造決定や生体分子の立体構造解析などに非常に有益な情報である。通常^{1}Hと^{1}Hの間がおおよそ5 Å以内の場合、NOEが観測される。NOEは^{1}Hと^{1}Hの間だけではなく、^{1}Hと^{13}C, ^{1}Hと^{15}Nなど異なる核の間においても観測される。特に^{15}Nで標識したタンパク質の主鎖アミドの^{1}H-^{15}Nヘテロ核NOEは次に述べる緩和時間（^{15}N T_1、T_2）とともに、タンパク質の運動性を評価するパラメータとしても用いられている。^{1}H-^{15}Nの原子間距離はほぼ一定のため、NOEの値は運動性の項f (τ_c) と結びつく。

(4) 緩和時間

磁場中にある原子核に電磁波を与えて摂動を加える。一定の時間を経ると、元の状態に指数関数的に戻る。元の状態に戻るまでの時間（時定数）を緩和時間とよぶ。緩和時間には2種類存在し、1つ1つの原子による磁化の総和を巨視的磁化と考えると、軸方向に向く巨視的磁化がxy平面に90°倒れたとき、xy平面における実効的な巨視的磁化が0になるまでの時定数をT_2、z軸方向に巨視的磁化が戻るまでの時定数をT_1と言う（図3-13）。緩和時間は、NOEと同様に分子の運動性の評価に用いられる。磁場の不均一性とウインドウ関数による線幅の寄与を無視する場合、NMRシグナルの半値幅は$1/\pi T_2$となるため、NMR信号の線幅はその原子の運動性を反映することになる。

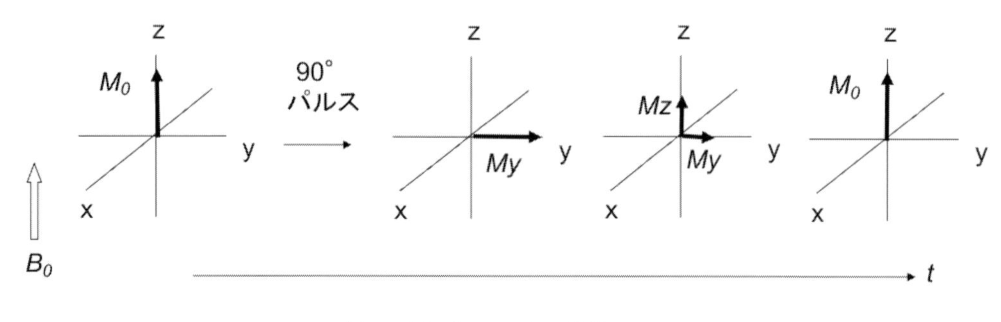

図3-13　巨視的磁化M_0を用いた緩和時間（T_1、T_2）の説明
緩和時間は非平衡から平衡へ向かう変化の時定数である。x、y、zは回転座標系であり、共鳴周波数で回転している。

3-3-2　二次元NMRによるシグナル帰属法（DQF-COSY，HOHAHA，NOESY）、α/β判別、糖タイプ判定

合成した糖鎖の化学構造・立体化学の確認や、未知糖鎖試料の化学構造決定においてNMRはしばしば決定的な役割を果たす。他の分析法では代替できない場合も少なくない。ここでは、糖鎖のNMR解析の典型的な例を示すが、NMRの測定方法は目的に大きく依存するところがあり、目的にふさわしい試料調製・測定を行う必要がある。ペプチド・低分子量タンパク質のNMR信号の帰属と同じように、糖鎖もdouble quantum filtered correlation spectroscopy（DQF-COSY）、homonuclear Hartmann–Hahn spectroscopy（HOHAHA）、nuclear Overhauser effect spectroscopy（NOESY）の測定セットが必要である（図3-14）。DQF-COSYでは^2J, ^3Jによるスカラー結合をしているプロトン同士で相関ピーク（交差ピーク）が観察される。例えば、図3-14において、DQF-COSYではH1はH2とのみ交差ピークを与える。HOHAHAではスカラー結合を介してつながっていれば、交差ピークが出現する。混合時間（mixing time）の設定にもよるが、図3-14において、H1と原理的にはH2、H3、H4……とに交差ピークが観察される。一方、NOESYでは、スカラー結合の有無に関係なく、空間的に距離の近い^{1}H同士で交差ピークが観測される。帰属の際に重要なNOEは糖残基間のNOEで、通常H1と前の残基のプロトンと残基間NOEは観測される。NOE測定で注意すべき点は、NOEは測定磁場・運動性（分子量）に依存し、測定条件によってはNOEが0付近になり得ることである。その場合は、ROESYの測定が有効である。また試料の量にもよるが、^{1}Hと^{13}Cの直接結合の相関を捉える^{1}H-^{13}C heteronuclear single-quantum correlation spectroscopy（HSQC）、^{1}Hと^{13}Cの複数の化学結合（通常2～3結合）を介した^{1}H-^{13}C heteronuclear multiple-bond correlation spectro scopy（HMBC）など^{13}Cを用いた解析も有効である。

アノマー水素H1は4.0～5.5 ppm 程度に現れ、他の非アノマー信号（H2－H6）の出現する込み合った領域（3.0～4.0 ppm）から離れているため、同定を行いやすく、シグナル帰属の拠点となる。またH1とH2との間の^3J(H1, H2) カップリング定数から、糖残基の種類やα/β結合をある程度見分けることができる。ガラクトース、*N*-アセチルガラクトサミン、グルコース、*N*-アセチルグルコサミン、フコースではα-アノマーの場合、H1の^3J(H1, H2) は2～4 Hz, βアノマーの場合、7～9 Hzとなる。ただし、マンノースの場合はα、βいずれの場合も1～3 Hzのため、判定が難しい。この場合は他の方法を検討する必要がある。1つはアノマー位の$^1J_{CH}$の値を利用する方法である。α結合の場合、$^1J_{CH}$は170 Hz台、β結合の場合、$^1J_{CH}$は160 Hz台になる。このことからα/βの識別も可能である。H1の化学シフトも構成単糖の同定に貢献する。α結合の場合、H1は5 ppm前後であるが、β結合の場合、4.1～4.8 ppm程度の値になる。

シアル酸の場合は対応するアノマー水素がなく、3位のメチレンプロトンH3eq/H3axが帰属の拠点となり得る。アノマー信号以外にも特徴的な信号、例えばGlcNAc/GalNAcの*N*-アセチル基に由来する信号（～2.0 ppm）、FucのH6メチル基に由来する信号（～1.2 ppm）はVliegenthartが提唱したStructural reporter groupとして構造決定に有用な信号である[6]。

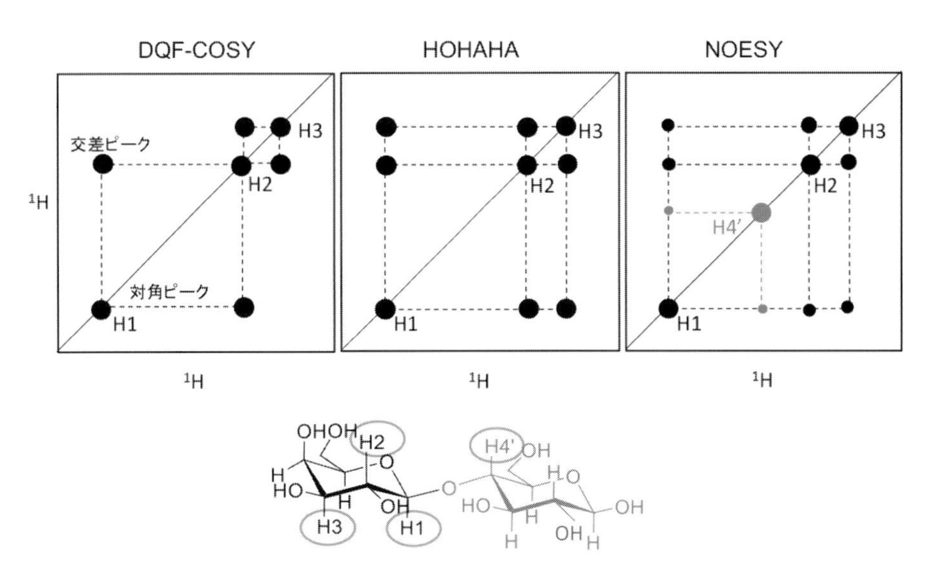

図3-14　2次元NMR (DQF-COSY, HOHAHA, NOESY) による糖鎖シグナルの帰属
H1と前の糖残基のプロトン（図ではH4'）との間にNOEが観測される。

3-3-3　グリコシドボンドコンフォメーション、パッカリング

糖鎖は単糖がグリコシド結合で連結したものであり、各糖残基は通常環状のいす形であることから、グリコシド結合部分のコンフォメーションがわかれば、糖鎖の立体構造

を表現することができる。グリコシド結合部分のコンフォメーションは、その結合まわりの2つの二面角で定義される[7]。二面角は4つの連続した原子で定義され、例えば単糖iと単糖i-1が1-4結合でつながっている場合、

$$\varphi = \mathrm{O5\ (i) - C1\ (i) - O4\ (i\text{-}1) - C4\ (i\text{-}1)}$$
$$\psi = \mathrm{C1\ (i) - O4\ (i\text{-}1) - C4\ (i\text{-}1) - C3\ (i\text{-}1)}$$

と定義される。NMR法は水素原子を観測対象とするため、以下のような水素原子を含めた二面角の定義も用いられる。

$$\varphi = \mathrm{H1\ (i) - C1\ (i) - O4\ (i\text{-}1) - C4\ (i\text{-}1)}$$
$$\psi = \mathrm{C1\ (i) - O4\ (i\text{-}1) - C4\ (i\text{-}1) - H4\ (i\text{-}1)}$$

データ間の比較の際には、二面角の定義に注意を払う必要がある。

一方、糖鎖の構成ユニットの多くは六員環であり、いす形が安定であるため、多くの場合はいす形を仮定してよい。いす形であることの確認にはリングプロトンに対して$^3J_{HH}$を求め、カープラスの式から二面角を算出すればよい。ただし、酵素反応の中間体（遷移状態）としての糖鎖はいす形から逸脱することがある。また、グリコサミノグリカンなど糖鎖が過度に硫酸化された場合もいす形から外れる場合がある。糖の環状構造はCremerとPopleによって提案された3つのパラメータによって表現される[8]。六員環の場合、いす形（*C*）に加えて、舟形（*B*）、ねじれ舟形（*S*）、封筒形（*E*）、半いす形（*H*）に分類される。また、特定の１つのパッカリングになっているのではなく、複数のパッカリング間で平衡状態になっている場合も存在する。

3-4　構造生物学

3-4-1　X線結晶構造解析

生体高分子の立体構造を直接的に明らかにする方法であり、多くの実績がある。糖タンパク質や糖鎖とタンパク質の複合体の結晶構造が原子レベルで解明されてきた。原子に電磁波の一種であるX線が当たると、電子は強制的に振動させられる。電子のような電荷を持った粒子が振動すると、その電子を発生源にして、さらに電磁波が生じる。これはX線が電子によって散乱させられたように見えるため、X線散乱とよばれる。散乱されたX線のうち、入射X線と等しい波長の散乱X線（トムソン散乱）を用いてX線結晶構造解析がなされる。

結晶を用いることにより、X線が入射して、各原子から散乱X線が生じる。重要な点はその複数の散乱X線が干渉し合うことである。分子からの散乱X線が強め合う条件は、

結晶中における規則配列の間隔をdとすると光路差$2d\sin\theta$が用いるX線（入射X線）の波長λの整数倍（n）であればよい。

$$2d\sin\theta = n\lambda$$

これはBraggの式とよばれ、X線回折現象を簡潔に表現している。この式は、多数の分子が結晶中で規則正しく並んでいることにより成立している。

散乱X線の強度の情報から、結晶中の任意の点の電子密度を計算することになるが、その情報をすぐに使えるわけではない。散乱X線の強度はわかるが、それが遠くから届いた強い強度のX線なのか、あるいは近くから届いた弱いX線なのか区別できない。これは位相問題とよばれ、位相問題を解決することにより、最終的に立体構造（電子密度像）を得ることができる。

位相問題を解決する方法として、タンパク質に何らかの目印をつけることが考えられる。その1つが重原子同型置換法である。重原子（原子番号の大きい原子）を含む化合物（重原子化合物）を結晶水溶液に浸す（soaking）と、特定の部位に結合する。その作業によって結晶変形しない場合、タンパク質のみの結晶（ネイティブ結晶）と重原子同型置換結晶の2つの結晶からの回折X線を用いることにより、比較的容易に重原子の位置を決めることができる。そこから、タンパク質の立体構造を決めることが可能になる。その他、特定の原子の吸収端（強く吸収を受ける波長のこと）付近の波長を持つ入射X線を利用して、散乱X線の位相のずれを利用する異常分散法や、すでに類似性の高いタンパク質の立体構造が知られている場合、その情報を最大限に利用して解析を行う分子置換法がある。

位相の決定により、電子密度像が得られたら、その電子密度マップにアミノ酸残基や糖残基を当てはめていく。注意すべき点は、糖タンパク質の場合、多くは糖鎖の完全な像は得られず、部分的である場合が多いことである。これは、糖鎖は一般に運動性が高いためである。そのような場合はNMRや分子動力学計算など他の相補的な手法を用いるのがよい。

3-4-2　NMR

NMR法は前項で述べたように、糖鎖の化学構造決定に有用な手段であるが、生体高分子の構造決定にも威力を発揮する。X線結晶構造解析のように結晶化の必要がなく、溶液中の振る舞いを調べることができる。タンパク質などの生体高分子の立体構造を決定する際に利用される主な溶液NMRパラメータは^{3}JとNOEであるが、特に一次構造上離れた^{1}H同士のNOEは特に重要な役割を果たす。NOE情報を多く集めることによって最終的に立体構造を構築することができる。一方で、糖鎖はタンパク質と比べて^{1}Hの密度が低く、そのようなNOE情報を得ることが困難である。オリゴ糖の場合、アノマー水素からグリコシド結合でつながっている前の残基（還元末端側）の水素が1つか、よくて2つ観測される程度である。そのため、限られた糖残基間のNOEでグリコシド結合周りの二面角を規定することは通常困難である。また、そもそも糖鎖は柔軟である場合も多く、その場合は分子動力学計算などの他の方法と組み合わせて議論する必要がある。

近年では、溶液NMRに加えて固体NMRの方法論の開発も進んでおり、膜タンパク質やタンパク質線維の構造解析も行われるようになってきた。

3-4-3　クライオ電子顕微鏡

原子レベルの情報を提供する構造生物学の手法としては、X線結晶構造解析とNMRが主流であったが、最近になり、クライオ電子顕微鏡（以下クライオ電顕）による観察例が増えてきている。その報告例は増加の一途を辿っており、ウイルスや膜タンパク質、タンパク質線維など分子量の大きいものが中心となっている。従来の電子顕微鏡では、固定化や染色が必要であり、そのステップで生体試料にダメージを与えることもしばしばであった。一方、クライオ電顕では試料を薄い氷の中に閉じ込めるため、より生理的条件下に近い状態で観察することが可能である。またX線結晶構造解析のように試料の結晶化の必要がない。ただし、X線結晶構造解析と同じく、糖鎖の本質的な運動性の高さから、糖鎖の像が得られない場合も多く、他の方法との連携が必要である。

参考文献

1) The International System of Units（SI）9th edttion.（2019）*The International Bureau of Weights and Measures*（*BIPM*）, *https://www.bipm.org/utils/common/pdf/si-brochure/SI-Brochure-9.pdf*
2) Domon, B., and Costello, C. E.（1988）A systematic nomenclature for carbohydrate fragmentations in FAB-MS/MS spectra of glycoconjugates. *Glycoconjugate J*. **5**, 397-409.
3) Markley, J. L., Bax, A., Arata, Y., Hilbers, C. W., Kaptein, R., Sykes, B. D., Wright, P. E., and Wuthrich, K.（1998）Recommendations for the presentation of NMR structures of proteins and nucleic acids -（IUPAC Recommendations 1998）. *Pure Appl. Chem*. **70**, 117-142.
4) Karplus, M.（1963）Vicinal proton coupling in nuclear magnetic resonance. *J. Am. Chem. Soc*. **85**, 2870-2871.
5) Karplus, M.（1959）Contact electron-spin coupling of nuclear magnetic moments. *J. Chem. Phys*. **30**, 11-15.
6) Vliegenthart, J. F. G., Dorland, L., and van Halbeek, H.（1983）High-resolution, H-1-nuclear magnetic-resonance spectroscopy as a tool in the structural-analysis of carbohydrates related to glycoproteins. *Adv. Carbohyd. Chem. Biochem*. **41**, 209-374.
7) IUPAC-IUB Joint Commission on Biochemical Nomenclature（JCBN）.（1983）Symbols for specifying the conformation of polysaccharide chains. Recommendations 1981. *Eur. J. Biochem*. **131**, 5-7.
8) Cremer, D., and Pople, J. A.（1975）General definition of ring puckering coordinates. *J. Am. Chem. Soc*. **97**, 1354-1358.

第4章

化学合成による糖鎖合成

生命現象解明を目的とした研究や構造活性相関研究のためには、十分量の均一な構造を持つ研究試料が必要となる。しかしながら、生体内の糖鎖は複雑な過程を経て生合成されるため、微細構造が少しずつ異なる「化合物群」として存在する。また、それらの糖鎖群は、微細部分のみしか構造が違わないため、物理化学的性質が似ており、分離精製することも難しい。一方、化学合成による糖鎖合成では、十分量の糖鎖・複合糖質を純粋な状態で合成し、供給することができる。さらに化学合成では、天然型に加えて非天然型構造の糖鎖を合成することが可能であり、蛍光物質やビオチン化などの修飾も可能である。糖鎖の合成方法は、化学合成法のほかにも酵素合成法がある。化学合成法、酵素合成法どちらの手法にもそれぞれ利点があるが、本章では有機合成化学を基盤とした糖鎖の化学合成法の基礎について述べる[1)]。より高度な最先端のグリコシル化反応については、成書を参考にされたい[2-5)]。

4-1　核酸・ペプチド合成と糖鎖合成との比較

糖鎖合成が他の生体内分子であるペプチド、および核酸の合成と大きく違う点が2つある。ペプチドや核酸は、分岐構造を持たない直鎖構造なので、ユニットを伸長していくのみでよい。例えば、グリシン(Gly)とアラニン(Ala)からなるジペプチドを考えると、配列順序が異なるGly-AlaとAla-Glyの2つの構造の可能性しかない。一方、糖鎖は複数のヒドロキシ基を持ち、かつ、分岐構造を持ち得る。例えば、還元末端をメチルグリコシドとして保護したグルコース(Glc)とガラクトース(Gal)からなる二糖には、還元末端の立体配置をα-メチルグリコシドに限定したとしても、GlcとGalの配列の順序、ヒドロキシ基の結合位置、アノマー炭素の立体配置の異なる複数の化合物が存在する(図4-1)。そのため、糖鎖を伸長させるときには、位置選択性、アノマー位の立体選択性を考慮する必要がある。位置選択性の発現のためには、糖鎖を連結する箇所のヒドロキシ基のみを残して、他のヒドロキシ基は保護してブロックしておく必要がある。

糖鎖合成の難しさの1つは、ユニット同士をつなぐ反応の結果、不斉炭素であるアノマー炭素原子の立体配置の制御が必要なことである(図4-2)。ペプチド合成や核酸合成においては、それぞれユニット連結時にアミド結合、リン酸ジエステル結合が形成されるが、その結果の結合部位に不斉点を生じることがないため、基本的には立体配置を考慮する必要がない。以上のように、糖鎖合成では適切な保護基とアノマー炭素の立体配置を制御できるグリコシル化反応の選択により、目的物のみを合成する論理的な合成ルートが必要になる。

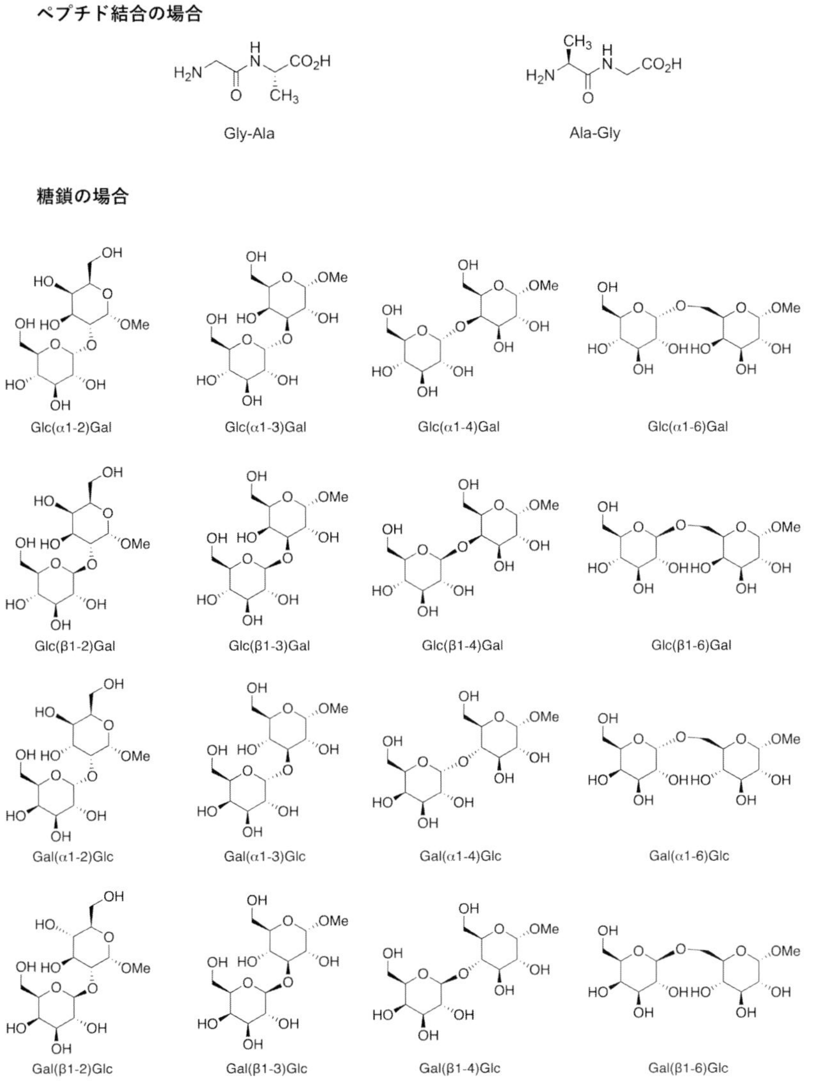

ペプチド結合の場合

Gly-Ala　　Ala-Gly

糖鎖の場合

Glc(α1-2)Gal　Glc(α1-3)Gal　Glc(α1-4)Gal　Glc(α1-6)Gal

Glc(β1-2)Gal　Glc(β1-3)Gal　Glc(β1-4)Gal　Glc(β1-6)Gal

Gal(α1-2)Glc　Gal(α1-3)Glc　Gal(α1-4)Glc　Gal(α1-6)Glc

Gal(β1-2)Glc　Gal(β1-3)Glc　Gal(β1-4)Glc　Gal(β1-6)Glc

図4-1　ペプチドと糖鎖の構造の違い

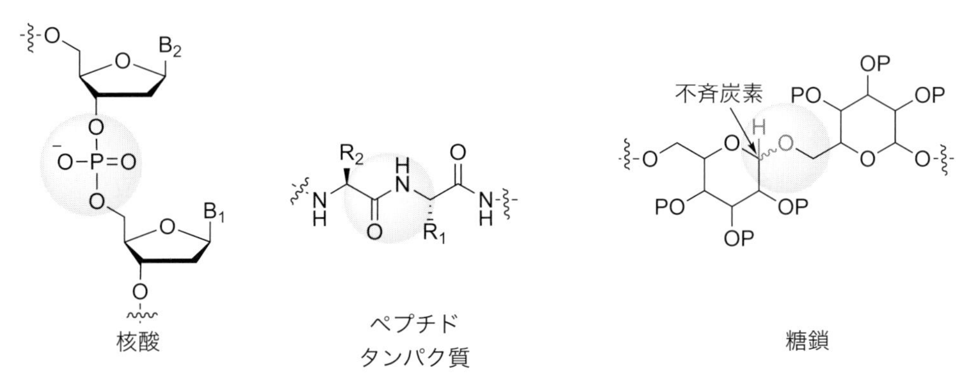

図4-2　核酸・ペプチド/タンパク質・糖鎖のユニット連結部位の構造

4-2　グリコシル化反応の概略

4-2-1　グリコシル化反応とは

糖鎖合成では、グリコシル化反応とよばれる2つ以上の糖ユニットの連結反応が鍵となる（図4-3）。グリコシル化反応で連結させる糖ユニットは、それぞれ、糖受容体（glycosyl acceptor: A）と糖供与体（glycosyl donor: D）とよばれる。糖鎖合成における最も一般的な糖受容体は、ヒドロキシ基（*O*-グリコシドの場合）を持つ糖ユニットである。糖供与体からアノマー位の脱離基が脱離して生じるオキソカルベニウムイオンと糖受容体のヒドロキシ基が反応して、グリコシド結合が形成される。糖供与体は、アノマー位に脱離基を持つが、アノマー位以外のヒドロキシ基は原則としてすべて保護されている。アノマー位の脱離基を脱離させるためには、それぞれの脱離基の特性に合わせた活性化剤が必要である。

ヒドロキシ基を求核剤として、オキソカルベニウムイオンと反応した生成物は、*O*-グリコシドとよばれる。芳香族化合物などの炭素原子を介してグリコシド結合が形成されたものは*C*-グリコシド、スルフヒドリル基を求核剤として、硫黄原子を介してグリコシド結合が形成されたものは、*S*-グリコシド、プリン/ピリミジン塩基を持つヌクレオシドに代表されるように、窒素原子でグリコシド結合が形成されたものは、*N*-グリコシドとなる。

脱離基の脱離により糖供与体のアノマー炭素原子上に生じたカチオンは、隣の酸素原子上にカチオンが存在するような共鳴構造式を描くことができ、安定化されている。これらの共鳴構造式のうち、酸素原子上にカチオンが存在する共鳴構造式のほうが、炭素原子と酸素原子の両方がオクテット則を満たすため、寄与が大きい。このようにして生じたオキソカルベニウムイオンに求核試薬が攻撃することにより、グリコシド結合が形成される。本章では、*O*-グリコシドの形成を中心としたグリコシル化反応について述べる。

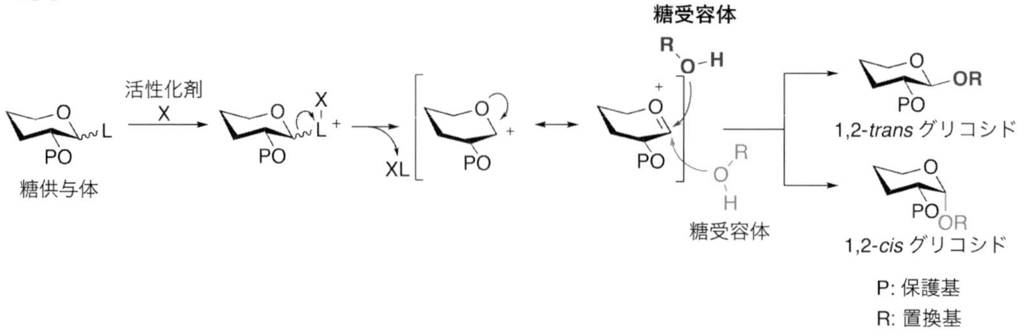

図4-3　グリコシル化反応の概略

脱離基の種類が異なる糖供与体に関して、立体選択性や環境調和性などの改良の点から文献上様々な報告がなされているが、基本的には、イミデート、チオグリコシド、ハロゲン化糖を適宜選択し、さらに必要があればそれらを組み合わせることにより、ほとんどの糖鎖は合成できると考えてよい（図4-4）。これ以外で報告されている糖供与体の性質も、イミデート、チオグリコシド、ハロゲン化糖を基本にした類似体として理解できることが多い。

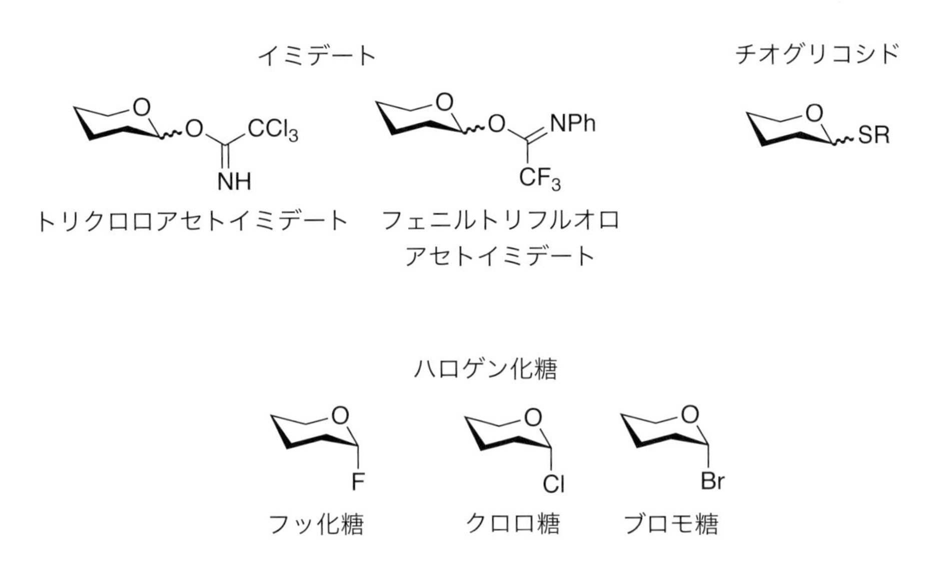

図4-4　主な糖供与体の種類

4-2-2　グリコシル化反応における立体選択性：高立体選択性のための2位保護基の選択

グリコシル化反応においては、アノマー位に生じる立体配置を制御する必要がある。アノマー位の立体配置の表記の仕方は、一般的な化合物の不斉炭素の命名に使用されるCahn-Ingold-Prelog則による*R*/*S*法、Fischerにより定義されたD/L定義や、それに関連したα/βによる記述などがある（第1章1-2-2参照）。本項では、化学反応の原理に基づくアノマー位立体化学の制御の理解を深めることを目的として、2位置換基との相対的関係に基づいて立体化学を定義することとする。アノマー位置換基がピラノシド環の2位のヒドロキシ基と反対側に存在するもの（例えば、グルコースの場合、アノマー位置換基がエクアトリアル、2位ヒロドキシ基置換基がエクアトリアルの化合物）を1,2-*trans*体、2位のヒドロキシ基と同じ側に存在するもの（例えば、グルコースの場合、アノマー位置換基がアキシアル、2位ヒロドキシ基置換基がエクアトリアルの化合物）を1,2-*cis*体とする（図4-3）。

1,2-*trans*体を合成する確実な方法として、2位ヒドロキシ基の保護基をアシル系保護基で保護する手法が用いられる（図4-5）。アシル保護基のカルボニル基がグリコシルカチオンのアノマー位に隣接基関与を起こして、環状アシロキソニウムイオンを生じる。糖受容体は、隣接基関与を起こした側と反対側からアプローチして結合を形成し、1,2-*trans* グリコシドを形成する。

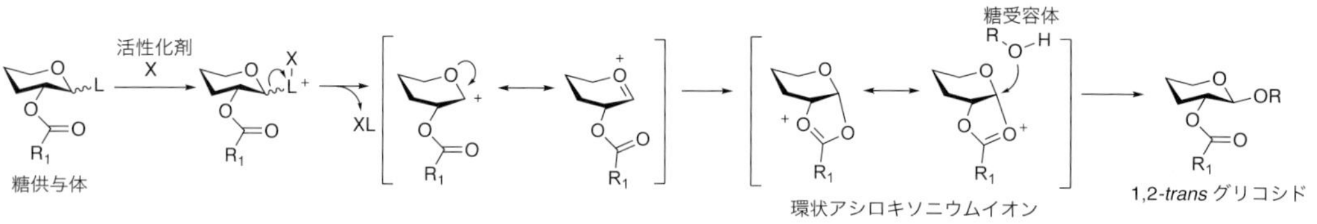

図4-5　1,2-*trans* 選択的グリコシル化反応

環状アシロキソニウムイオンにおいて、ヒドロキシ基がアノマー炭素ではなく、保護基のカルボニル基の炭素を攻撃すると、オルトエステルを副生成物として与えることとなる（図4-6）。反応溶液の酸性度を強くすることで、オルトエステルから目的とするグリコシドへの変換が可能であることもある。オルトエステルの生成を抑えるためには、2位のアシル基を立体的に小さいアセチル（acetyl: Ac）基からベンゾイル（benzoyl: Bz）基やピバロイル（pivaloyl: Piv）基に変更すると有効である（図4-7）。ただし、アシル基が嵩高くなるほど、その除去に強い条件が必要になる。特にピバロイル基は、加熱下NaOH水溶液のような強い塩基性条件や水素化アルミニウムリチウム（lithium aluminum hydride: LAH）を用いて除去する必要がある。

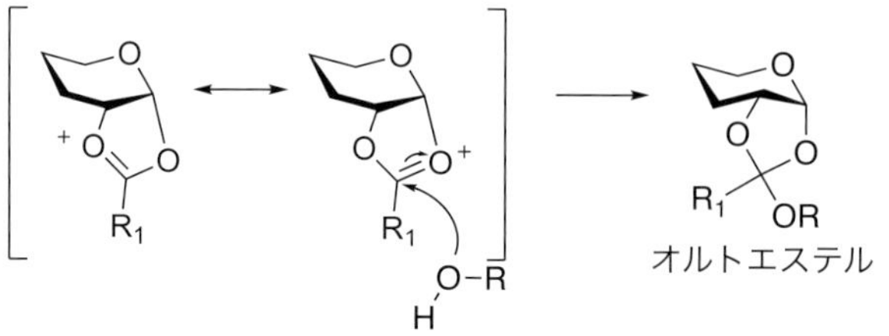

図4-6　2位アシル基に起因する副生成物：オルトエステル

図4-7　アシル系保護基

2-デオキシ-2-アミノ糖の1,2-*trans* グリコシドの形成には、隣接基関与をする保護基として、フタルイミド (phthalimide: Phth) 基や、2,2,2-トリクロロエトキシカルボニル (2,2,2-trichloroethoxycarbonyl: Troc) 基やアリルオキシカルボニル (allyloxycarbonyl: Alloc) 基のようなカルバメート基が用いられる (図4-8)。ただし、フタルイミド基が1,2-*trans* グリコシドを与えるのは、隣接基関与ではなく、その嵩高さによる立体障害を要因とするという説もある。自然界には、2位にアミノ基ではなく、アセトアミド基を持つピラノシドが多く存在するが、アセトアミド基を持つピラノシドそのものを糖供与体として用いることは少ない。アセトアミド基は、アミド基からの隣接基関与をした後、脱水反応によりオキサゾリンを生成する (図4-9)。生じたオキサゾリンは、糖供与体として働くことができるが、その活性は一般的に低い。そのため、アミノ基に対するカーバメート系の保護基を用いてグリコシル化反応を行った後、保護基を除去し、最後にアセトアミド基へと変換することが多い。

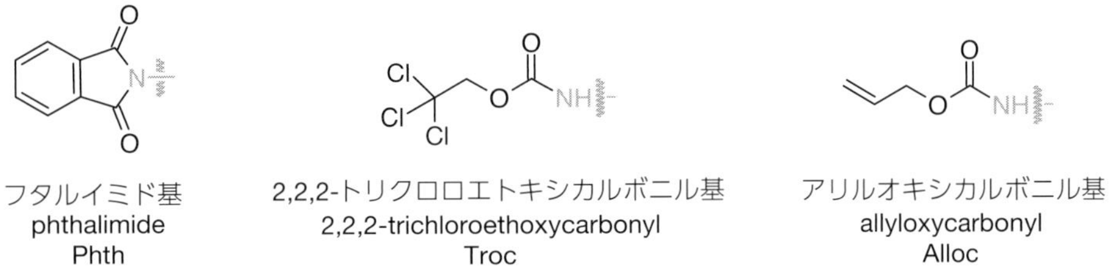

フタルイミド基
phthalimide
Phth

2,2,2-トリクロロエトキシカルボニル基
2,2,2-trichloroethoxycarbonyl
Troc

アリルオキシカルボニル基
allyloxycarbonyl
Alloc

図4-8　2-デオキシ-2-アミノ糖の1,2-*trans* 選択的グリコシル化反応に用いられるアミノ基の保護基

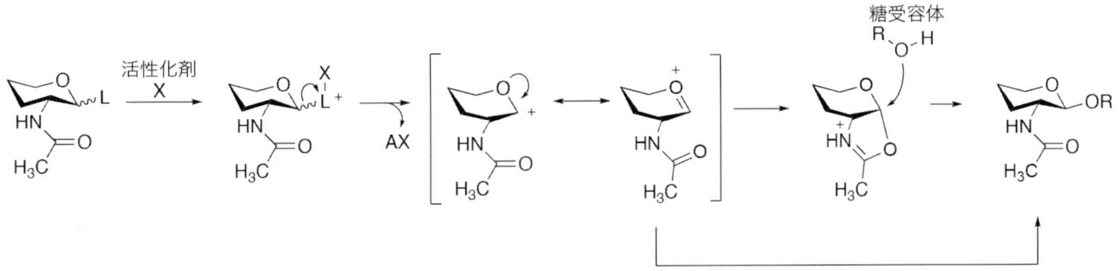

活性化剤 X
AX
糖受容体

図4-9　2位のアセトアミド基によるオキサゾリンの形成

1,2-*trans* グリコシドの形成は、上記のようにグリコシルカチオンに2位置換基から隣接関与できる保護基を導入することにより、ほぼ完全な選択性で行うことができる。4位や6位ヒドロキシ基のアシル系保護基からの遠隔隣接基効果も存在するが、最も影響が大きいのは2位置換基からの隣接基関与である。

2-デオキシ糖については、2位に官能基がないため、立体選択的なグリコシドの合成は困難である。2位にハロゲン、硫黄、セレンなどの隣接基関与が可能である置換基を導入して、立体選択的グリコシド形成を行い、その後、置換基を除去して、β体を優先的に合成する手法が知られている（図4-10）。

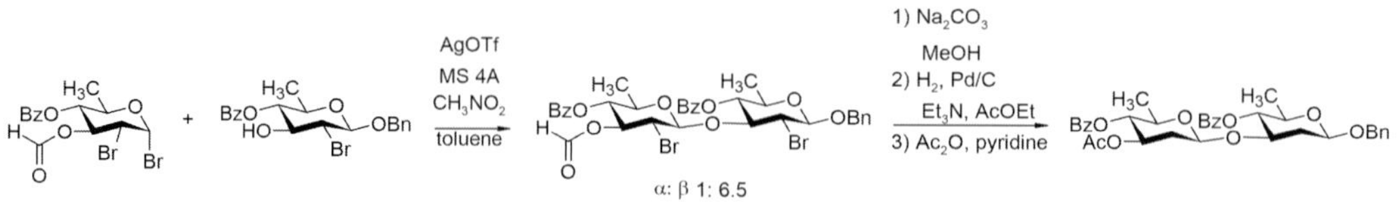

図4-10　2位に臭素原子を導入した2-デオキシ糖の立体選択的グリコシル化反応

1,2-*cis* グリコシド結合を高い選択性で形成することは現時点においても決定的な解決法が提案されていない[6]。それでも優先的に1,2-*cis* グリコシドを得るには、2位置換基がヒドロキシ基の場合、ベンジル（benzyl: Bn）基などのエーテル系保護基を、アミノ基の場合には、アジド基を保護基として選択する。

4-2-3　溶媒効果

グリコシル化反応の立体選択性は反応溶媒に影響を強く受ける。アセトニトリルを溶媒とした場合、1,2-*trans* 選択性が増大し、一方で、ジエチルエーテルやジオキサンを溶媒とすると、1,2-*cis* 選択性が増大する[7]。この理由については、従来、溶媒がそれぞれカチオンに配位して、溶媒の配位した反対側から糖受容体のヒドロキシ基が反応するとされてきた（図4-11a）。一方で、それぞれの溶媒の中でオキソカルベニウムイオンの安定配座と脱離基に由来するカウンターカチオンの分布位置が異なるためであるとする仮説が計算科学から提唱されている（図4-11b）[8]。グリコシル化反応だけではなく、他の化学反応においても溶媒効果は、現象としてはよく知られているが、その論理的解明が必要である。

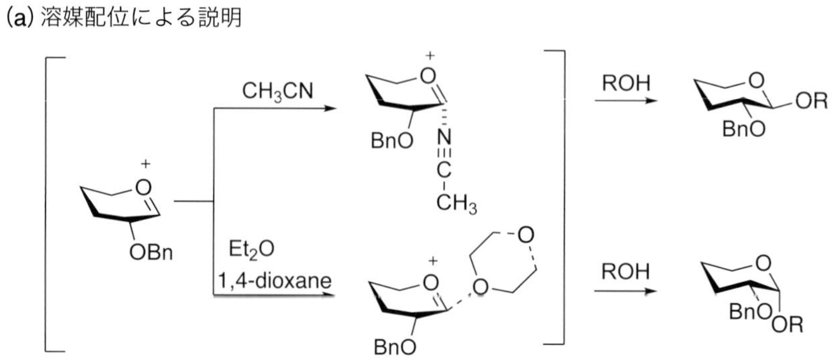

(a) 溶媒配位による説明

(b) 配座変化とカウンターカチオンの分布位置による説明

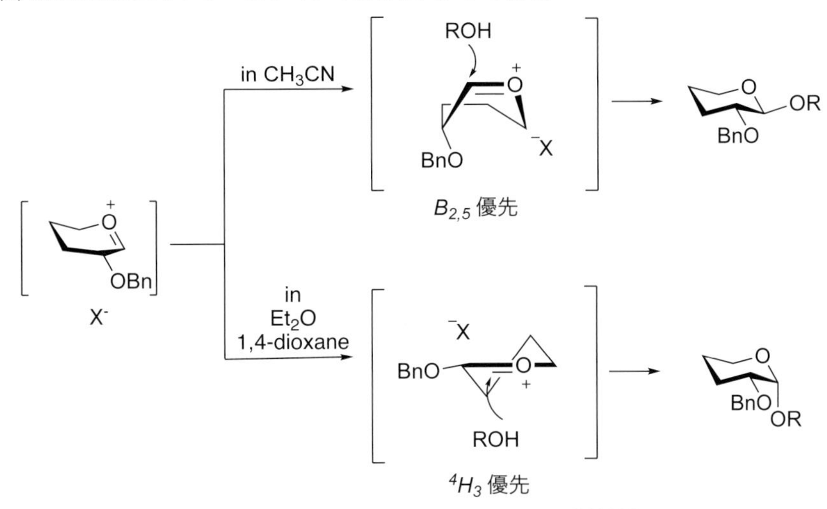

図4-11　グリコシル化反応における溶媒効果

4-2-4　グリコシル化反応における副反応

グリコシル化反応においては、目的物のグリコシドのみならず、主に糖供与体から様々な副生成物が生じる。グリカール、ヘミアセタール、2量体、オキソカルベニウムイオンに分子内の酸素原子が関与して生じる無水物などが代表的なものである (図4-12)。理由は定かではないが、イミデートを糖供与体としたときには、トレハロース型の2量体が副生成物として得られることが多い。

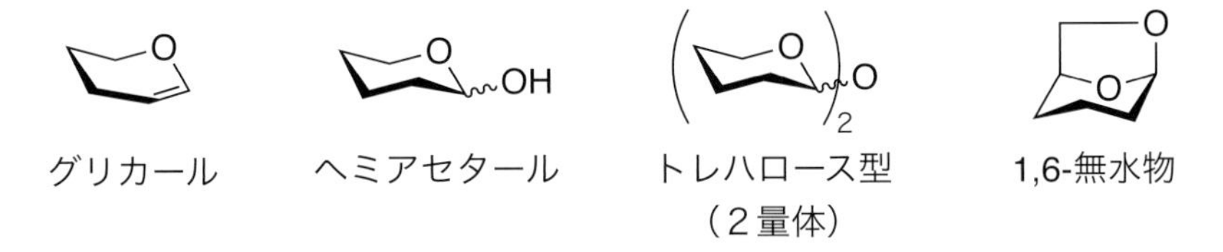

図4-12　グリコシル化反応から生成する副生成物

4-2-5　グリコシドの立体配置の決定

生成したグリコシドのアノマー位の立体配置はどのように決定したらよいのだろうか。

^{1}H-NMRを用いてアノマー位の水素と2位の水素がなす二面角のビシナルカップリング定数に着目して、立体構造を決定することが多い。二面角とカップリング定数との相関関係を示すKarplus則によれば、隣の炭素原子に結合したビシナル水素原子同士がなす二面角が60°の場合にはカップリング定数が2～4 Hz程度であり、一方で、二面角が180°の場合にはカップリング定数が8～10 Hz 程度になる。典型的な例として$^4C_1$構造をとっているグルコースを例に説明する。1,2-*trans*体の場合、1位の水素と2位の水素

がなす二面角は180°であるので、カップリング定数は8 ～ 10 Hz程度である（図4-13）。1,2-*cis*体の場合には、1位水素と2位水素のなす角度が60°であるため、カップリング定数が小さくなる。

アノマー位プロトンの化学シフトもアノマー位立体化学の決定に役立つ。アノマー位エクアトリアルプロトンはアキシアルプロトンより低磁場側に観測される。この差は環内の酸素原子による反遮蔽効果と関連しており、エクアトリアル位のアノマー位プロトンは酸素原子により近い位置にある。加えて、循環σ電子の異方性効果によってエクアトリアル位周辺に反遮蔽領域が形成されるためである。

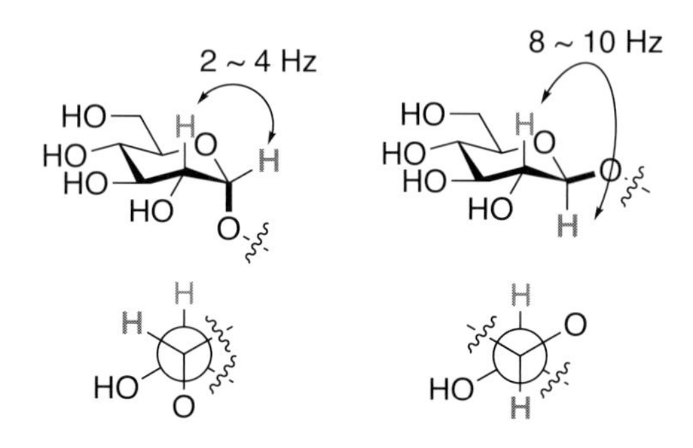

図4-13　^{1}H-NMR カップリング定数によるアノマー立体配置の決定

マンノースの場合には、1,2-*trans* 体も1,2-*cis* 体もアノマー位と2位の水素の二面角がいずれも60°であるために^{1}H-NMR のカップリング定数からだけではその立体配置を判別できない。マンノースの場合、^{13}C の化学シフト値の違い [α体（～ 105 ppm）：β体（～ 100 ppm）] や、1位炭素と1位水素とのカップリング定数（$^1J_{C1-H1}$）値の違い [α体（J＝170 ～ 180 Hz）：β体（J＝160 ～ 170 Hz）] などを利用しアノマー位の立体を決める（図4-14）[9]。

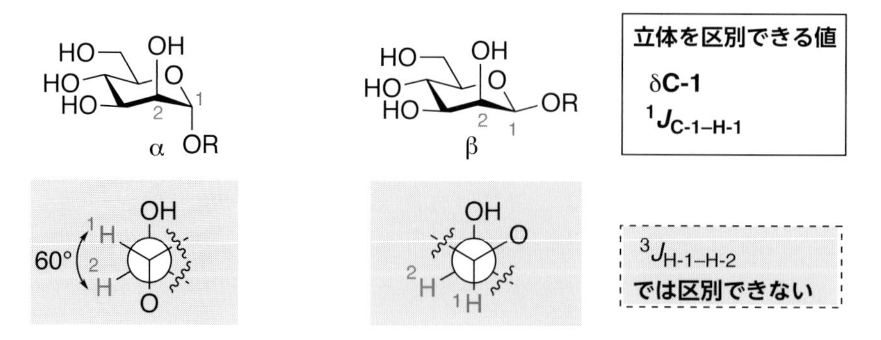

図4-14　マンノシドのアノマー立体配置の決定方法

また、シアル酸の場合、アノマー炭素に水素がないのでグリコシドの立体配置の決定はさらに難しくなる。3位エクアトリアル水素（H-3eq）の化学シフトで決定する場合は、α体（δ＝2.67 ～ 2.72 ppm）はβ体（δ＝2.25 ～ 2.40 ppm）の値に比べ、より低磁場シフトすること[10]を利用する(図4-15)。また、C-1 カルボキシ基炭素とC-3アキシアル水素 H-3ax の間のカップリング定数 ($^3J_{C\text{-}1,H\text{-}3ax}$) [α体 ($J$ = 5.8 ～ 7.5 Hz)：β体 (J = 0 ～ 1.7 Hz)][11]は差が大きいため、より決定的な判断が可能である。また、4位水素の化学シフト [α体 (δ = 3.6 ～3.8 ppm)：β体 (δ = 3.9～4.2 ppm)][12,13]、7位水素と8位水素の間のカップリング定数 ($^3J_{H\text{-}7,H\text{-}8}$) [α体 ($J$ = 6.2 ～ 8.5 Hz)：β体 (J = 1.5 ～ 2.6 Hz)][14]、9位炭素上の2つの水素間の化学シフトの差 [α体 (Δ = ～ 0.5 ppm)：β体 (Δ = ～ 1.0 ppm)][15]などの利用も知られている。

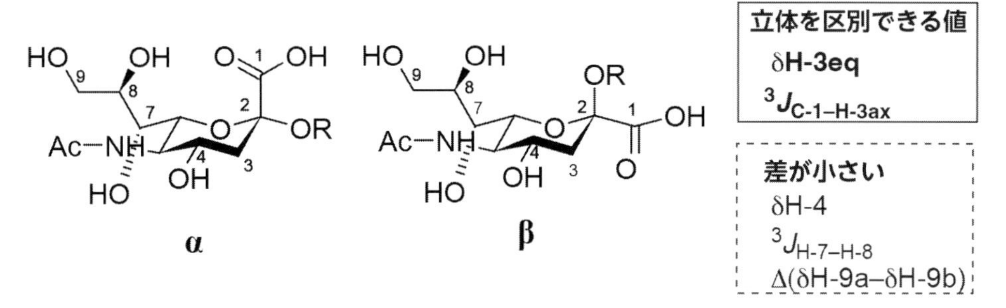

図4-15　シアロシドのアノマー立体配置の決定方法

4-3　保護基の選択

糖鎖の分岐構造を制御するためには、複数あるヒドロキシ基のうち、グリコシル化が必要であるヒドロキシ基のみ残して、他のヒドロキシ基を反応させないようにする必要がある。本来は反応性の高い官能基を、ある反応条件において不活性になるよう置換基を導入することを「保護」と言い、その置換基を保護基とよぶ。すなわち、グリコシド結合を形成させないヒドロキシ基は保護する必要がある。保護基を導入することにより、その化合物の物理化学的性質を変化させることもできる。すなわち、複数のヒドロキシ基を持つ無保護糖は、水溶性であり、極性も高く、有機溶媒には溶けない。保護基を導入することで、有機溶媒に可溶となり、有機合成化学者が取り扱いやすいようになり、低分子化合物と同様に順相シリカゲルカラムクロマトグラフィーで分離精製することもできる。また、保護基はグリコシル化反応において、立体選択性を制御するのに役立つばかりか、糖供与体の反応性を調節するなどの働きも持つ。

保護基は、それぞれその導入方法、除去方法、物理化学的性質に特色があるが、通常は、糖ユニットの伸長を終了した後に合成最終段階で除去する「永続的な (permanent)」保護基と、ステップごとの各グリコシル化反応の後、除去して次の反応点となるヒドロキシ基を作り出す「一時的な (temporary)」保護基を使い分ける。すべての保護基は最終的には除去するので、「永続的な」というのは、矛盾しているようにも思われるが、数回のグリコシル化反応の後に最終的に除去するまで保つという意味で「永続的な」という語句が使われる。「永続的な」保護基としてはベンジル基が用いられることが多い。一時的な保護基には、ベンジル基存在下、選択的に除去できる保護基が使用できるが、通常アシル系保護基が用いられる(図4-13)。

1つの糖ユニットには、複数のヒドロキシ基があり、その反応性は、嵩高さや他のヒドロキシ基との立体的関係により、それぞれ異なる。それらのヒドロキシ基の反応性の違いは、一般的なヒドロキシ基の反応性と同様に考えればよい。すなわち、立体障害の小さい第一級ヒドロキシ基が第二級ヒドロキシ基よりも反応性が高い(図4-16)。例えば、グルコースやガラクトースなどの場合には、第一級ヒドロキシ基である6位ヒドロキシ基は他の第二級ヒドロキシ基よりも反応性が高い。また、嵩高い保護基を選択的に導入することもできる。第二級ヒドロキシ基では、エクアトリアルヒドロキシ基がアキシアルヒドロキシ基よりも立体障害が小さいため、反応性が高い。これらヒドロキシ基の反応性の差や保護基の導入条件を考えながら、保護基を適切に導入していく必要がある。糖鎖伸長では、酸性条件のグリコシル化反応条件下において安定な保護基を使用する必要がある。

保護基の種類、およびそれぞれの導入・除去条件については網羅的に記述された成書を参照されたい[16-18]。ここでは、糖鎖合成によく使用される保護基の特徴について簡潔に述べる。

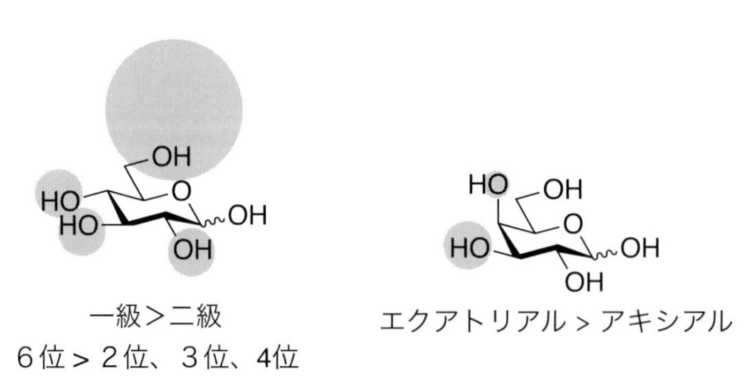

図4-16　ヒドロキシ基の反応性
円の大きさが大きいほど反応性が高い。

4-3-1　アシル系保護基

ヒドロキシ基の保護基として、アシル系保護基(図4-17)のうち、アセチル(acetyl: Ac)基が最もよく使用される。アセチル基は、無水酢酸(acetic anhydride: Ac_2O)-ピリジン(pyridine)や無水酢酸-酸触媒により容易に導入でき、通常メタノール中で触媒量のNaOMeを用いるなどの塩基性条件において除去される。また、アノマー位のアセチル基のみをヒドラジン・酢酸塩やピペリジンで選択的に除去可能である(図4-18)。

他のアシル系保護基として、ベンゾイル（benzoyl: Bz）基やピバロイル（pivaloyl: Piv）基も使用される。アセチル基などの場合には、グリコシル化反応において、副生成物としてオルトエステルを生じることがある（4-2-4参照）。オルトエステルの生成を防ぐことを目的として、嵩高いアシル系保護基としてベンゾイル基や嵩高いピバロイル基が用いられることもある。ただし、アシル基系保護基が大きくなるほど、除去にはより強い塩基性条件が必要になる。

アセチル基やベンゾイル基存在下、選択的に除去できる保護基として、クロロアセチル（chloroacetyl: CAcあるいはClAc）基やレブリノイル（levulinoyl: Lev）基が知られている。例えば、クロロアセチル基はチオ尿素やヒドラジンチオカーボナートにより、また、レブリノイル基はヒドラジン水和物を用いて、アセチル基存在下、選択的に除去できる特徴を持つ。

アシル系保護基を使用する場合、特にグリコシル化反応の酸性条件ではアキシアルヒドロキシ基からエクアトリアル位のヒドロキシ基への転移が起こる可能性があるので、生成物の構造決定を慎重に行う必要がある。

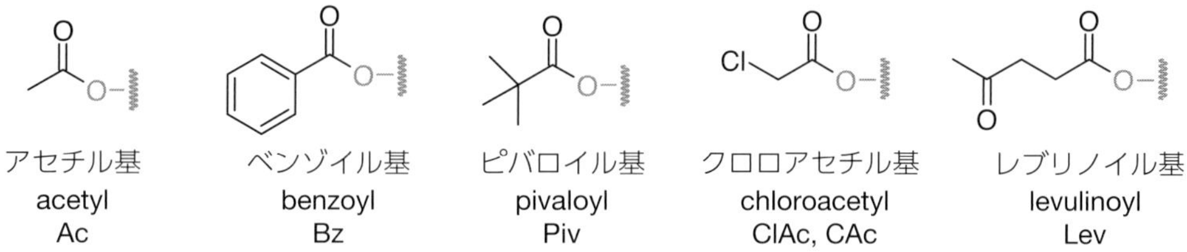

アセチル基 acetyl Ac　ベンゾイル基 benzoyl Bz　ピバロイル基 pivaloyl Piv　クロロアセチル基 chloroacetyl ClAc, CAc　レブリノイル基 levulinoyl Lev

図4-17　アシル系保護基の構造

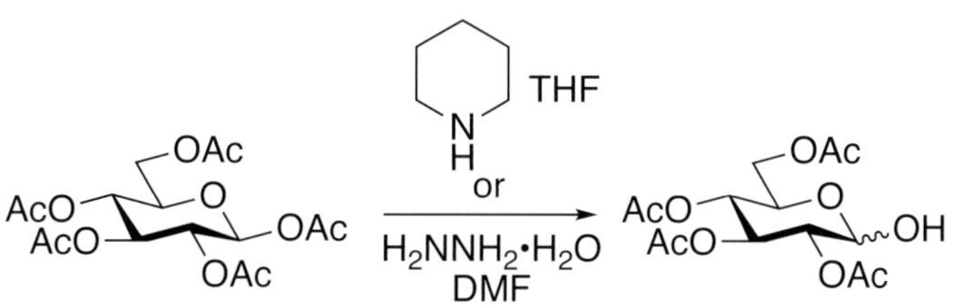

THF or $H_2NNH_2 \cdot H_2O$ DMF

図4-18　アノマー位アセチル基の選択的除去

4-3-2　エーテル系保護基

ベンジル（Bn）基は、酸性、塩基性両条件において安定であり、かつ、パラジウム-活性炭（Pd/C）や水酸化パラジウム［$Pd(OH)_2$/C、Pearlman's catalyst］などを触媒とした温和な接触水素添加により除去することができる（図4-19）。水素源としては、水素のほか、液体であるシクロヘキサジエンやギ酸が用いられることもある。糖鎖合成の観点からは、糖鎖を伸長した後、最後に除去する「永続的な（permanent）」保護基として選択されることが多い。ベンジル基は、水素化ナトリウムを塩基として、ベンジルブロミドを作用させることにより導入される。水素化ナトリウムの代わりに酸化銀 (Ag_2O) を用いることも有効である。似たような反応性を持つヒドロキシ基に対しての位置選択的な保護基の導入のためには、毒性のためにその使用頻度が低下したが、ジブチルスズオキシド (Bu_2SnO) やビス (トリブチルスズ) オキシド [$(Bu_3Sn)_2O$] を用いる方法も有効である (図4-20)。benzyl 2,2,2-trichloroacetimidateを用いることにより、触媒量のルイス酸を用いた酸性条件でベンジル基を導入することもできる。また、2-benzyloxy-1-methylpyridinium trifluoromethanesulfonateを用いると中性に近い条件でベンジル化ができる (図4-21)。相間移動触媒を用いる手法では、基質の有機相と水相の間の分配係数に左右されるため、十分な選択性が発現することは少ない (図4-22)。

p-メトキシベンジル (*p*-methoxybenzyl: PMB) 基は2,3-dichloro-5,6-dicyano-*p*-benzoquinone (DDQ) を用いる酸化条件において除去することができる。この条件では、ベンジル基は安定なので、ベンジル基存在下、*p*-メトキシベンジル基を除去することができる。2-ナフチルメチル (2-naphthylmethyl, NAP) 基も*p*-メトキシベンジル基と同様にDDQ などで除去することが可能である。また、*o*-ニトロベンジル基は波長350 nm付近の光により除去可能である。

アリル (Allyl) 基はWilkinson錯体 [tris(triphenylphosphine)rhodium(I)chloride] や [Ir(cod)$(PMePh_2)_2$]PF_6 (cod = cyclooctadiene) に代表される有機金属試薬により、ビニル基へと異性化した後に、酸やヨウ素、水銀塩を作用させることにより温和に除去することができる。$PdCl_2$を用いると一段階で除去を行うことが可能である。チオグリコシドの活性化条件で活性化剤由来のハロニウムイオンが生じる場合には、アリル基の二重結合にハロゲンが付加する懸念がある。

シリル系保護基として、第一級ヒドロキシ基には嵩高い*tert*-ブチルジメチルシリル (*tert*-butyldimethylsilyl: TBS、TBDMS) 基や*tert*-ブチルジフェニルシリル (*tert*-butyldiphenylsilyl: TBDPS) 基が用いられる。これらの保護基はその嵩高さのため、選択的に6位の第一級ヒドロキシ基に導入することができる。これらシリル系保護基はテトラブチルアンモニウムフルオリド (tetrabutylammonium fluoride: TBAF) やHFなどのフッ化物イオンにより選択的に除去できる。嵩高さが小さくなるトリエチルシリル (triethylsilyl: TES) 基などは、第二級ヒドロキシ基の保護にも使用でき、フッ化物イオンに加えて酸性条件でも除去できる。

トリチル (trityl: Tr) 基は、非常に嵩高いため、第一級ヒドロキシ基のみを選択的に保護することが可能である。導入も比較的温和な塩基性条件において行うことができる。塩基性条件では、極めて安定であるが、弱い酸性条件で除去できる。酸性条件でのトリチル基の除去において、生じたトリチルカチオンが再びヒドロキシ基に結合するなどして、うまく除去を行うことが難しい場合もある。系内にメタノールなどのアルコールや

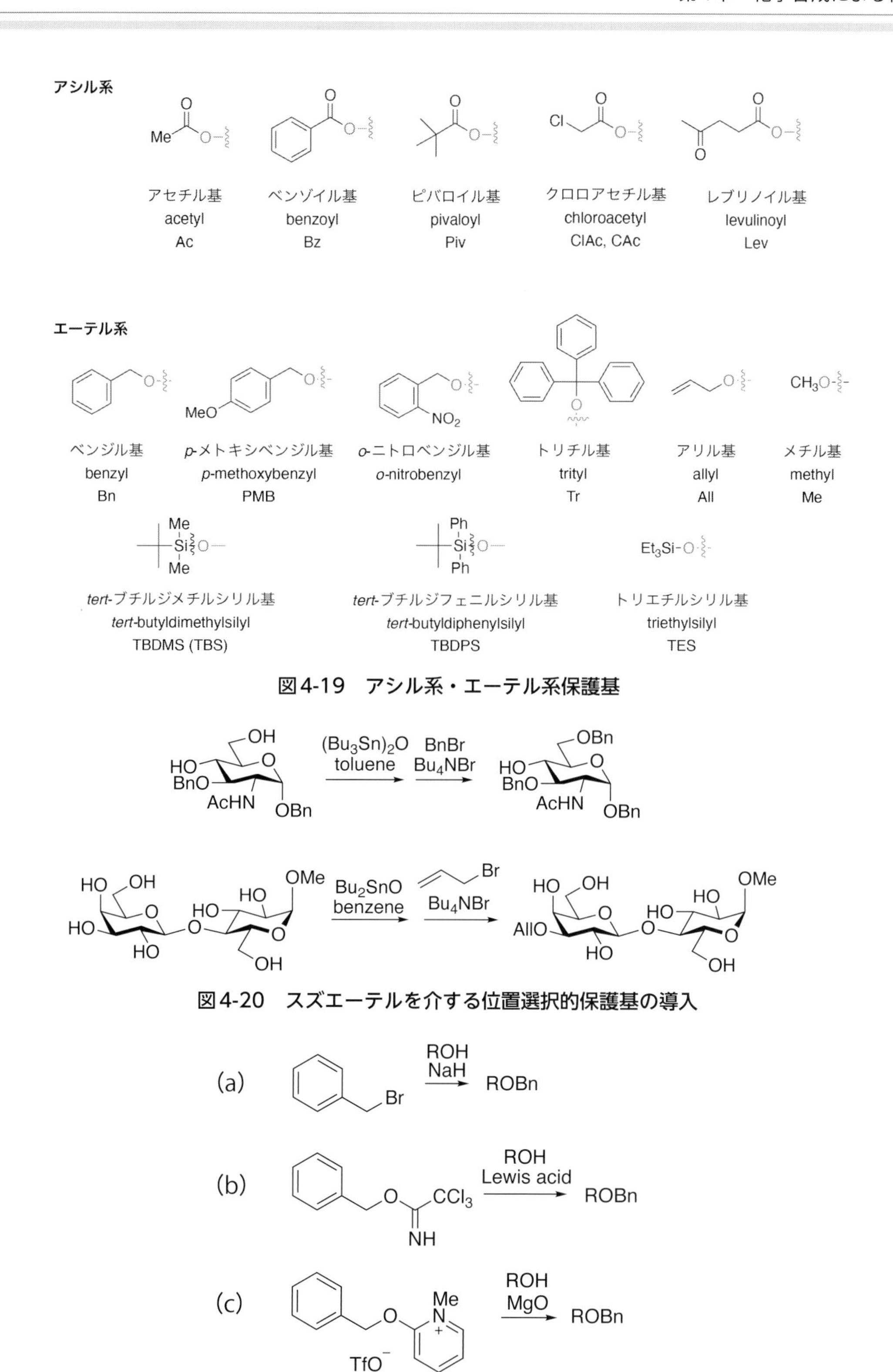

図4-19　アシル系・エーテル系保護基

図4-20　スズエーテルを介する位置選択的保護基の導入

図4-21　様々な条件によるベンジル基導入
(a) 塩基性条件での導入、(b) 酸性条件での導入、(c) 中性に近い条件での導入

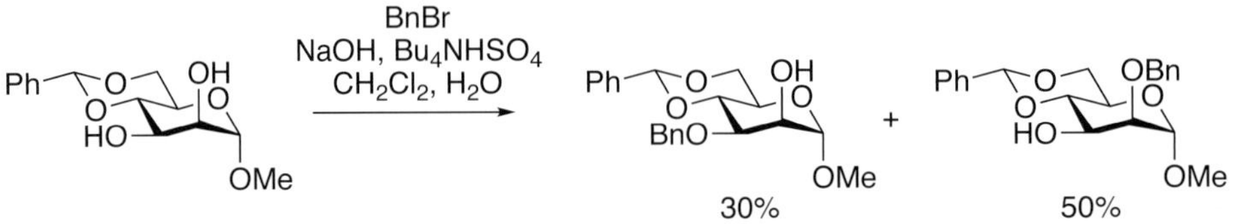

BnBr
NaOH, Bu_4NHSO_4
CH_2Cl_2, H_2O

30%　50%

図4-22　相間移動触媒を用いた位置選択的保護基の導入

還元剤のトリエチルシランを共存させて、中間体のトリチルカチオンを系内で捕捉すると、反応がスムーズに進むことが多い。

メチルエーテルは、除去にBBr_3などの強いルイス酸を用いるために合成の観点からは用いられることは非常に少ない。しかし、例えばメチルエーテルでヒドロキシ基を保護することにより揮発性が高くなるため、ガスクロマトグラフィーによる検出のための誘導体化などに用いられる。

4-3-3　ジオールの保護基

糖鎖の構造的特徴は、ポリオール構造を持つことである。環状アセタール基は近い位置にある2個のヒドロキシ基を同時に保護することが可能で、糖骨格の保護基として優れている。イソプロピリデン（アセトニド）基やベンジリデン基がジオールを保護するものとして多く使用される（図4-23）。

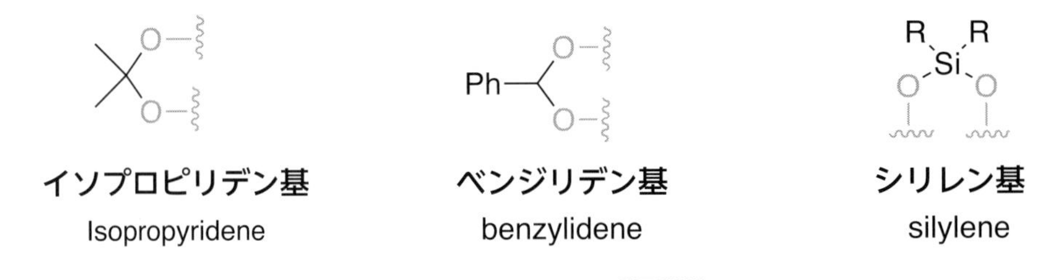

図4-23　アセタール系保護基

アセタール系保護基の導入と除去は基本的には平衡反応である（図4-24）。導入時には、触媒量の酸の存在下、少過剰量から過剰量のアセタール導入の試薬を用いる。ジメチルホルムアミド（dimethylformamide: DMF）を溶媒としてベンジリデンジメチルアセタールと触媒量のカンファースルホン酸（camphorsulfonic acid: CSA）や*p*-トルエンスルホン酸（*p*-toluenesulfonic acid、TSA, TsOH）を用いてベンジリデンアセタール基を導入する場合、反応中に生じるメタノールを減圧下除去することで平衡反応を生成物のほうに偏らせることができる。エバポレーターの減圧度を調節することができる場合には、反応フラスコを40 ℃くらいの湯浴に約50 mmHgくらいの減圧下、エバポレーターにつないで反応させると、反応で生じたメタノールが連続的に反応系から除去されるため、反応の平衡を生成物のほうに偏らせることができる。

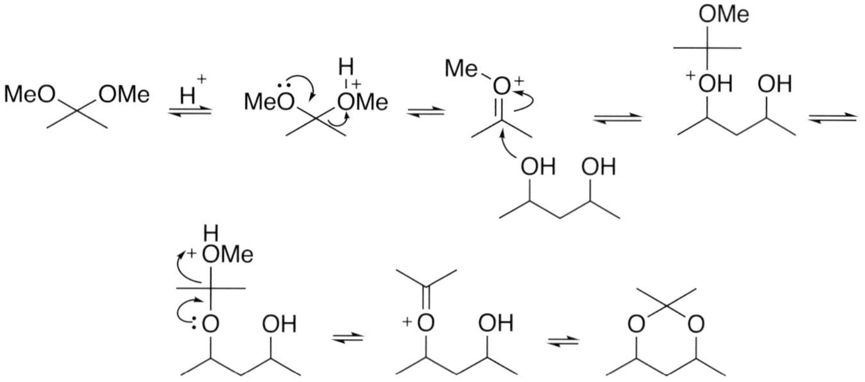

図4-24　アセタール系保護基導入の平衡反応

注意すべきは、合成時に速度論的に生じるアセタールと熱力学的に安定なアセタールが混在する場合があることである。速度論的にいったん生じたアセタールから、熱力学的に安定なアセタールに変換されるので、反応や生成物の構造解析を注意深く行う必要がある（図4-25）。イソプロピリデン基の場合、五員環生成物が六員環生成物と比べて熱力学的に安定であることが多い。これは六員環の場合には、アキシアルメチル基と水素原子の間で、望ましくない1,3-ジアキシアル相互作用があるためである。一方、ベンジリデン基の場合、フェニル基がエクアトリアルに位置し、1,3-ジアキシアル相互作用が生じないので、六員環の形成が優先的である。

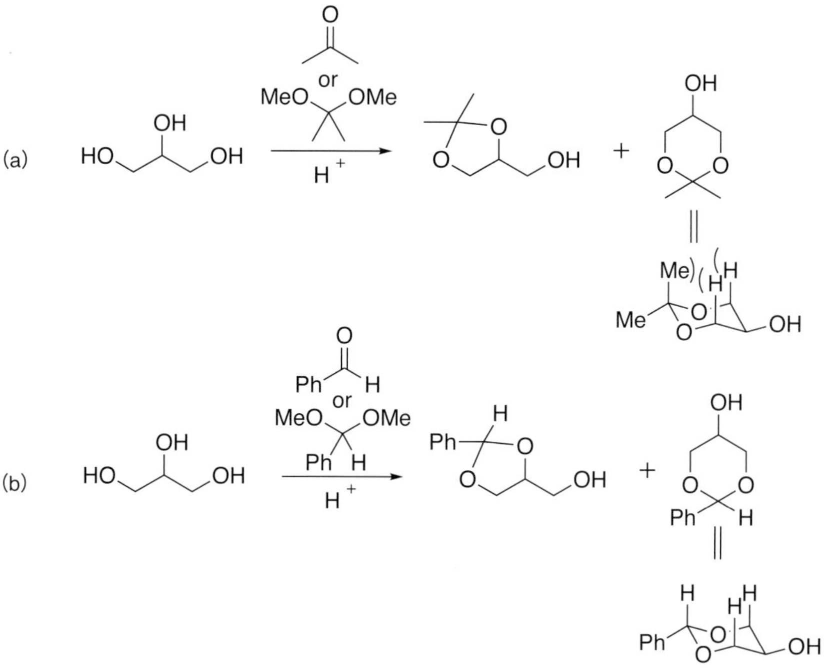

図4-25　五員環アセタールと六員環アセタールの競合

ベンジリデン基は、還元条件を選択すると保護された2つのヒドロキシ基のうち、一方をベンジル基に、もう一方をヒドロキシ基に変換できる(図4-26)。例えば、Et_3SiH-BF_3•OEt_2により還元的に開裂を行い、6位をベンジル基に、4位をヒドロキシ基に変換することができる。また、BH_3•NMe_3-$AlCl_3$では逆に4位をベンジル基に、6位をヒドロキシ基に変換することができる。これらの反応は、位置選択的なベンジル基の導入ができる点から有用である。

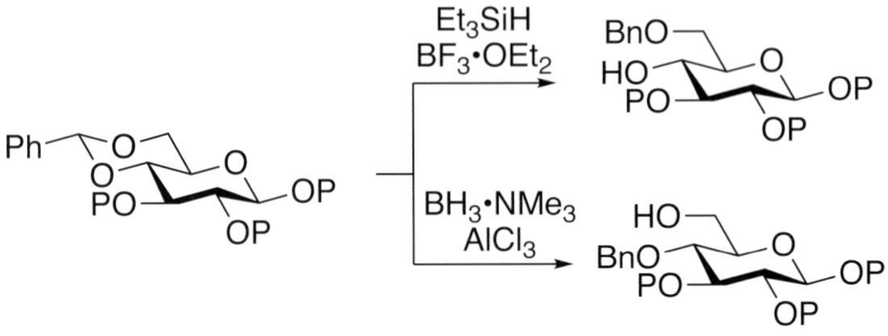

図4-26　ベンジリデン基の還元的開裂によるヒドロキシ基とベンジル基への変換

オルトエステルも*cis*-ジオールを保護できる。オルトエステルは、酸性条件で一方のヒドロキシ基をアセチル基保護に、他方はヒドロキシ基に変換することができ、2つのヒドロキシ基を区別することができる(図4-27)。

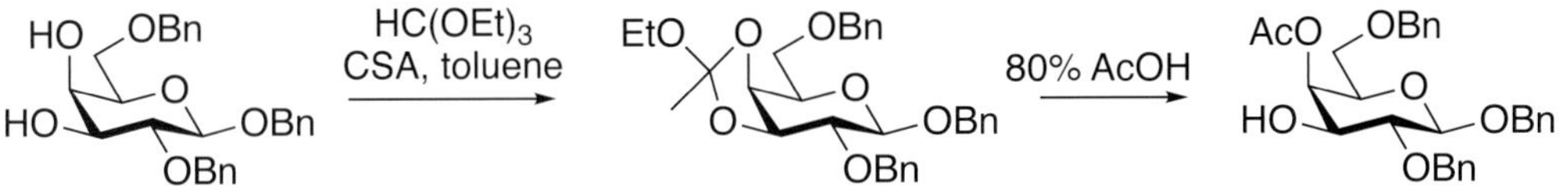

図4-27　オルトエステルを経由する1,2-*cis*ジオールの位置選択的保護の一例

通常は、アセタール基は隣接した*cis*-ジオールを保護する(図4-28)。しかし、butane-2,3-dioneを用いて導入できるアセタール基は、*trans*-ジオールを選択して保護することができるユニークなアセタール系保護基である(図4-29)。このアセタール保護基は、酸素原子に起因するアノマー効果により安定化される。

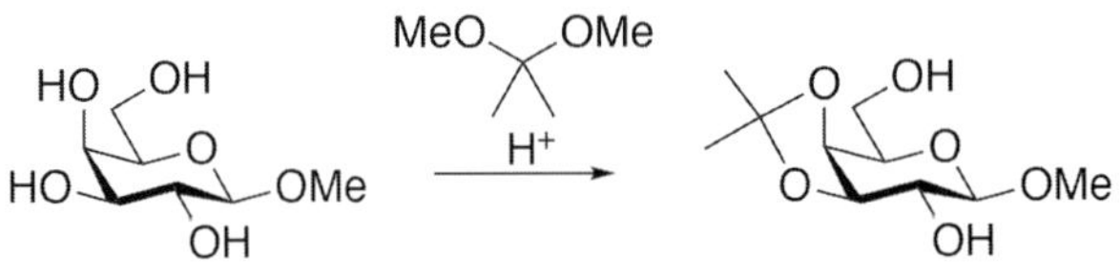

図4-28　*cis*-ジオールを保護するイソプロピリデン基

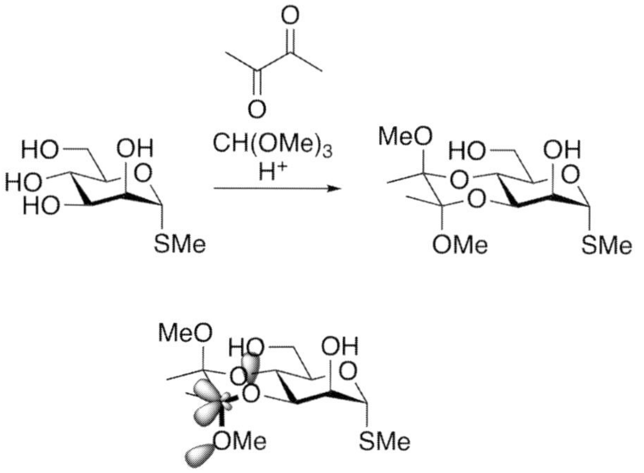

図4-29　*trans*-ジオールを保護するbutane-2,3-dimethylacetal

アセタール基の除去は、酸触媒存在下、プロトン性溶媒中で行う。溶媒は基質に比較して圧倒的に過剰量なので、平衡反応を脱保護体に簡単にずらすことができる。ジオールの環境を比較すると、以下の2つのアセタール基のうち、嵩高くない第一級ヒドロキシ基を含むアセタール基のみを除去することも可能である（図4-30）。

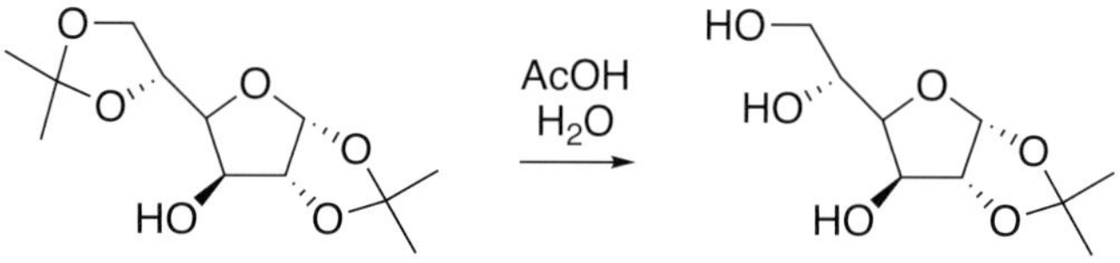

図4-30　位置選択的なアセタール除去

また、環状のシリレン基も2つのヒドロキシ基を一挙に保護することができる。シリレン基は嵩高いため、グリコシル化反応の立体選択性を変化させることもある[19,20]。

4-3-4　アノマー位ヒドロキシ基の保護基

アノマー位ヒドロキシ基は、ヘミアセタール構造であり、他のヒドロキシ基とは反応性が異なる。アノマー位はグリコシル化反応の活性化に必要である脱離基導入のため、他のヒドロキシ基と区別して保護しておく必要がある。アノマー位アセチル基は、他のヒドロキシ基のアセチル基存在下でもヒドラジン・酢酸塩やピペリジンにより選択的に除去できる（4-3-1項参照）。

硝酸アンモニウムセリウム（ceric ammonium nitrate: CAN）などで酸化的に除去される*p*-メトキシフェニル（*p*-methoxyphenyl: MP）基がよく使用されるが、亜鉛粉末により還元的に除去できるトリクロロエチル（trichloroethyl）基も使用できる（図4-31）。BF_3•OEt_2やトリフルオロ酢酸により除去できるトリメチルシリルエチル（trimethylsilylethyl: SE）基も使用される。チオグリコシドは保護基変換に用いられる塩基性や酸性の反応において安定であり、かつ、親硫黄試薬により活性化できるので、アノマー位の保護としての役割も兼ねる。

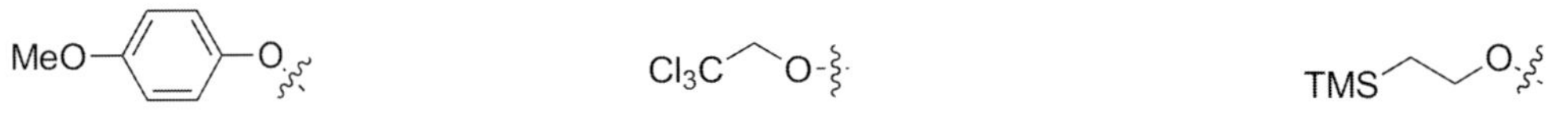

MeO O Cl_3C O TMS O

p-メトキシフェニル　**トリクロロエチル**　**トリメチルシリルエチル**

図4-31　アノマー位ヒドロキシ基に使用される保護基

1,6-アンヒドロ体は1位と6位を同時に保護できる上に、ピラノシドの配座を反転させる(図4-32)。その結果、アキシアルヒドロキシ基をエクアトリアルヒドロキシ基に変換することで反応性を向上させることができる。

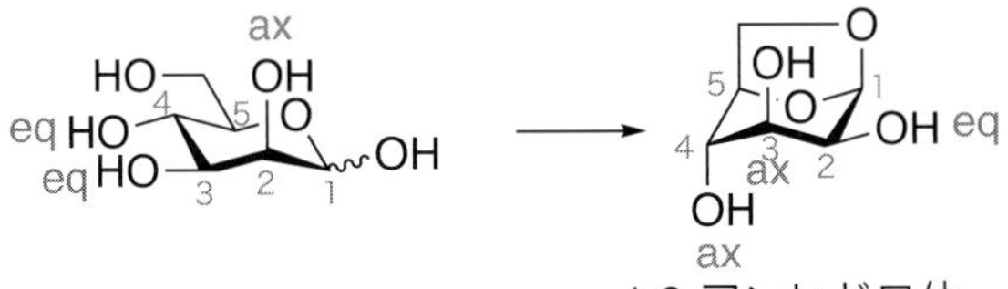

1,6-アンヒドロ体

図4-32　1,6-アンヒドロ体によるヒドロキシ基のアキシアル-エクアトリアル変換

4-3-5　アミノ基の保護基

自然界では、2位にアミノ基、またはアセトアミド基を持つ糖がよく見られる。1,2-*trans* グリコシドを形成する場合には、2位のアミノ基を隣接基関与が期待できる2,2,2-トリクロロエトキシカルボニル(2,2,2-trichloroethoxycarbonyl: Troc)基やフタルイミド(phthalimide: Phth)基で保護する(図4-33)。一方、1,2-*cis* グリコシドの形成には、2位にアジド基を用いる。アジド基の導入は、グリカールからNaN_3と硝酸アンモニウムセリウム(ammonium cerium nitrate: CAN)を用いるアジドナイトレーション法(図4-3a)や、相当する単糖の2位ヒドロキシ基をトリフレートなどの脱離基に変換した後にアジドイオン(N_3^-)を作用させて立体配置の反転を伴った置換反応を行う手法がある(図4-34c)。この場合には、S_N2反応で進行するので、出発物質のヒドロキシ基結合炭素の立体化学が反転することに注意したい。アジドナイトレーション法は、副生成物が生成するために、カラムクロマトグラフィーによる精製が必要になる。しかし、最近、$FeCl_3$・$6H_2O$-NaN_3-H_2O_2を用いて2位にアジド基、1位に塩素原子を導入できる改良法が報告された(図4-34b)[21,22]。トリフルオロメタンスルホニルアジド(TfN_3)を用いて、アミノ基にジアゾ基を付加する反応では、アミノ基の立体化学を保持したままの反応が可能である(図4-34d)[23,24]。TfN_3とアミノ基との反応は、水中で銅イオン存在下行うことも、また、アセトニトリル中、4-ジメチルアミノピリジン(4-dimethylaminpyridine: DMAP)存在下

行うこともできる。最近は、TfN_3と比較して爆発性の懸念が少ないimidazole-1-sulfonyl azide hydrochloride[25]なども報告されている。アジド基は、亜鉛粉末による還元や水中でホスフィンによる還元により、温和な条件でアミノ基へと変換できる。フタルイミド基はヒドラジン水和物やエチレンジアミンにより除去できる。また、トリクロロエチルカーバメート基は亜鉛末により除去できる。

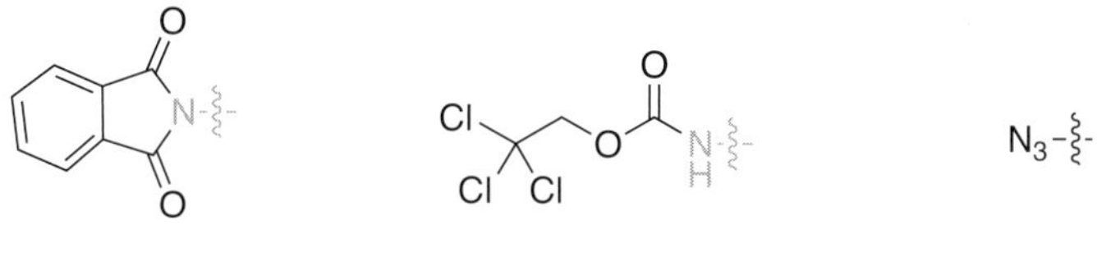

図4-33　アミノ糖のアミノ基保護基

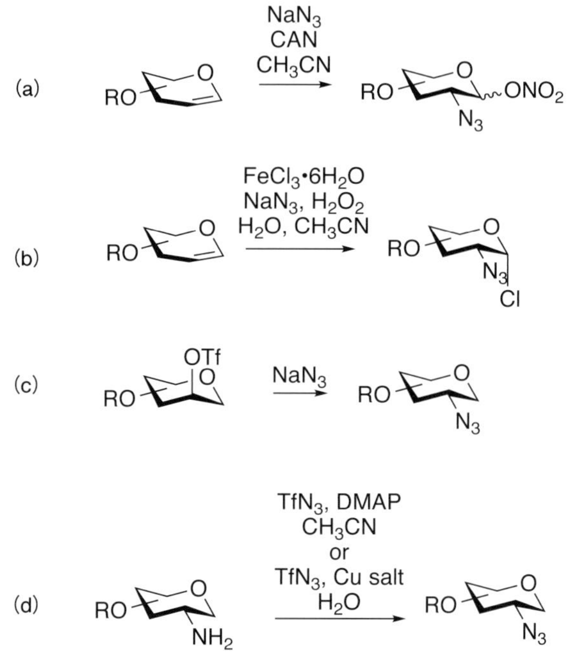

図4-34　2位アジド基を持つ糖の合成

tert-ブトキシカルボニル（Boc）基は、最も一般的に汎用されるアミノ基の保護基である。しかし、グリコシル化反応で要求される酸性条件において不安定であるため、糖鎖合成では用いられることは少ない。

アミド基は共鳴構造をとること（図4-35）や、エステルと比較してカルボニル炭素の分極が小さいことから塩基性での加水分解に抵抗する。そのため、アセトアミド基を除去するには、強い酸性や塩基性条件で行う必要がある。その代わりに、アセトアミド基に*tert*-ブトキシカルボニル基を4-dimethylaminopyridine（DMAP）存在下導入し、その後、NaOMe のような弱い塩基を作用させ、さらに、*tert*-ブトキシカルボニル基を除去することでアセトアミド基を除去することができる（図4-36）。工程数は要するものの、比較的温和な条件でアセトアミド基を除去することができる。

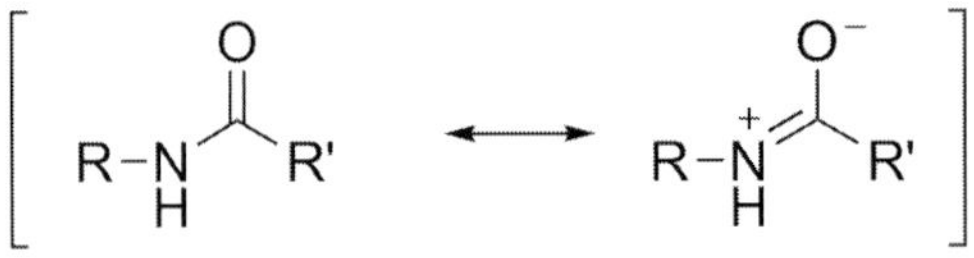

図4-35　アミド基の共鳴構造

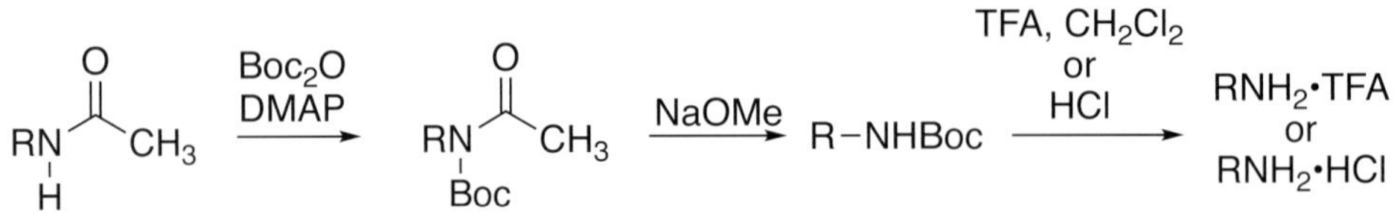

Boc$_2$O, DMAP　NaOMe　R−NHBoc　TFA, CH$_2$Cl$_2$ or HCl　RNH$_2$•TFA or RNH$_2$•HCl

図4-36　アセトアミド基の除去

4-3-6　ヒドロキシ基の選択的保護

基本的には1回のグリコシル化反応ではすべてのヒドロキシ基が保護された二糖が合成される。さらに糖鎖を伸長していくには、次のグリコシル化反応で使用するヒドロキシ基を作り出す必要がある。そのためには、次の糖供与体を結合するヒドロキシ基の保護基のみを選択的に除去する必要がある。これらの保護基を効率的に導入するには、ヒドロキシ基の反応性とそれに基づく導入と除去の条件を考慮する必要がある。例えば、第一級ヒドロキシ基と第二級ヒドロキシ基の反応性の違い、アキシアル位とエクアトリアル位に位置するヒドロキシ基の反応性の違いなどである。また、ジオールの2つのヒドロキシ基を同時に保護することができるアセタール系保護基も積極的に利用できる。最終的には当然ながら、すべての保護基を除去する必要がある。中性条件で除去できるベンジル基を「永続的な」保護基として使用し、最後に除去することが多い。

グルコサミンを例として、これまでに触れた方法を組み合わせて、効率的、選択的に保護基を導入していく方法を述べる（図4-37）。まず、すべてのヒドロキシ基をアセチル基、アミノ基をフタルイミド基で保護したグルコサミン誘導体をベンゼンチオールの作用で糖供与体であるチオグリコシドに変換できる。このとき、フタルイミド基の関与により1,2-*trans* 体のチオグリコシドが得られる。すべてのアセチル基を触媒量のNaOMeにより除去し、トリオールを得る。ベンジリデン保護により4位と6位のヒドロキシ基を一挙に保護できる。このときに3位のヒドロキシ基と、4位と6位のヒドロキシ基との区別化ができることになる。3位のヒドロキシ基を、例えば*p*-メトキシベンジル基で保護できる。ここで、ベンジリデン基をトリエチルシランとBF_3•OEt_2の組み合わせにより還元的開裂すると、4位をヒドロキシ基、6位をベンジルエーテルに変換できる。4

位を例えばアセチル基で保護すると、3位*p*-メトキシベンジル基を酸化条件で、4位アセチル基を塩基性条件とそれぞれ異なる条件で除去することができる。すなわち、3位、4位、6位をそれぞれ異なる条件で除去できる保護基で保護した糖供与体とすることができる。本スキームは一例であるが、これまで述べた方法を組み合わせて、ヒドロキシ基を区別して適宜保護することができる。

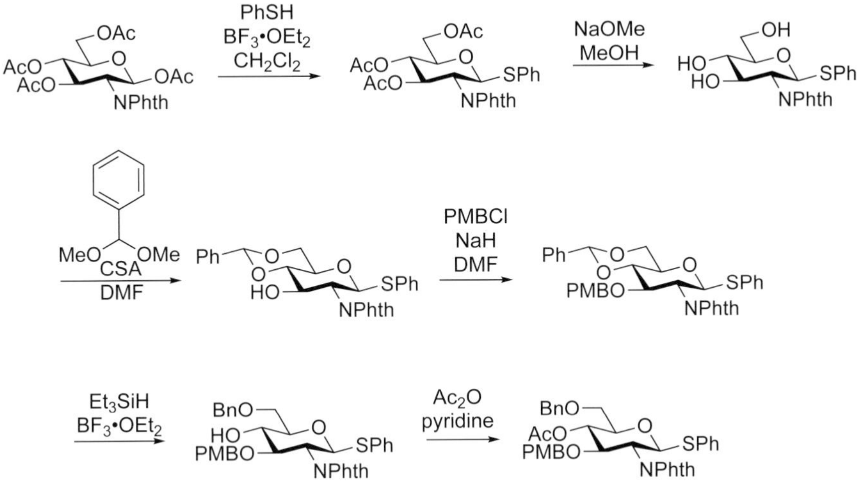

図4-37　グルコサミンの保護基の導入

4-4　糖供与体の種類

以下、グリコシル化反応に用いられる糖供与体を種類別に分類する。反応機構については、あくまで一般的な例としてS_N1反応として描いているが、活性化剤の種類や溶媒選択によりS_N2反応にて進む場合もあることは注意されたい。

アノマー位の脱離基の種類に合わせて、いろいろな活性化条件を選択することができる。1つの糖供与体や反応条件で目的物が得られなくても、反応条件や脱離基や保護基を変えると目的物が得られる場合も多い。現在、ホスフェート、スルホキシドなどいろいろな脱離基を持つ糖供与体が開発されているが、一般的に使用される糖供与体はハロゲン化糖、チオグリコシド、イミデートである。

4-4-1　ハロゲン化糖

ハロゲン化糖であるブロモ糖、クロロ糖は歴史的に古くから使われている。1位アセチル基からのハロゲン化糖の合成にはHBr-AcOHやアセチルクロリドを使用するなど、強い酸性条件で反応を行うことが多く、アセタール系保護基など酸に敏感な保護基を持つ場合の調製方法に問題がある。また、ハロゲン化糖そのものの安定性に問題があり、水分を避けて低温で保存する必要がある。より温和な条件でハロゲン化糖を調製できる条件として、ヘミアセタールよりVilsmeier試薬を用いる方法などが報告されている。臭素原子や塩素原子がソフトであるため、ハロゲン化糖の活性化には、ソフト-ハード理論から、ソフトな水銀塩や銀塩が用いられる（図4-38）。これらの活性化剤は、毒性やコストの面で問題があり、後処理からの廃棄物は適切に処理しなければならない。ヨウ化物は不安定であるため、前駆体から*in situ*において発生させ、単離を行うことはなく、そのまま使用する。

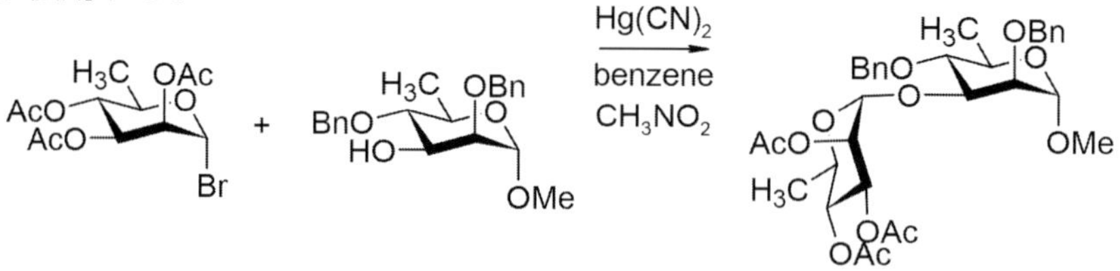

図4-38　ブロモ糖を用いたグリコシル化反応

4-4-2　*in situ* anomerization法

ハロゲン化糖は、アノマー効果からエクアトリアル位ではなく、ハロゲン原子がアキシアル配向を持つ。アキシアル位に臭素原子を持つブロモ糖を第四級アンモニウム塩や重金属塩で活性化すると、オキソカルベニウムイオンを経由してβ型のイオン対を経由して、β体との間に平衡が成立する。糖受容体が存在し、α-イオン対とβ-イオン対との間の平衡が十分に速ければ、反応性が高いβ-イオン対から反応が進行し、α-グリコシドを与える（図4-39）。

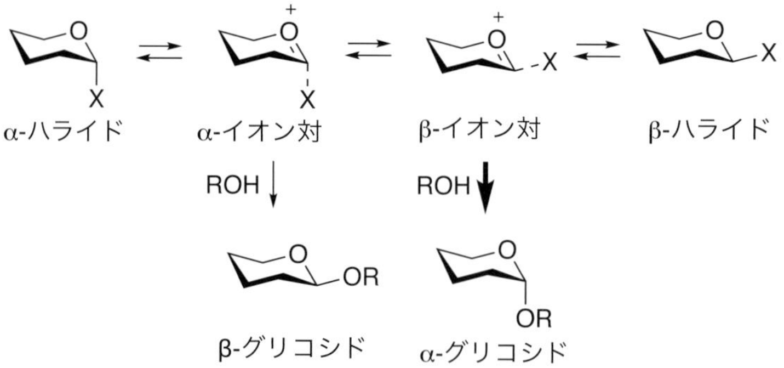

図4-39　*in situ* anomerization 法によるα選択的グリコシル化反応

フッ化糖は、炭素-フッ素結合エネルギーが大きいため、ブロモ糖やクロロ糖と比較して安定である。そのため、フッ化糖を活性化する手法の開発が遅れていたが、フッ素原子とハードなルイス酸の親和性から、塩化（II）スズ-過塩素酸銀（I）（$SnCl_2$-$AgClO_4$）の試薬の組み合わせによる活性化法が報告された。$AgClO_4$ は爆発性が懸念されるため、トリフルオロメタンスルホン酸銀（I）（AgOTf）で置き換えることができる。さらに強力な活性化方法として、ビス（シクロペンタジエニル）ハフニウムジクロリドとトリフルオロメタンスルホン酸銀（I）（Cp_2HfCl_2-AgOTf）の組み合わせが報告された。これらのフッ化糖の活性化法では、活性化したモレキュラーシーブ存在下、反応直前に試薬を混合して活性種を作る必要がある。ハフニウム（Ⅳ）トリメタンスルホネート［Hf（OTf）$_4$］は市販されている試薬で、活性種を作り出す必要がなく、$SnCl_2$-$AgClO_4$やCp_2HfCl_2-AgOTfと同等の活性化能力を持っているので、テクニカル的には簡便な試薬である。

フッ化糖は、ヘミアセタールをジエチルアミノ硫黄トリフルオリド（Diethylaminosulfur trifluoride: DAST）で処理することにより調製できる。

4-4-3　イミデート

グリコシルイミデートは、触媒量のBF_3•OEt_2やトリメチルシリルトリフルオロメタンスルホン酸（trimethylsilyl trifluoromethanesulfonate: TMSOTf）などのルイス酸により活性化される。トリクロロアセトイミデート（trichloroacetimidate）が最も一般的であるが、最近フェニルトリフルオロアセトイミデート（phenyltrifluoroacetimidate）[26]構造の糖供与体が報告され、その利用が増えている（図4-40）。トリクロロアセトイミデートでは、副生成物として、トリクロロアセトアミドが糖供与体に付加したChapman 転位反応型の副生成物が単離される（図4-41）[27]が、phenyltrifluoroacetimidate供与体ではそのような副反応が起こらない。トリクロロアセトイミデートは、ヘミセタールに触媒量のジアザビシクロウンデセン（1,8-diazabicyclo[5.4.0]undec-7-ene: DBU）やNaH、K_2CO_3存在下で過剰量のトリクロロアセトニトリルを加えることにより調製できる。

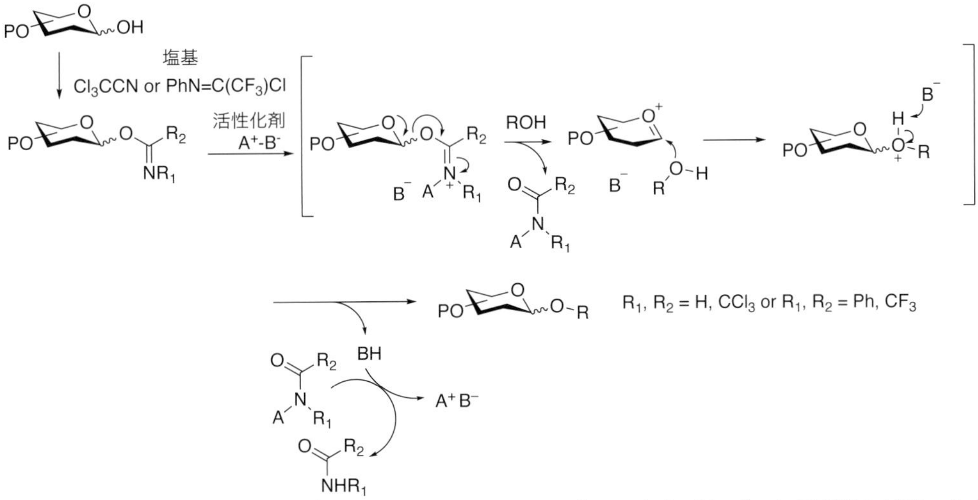

図4-40　トリクロロアセトイミデート、フェニルトリフルオロアセトイミデートの調製とグリコシル化反応

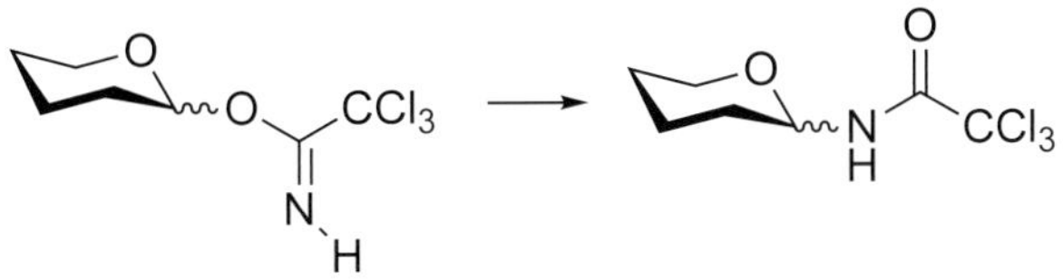

図4-41　トリクロロアセトイミデートの副反応

4-4-4 チオグリコシド

チオグリコシドは、例えばフッ化糖やイミデートを活性化するルイス酸性条件や、還元的開裂などに要する酸性条件、アシル系保護基を除去する塩基性条件においては安定であるが、ヨードニウムイオンやチオアルキル化試薬などソフトな親硫黄試薬により活性化される。ベンゼンスルフェニルクロリド [(benzenesulfenyl chloride: PhSCl) -AgOTf] から生成できるPhSOTfは安定なチオグリコシドを-78°Cにおいても活性化できるので有用であるが、PhSClの長期保存に問題があり、また、アレルギー誘引物質でもあるので、取り扱いには注意が必要である。1-ベンゼンスルフィニルピペリジン (1-benzenesulfinyl piperidine: BSP) - トリフルオロメタンスルホン酸無水物 (trifluoromethanesulfonic anhydride: Tf_2O) との組み合わせやジフェニルスルホキシド (diphenyl sulfoxide: Ph_2SO) とTf_2Oの組み合わせも*in situ*にて活性化剤を発生させて、チオグリコシドを活性化する (図4-42)。チオグリコシドの活性化には、dimethyl (methylthio) sulfonium trifluoromethanesulfonate (DMTST) (図4-43) や*N*-ヨードスクシンイミド (*N*-iodosuccinimide: NIS) -TMSOTf, NIS-TfOH (trifluoromethanesulfonic acid), NIS-AgOTfの組み合わせ (図4-44)、iodinium dicollidine perchlorate (IDCP) が汎用される[28]。MeOTf によってもチオグリコシドの活性化ができるが、室温以上の比較的高い温度が必要である。チオグリコシドから、ハロゲン化糖やヘミアセタールを経たイミデートへの相互変換が可能であるため、チオグリコシドは、一種のアノマー位保護基としても機能することとなる。

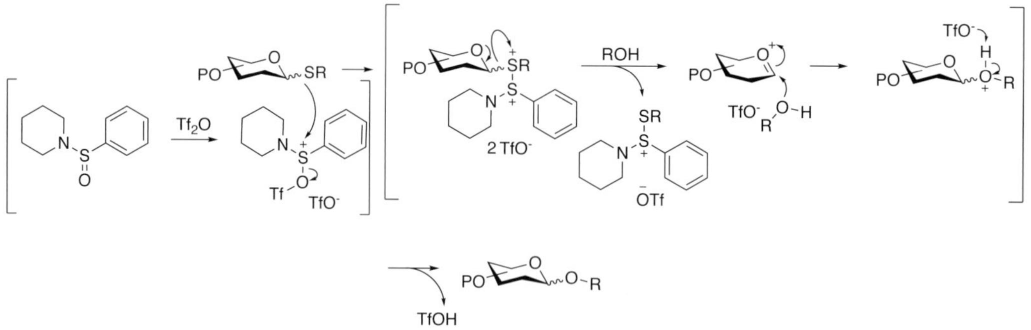

図4-42　1-benzenesulfinyl piperidine/Tf_2Oによるチオグリコシドの活性化

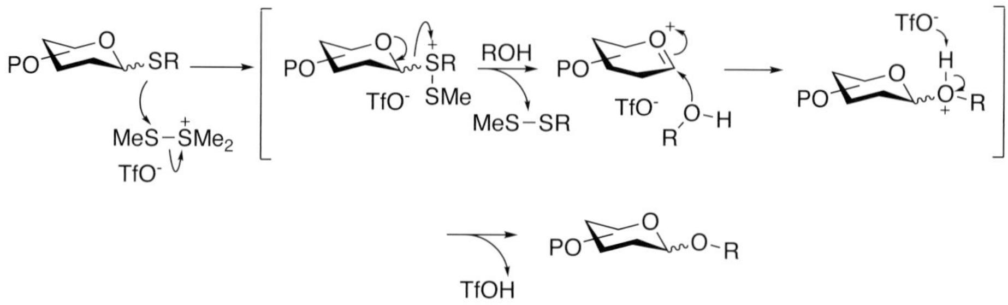

図4-43　Dimethyl(methylthio)sulfonium trifluoromethanesulfonate (DMTST) によるチオグリコシドのグリコシル化反応

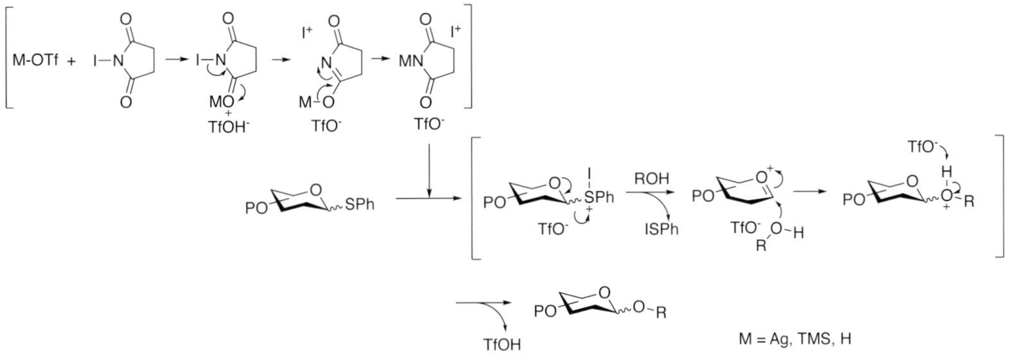

図4-44　NISを用いるチオグリコシドの活性化

4-4-5　その他の糖供与体

上記の糖供与体のほかにもペンテニル基を持つ糖供与体、グリカール、1,2-アンヒドリド、スルホキシド、ヘミアセタールも糖供与体として使用される。ペンテニル基を持つ糖供与体やグリカールは求電子剤で活性化される（図4-45、4-46）。グリカールを*N*-ヨードスクシンイミドで活性化し、生じたヨードニウムイオンに糖受容体ROHを反応させると、2位にヨウ素原子が入った形でのグリコシドが得られる。2位ヨウ素原子を水素化トリブチルスズ［（tributyltin hydride: Bu_3SnH）- 2,2'-アゾビス（イソブチロニトリル）（2,2'-azobis（isobutyronitrile）: AIBN ）］によりラジカル的に還元的に除去すると2-デオキシ糖が得られる（図4-47）。

1,2-アンヒドリドはグリカールから酸化により調製できる。アルケンをエポキシドに酸化するには、メタクロロ過安息香酸（*m*-chloroperbenzoic acid: *m*CPBA）が用いられるが、グリカールの酸化反応には用いることができない。生じた1,2-アンヒドリドが、酸化反応の結果生じる*m*-chlorobenzoic acidと反応してしまうためである。したがって、1,2-アンヒドリドの調製には、反応終了後、中性であり、1,2-アンヒドリドを壊さないアセトンを与えるジメチルジオキシラン（dimethyldioxirane）を用いる（図4-48）。ヘミアセタールをジフェニルスルホキシドとトリフルオロメタンスルホン酸無水物の組み合わせにより直接活性化することもできる（図4-49）。グリコシルスルホキシドはトリフルオロメタンスルホン酸無水物を用いて低温で活性化できる（図4-50）。

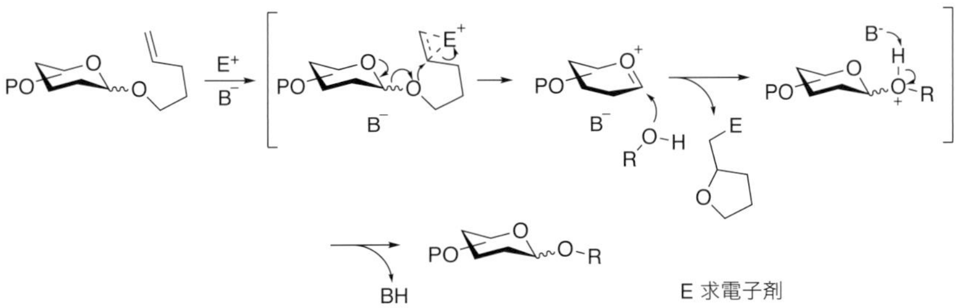

図4-45　ペンテニル基を持つ糖供与体の求電子試薬による活性化

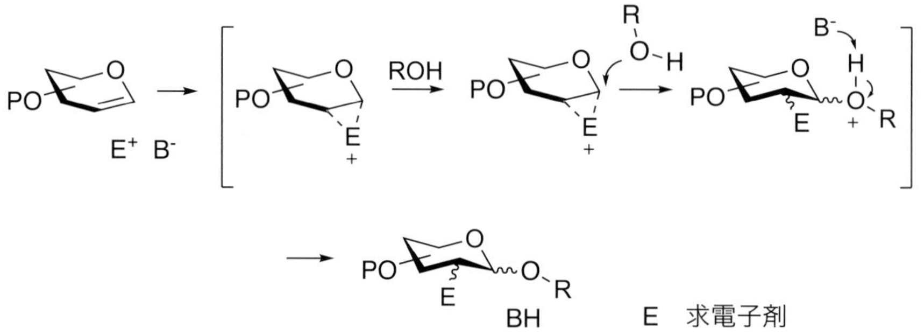

E　求電子剤

図4-46　グリカールの活性化

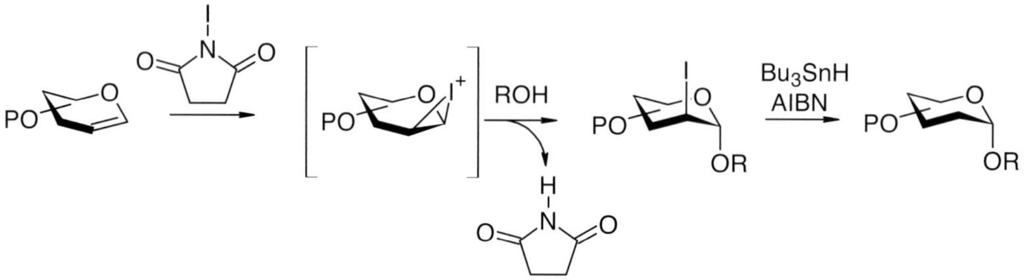

図4-47　グリカールを糖供与体とした2-デオキシ糖の合成

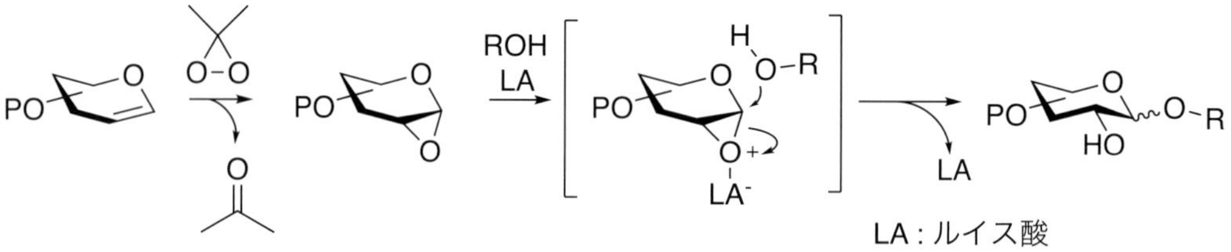

LA : ルイス酸

図4-48　1,2-アンヒドリドの糖供与体によるグリコシル化

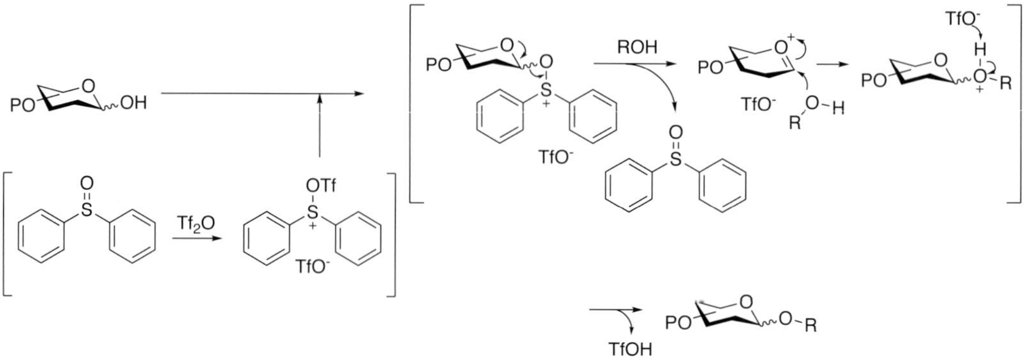

図4-49　ヘミアセタールの直接活性化によるグリコシル化

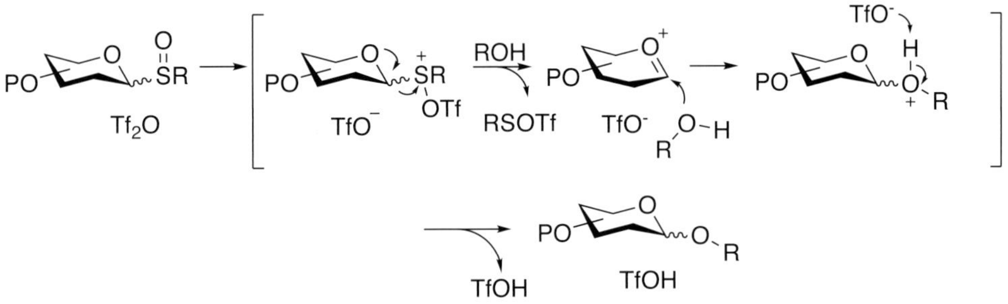

図4-50　スルホキシドの活性化

還元末端にアセトキシ基などを持つ*O*-アシル糖供与体も、過剰量のBF_3•OEt_2やトリメ チルシリルトリフルオロメタンスルホン酸、塩化スズ(Ⅱ)($SnCl_2$)などのルイス酸を用いて活性化することができる(図4-51)。

アルキンとAu触媒の親和性を利用してのグリコシル化反応が、近年使用されるようになっている[29](図4-52)。

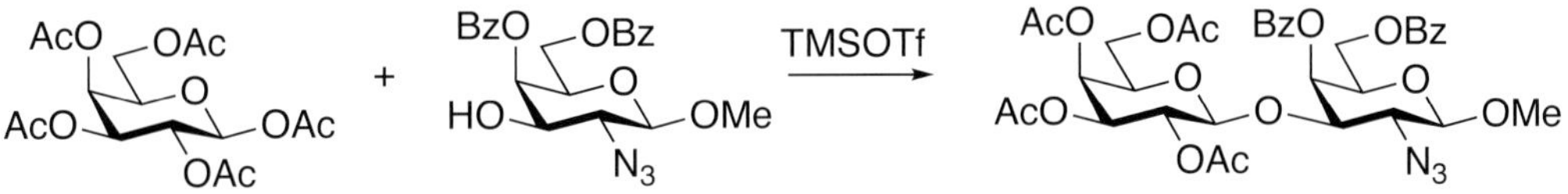

図4-51　アシル糖供与体の活性化

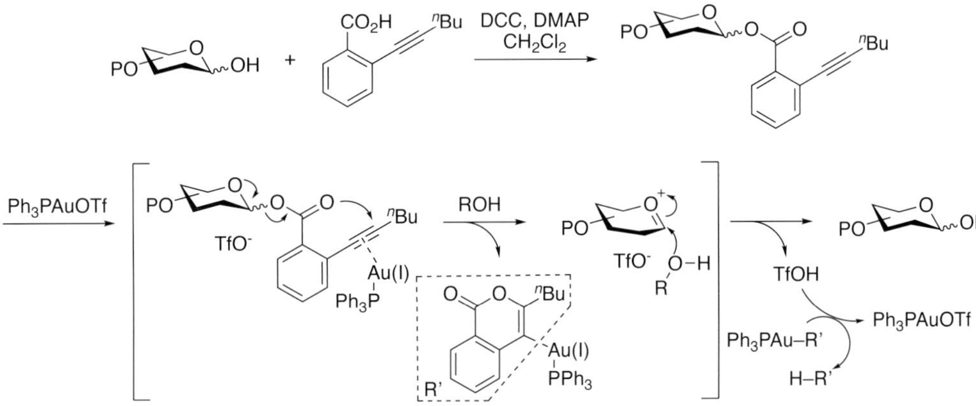

図4-52　アルキンの活性化を介したグリコシル化

4-4-6　糖供与体の相互変換

ある特定の糖供与体と糖受容体の組み合わせと反応条件においてうまくグリコシド結合が形成できない場合には、糖供与体の脱離基の変換、保護基の変換や反応条件の検討を行うことになる。糖供与体の脱離基はそれぞれ相互に変換することができる(図4-53)。例えば、臭素をチオグリコシドに反応させるとブロモ糖に変換される。また、*N*-ブロモスクシンイミド(*N*-bromosuccimide: NBS)存在下、DAST(*N*,*N*-diethylaminosulfur trifluoride)によりフッ化糖に変換できる。チオグリコシドをNBS存在下、水と反応させることでヘミアセタールに変換でき、そこからイミデートに変換できる。一方、イミデート、フッ化糖、ハロゲン化は、チオール存在下それぞれに適した手法で活性化することにより、チオグリコシドに変換できる。

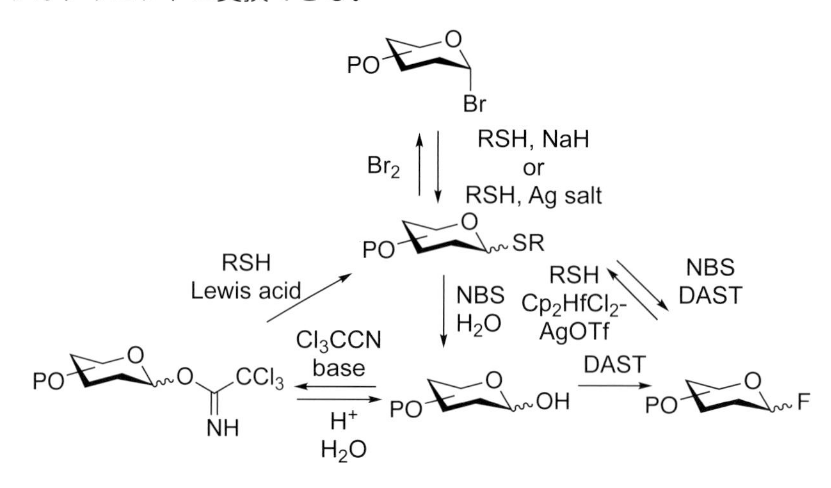

図4-53　糖供与体の相互変換

4-4-7　β-マンノシドの合成

β-マンノシドの合成は、1,2-*cis* グリコシドであること、アノマー位の水酸基がエクアトリアル位に配置するためアノマー効果に逆らうことなどから立体選択的な反応は難しかった。しかし、現在、いろいろな合成方法が報告されている。最も確実な方法としては、2位アキシアル位のヒドロキシ基に糖受容体をあらかじめ導入して、ピラノシド環の上部から糖受容体を反応させる分子内アグリコン転位 (intramolecular aglycon delivery: IAD) 反応である (図4-54)[30]。前駆体の架橋Yとしては、シリル基、*p*-メトキシベンジル (PMB) 基などが知られている。

図4-54　立体選択的β-マンノシド合成法

4-4-8　α-シアロシドの合成

シアル酸は、糖鎖の非還元末端に存在している。ウイルスの感染などにも深く関与していることが知られている。シアル酸は、カルボン酸をアノマー位に持ち、かつ、アノマー位隣の炭素にアノマー位の立体制御を行うことができる置換基がないため、立体制御が困難である。これまでアセトニトリルの溶媒効果を使用すること[31]や3位に隣接基関与できる官能基を導入するなどのアプローチがなされてきた[32]。また、高いα-選択性を示す糖供与体が報告されている（図4-55）[33,34]。一方で、シアル酸転移酵素とcytidine-5'-monophospho（CMP）-シアル酸を用いて、酵素反応により立体選択的、かつ位置選択的にシアル酸を導入できることもできる。

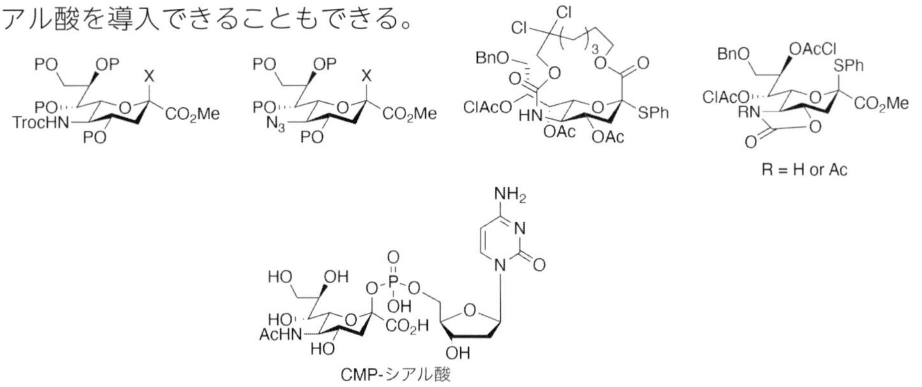

図4-55　α-選択的シアル酸供与体

4-5　糖鎖合成戦略

これまで、糖ユニットの保護についてその種類や考え方、グリコシル化反応について概説した。適切な保護基のパターンとグリコシル化反応を組み合わせて、糖鎖を合成する概略を以下に示す。糖鎖合成は、i) 糖鎖を構築する糖ユニットの合成、ii) 糖ユニットと糖ユニットを結合させるグリコシル化反応、iii) 一時的な保護基の除去によるヒドロキシ基の作り出しによる糖受容体への変換、iv) グリコシル化反応と一時的保護基の除去の繰り返し、v) すべてのヒドロキシ基、アミノ基保護基の除去反応、を行うことにより達成される（図4-56）。

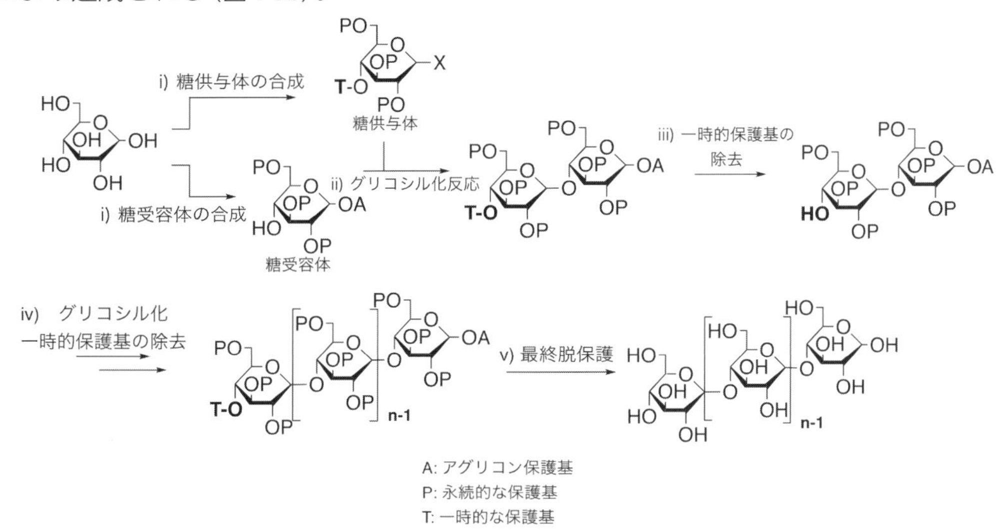

図4-56　糖鎖合成の概略

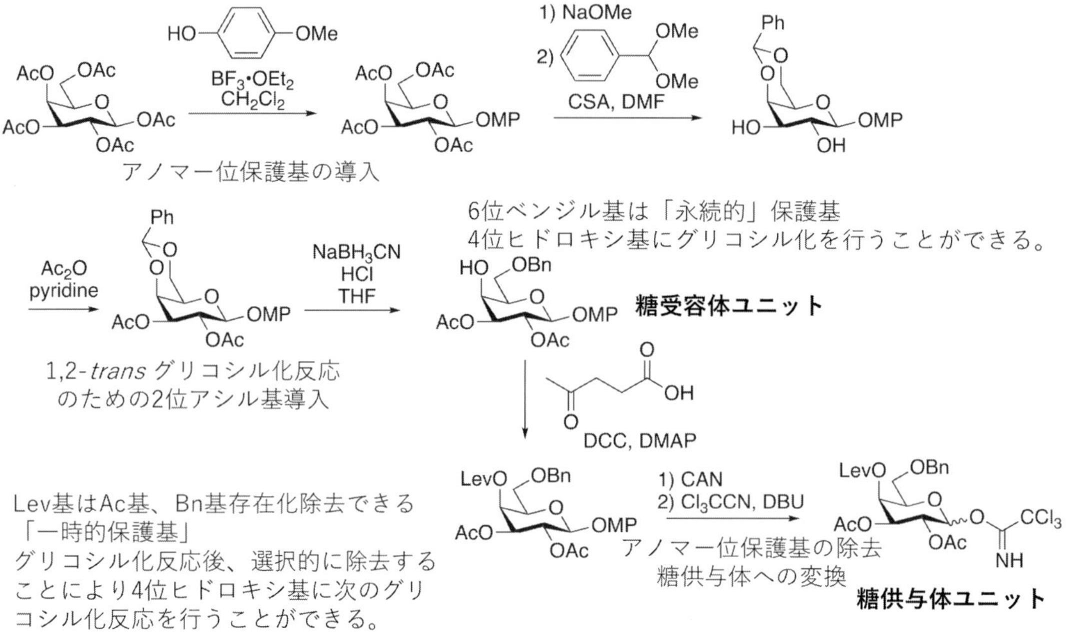

HO–C6H4–OMe
BF_3•OEt_2
CH_2Cl_2

アノマー位保護基の導入

1) NaOMe
2) PhCH(OMe)2
CSA, DMF

Ac_2O
pyridine

1,2-*trans* グリコシル化反応
のための2位アシル基導入

$NaBH_3CN$
HCl
THF

6位ベンジル基は「永続的」保護基
4位ヒドロキシ基にグリコシル化を行うことができる。

糖受容体ユニット

DCC, DMAP

Lev基はAc基、Bn基存在化除去できる
「一時的保護基」
グリコシル化反応後、選択的に除去する
ことにより4位ヒドロキシ基に次のグリ
コシル化反応を行うことができる。

1) CAN
2) Cl_3CCN, DBU
アノマー位保護基の除去
糖供与体への変換

糖供与体ユニット

図4-57　糖ユニットの保護基導入の考え方

糖供与体は、基本的にはすべてのヒドロキシ基を保護する。複数回のグリコシル化反応が不要であれば、ヒドロキシ基の保護を区別する必要は基本的にはない。しかし、さらに糖鎖を伸長したい場合には、グリコシル化反応の後の生成物を糖受容体へと変換する必要がある。次のグリコシル化反応のためのヒドロキシ基を作り出すために、他のヒドロキシ基と区別して除去することができる一時的保護基を導入する必要がある。したがって、単糖においての保護基の導入・選択が、糖鎖合成全体の成功を決める大きな要因になる (図4-57)。

単糖においての保護基の導入では、まず、1,2-*trans* グリコシドか1,2-*cis* グリコシドを合成するのかにより、2位の保護基を選択する。1,2-*trans* グリコシドの場合には、2位アシル系保護基、1,2-*cis* グリコシドの場合にはエーテル系保護基を選択する。さらに、

①アノマー位とそれ以外のヒドロキシ基を区別しての保護。アノマー位の保護基はそれ以外のヒドロキシ基の保護基導入反応で安定で、かつ、導入された保護基存在下、除去できるものである必要がある。

②一時的保護基と永続的保護基の選択的導入。永続的な保護基としては中性条件で除去できるベンジル基を使用することが多い。

③アノマー位ヒドロキシ基保護基の除去。

④アノマー位への脱離基の導入。

という順番を経て、糖供与体を合成することが多い。チオグリコシド以外の糖供与体では、グリコシル化反応の直前にアノマー位の保護基除去と脱離基導入を行う。チオグリコシドは、様々な条件で安定であるため、保護基変換の初期の段階から導入可能である（図4-37参照）。チオグリコシドは他の脱離基に相互変換できるため、アノマー位の一種の保護基である（図4-53参照）。アノマー位の保護基としては、*p*-メトキシフェニル（MP）基、アリル（allyl）基、トリメチルシリルエチル（SE）基が用いられることが多い。

実際に七糖からなるファイトアレキシンエリシターの合成を例にして、糖鎖合成を解説する[35]（図4-58）。植物は、微生物の感染に対する防御機構として、ファイトアレキシンとよばれる抗菌作用を持つオリゴ糖を産生する。ブロモ糖**4-58-1**を糖供与体として、ヒドロキシ基を持つチオグリコシド**4-58-2**をAgOTfを作用させて反応させる。糖供与体**4-58-1**の2位ヒドロキシ基は、グリコシル化反応において1,2-*trans*選択性を実現するためにアシル系保護基であるベンゾイル基で保護している。チオグリコシドは、AgOTfでは活性化されないので、二糖**4-58-3**が得られる。**4-58-2**の2位と3位のヒドロキシ基は、1位に存在する硫黄原子の立体的嵩高さから3位のほうが反応性が高く、3位ヒドロキシ基が選択的に反応する。得られた二糖**4-58-3**の2位のヒドロキシ基をベンゾイル基で保護する。さらに得られた二糖を次のグリコシル化反応のための糖受容体に変換するために、ベンジリデンアセタール基の還元的開裂を行い、6位にヒドロキシ基を作り出すことができる。このようにして合成した糖受容体**4-58-4**に対して、6位にクロロアセチル基を持つブロモ糖**4-58-5**を糖供与体として付加させる。ブロモ糖はチオグリコシド存在下、AgOTfにより選択的に活性化できる。得られた三糖**4-58-6**はチオグリコシドであるので、すぐに糖供与体としてMeOTfにより活性化して、糖供与体として使用することができる。6位のクロロアセチル基をヒドラジンチオカーボナート**4-58-9**で除去し、さらにグリコシル化反応を行い、七糖**4-58-11**を得た。ベンゾイル基の除去と、ベンジル基の除去を行うことでファイトアレキシンエリシター七糖**4-58-12**を得ている。

保護した糖鎖は有機溶媒に溶けるが、水には溶けない。一方、保護基を除去した合成目的物の糖鎖は、水には溶けるが、有機溶媒には溶けない。部分的に保護基が除去された糖鎖の溶解性は不明となる。糖鎖伸長した後の最終脱保護では適宜溶媒を選択することが必要で、保護基の除去はなるべく短工程で済ませたほうが実験操作上の点からも望ましい。

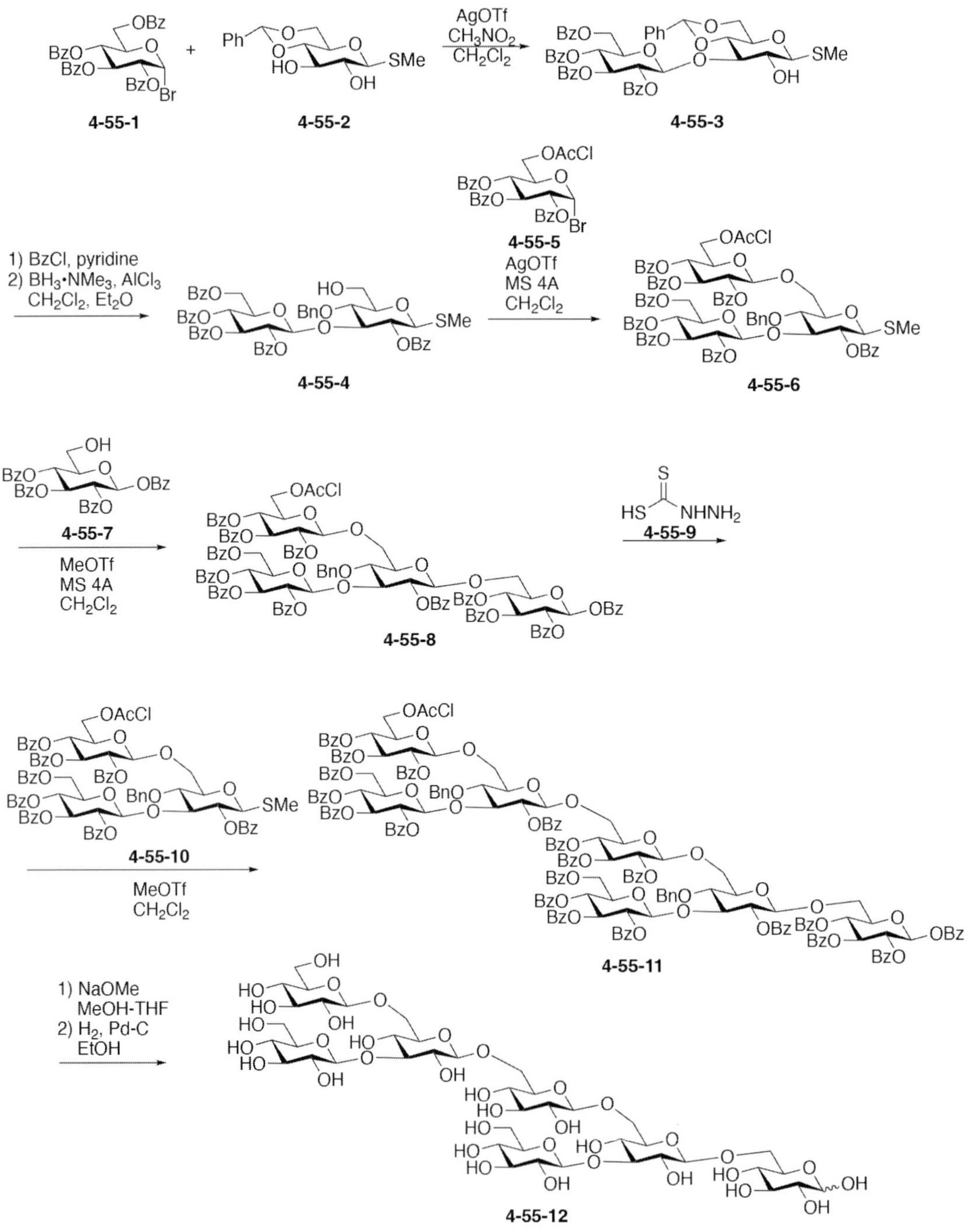

4-55-1 + 4-55-2 → ($AgOTf$, CH_3NO_2, CH_2Cl_2) → 4-55-3

1) BzCl, pyridine
2) $BH_3 \cdot NMe_3$, $AlCl_3$
CH_2Cl_2, Et_2O

→ 4-55-4

4-55-5, AgOTf, MS 4A, CH_2Cl_2 → 4-55-6

4-55-7, MeOTf, MS 4A, CH_2Cl_2 → 4-55-8

4-55-9 ($HS-C(=S)-NHNH_2$) →

4-55-10, MeOTf, CH_2Cl_2 → 4-55-11

1) NaOMe
MeOH-THF
2) H_2, Pd-C
EtOH

→ 4-55-12

図4-58　糖鎖合成の一例：ファイトアレキシンエリシターの合成

4-6　発展的な糖鎖合成法

4-6-1　オルソゴナルグリコシル化

フッ化糖とチオグリコシドはそれぞれ異なる活性化条件で活性化され、一方は他方を活性化する条件で安定である。したがって、フッ化糖とチオグリコシドを組み合わせることで、アノマー位ヒドロキシ基保護基の除去と脱離基の導入の2工程を省くことができ、合成を効率化することができる（図4-59）[36]。この方法は、オルソゴナル（orthogonal）活性法とよばれている。「orthogonal」という言葉は、1977年のBaranyとMerrifieldによるペプチドの保護基に関する論文において[37]、相補的な脱保護条件を説明するときに使われた。複数の保護基の存在下で特定の保護基のみを選択的に除去するためには、脱保護反応条件がその他の保護基に影響を及ぼさない必要がある。彼らはこうした保護基の独立した反応性、すなわち、異なる反応条件でのみ反応することを「orthogonal」と表現している。ルイス酸条件で活性化を行うフッ化糖と親硫黄試薬により活性化を行うチオグリコシドは、それぞれ異なる反応条件で活性化でき、かつ、それぞれの活性化条件で他方は活性化されない。オルソゴナルな活性化の組み合わせにより、複数回のグリコシル化反応を連続して行うことができる。オルソゴナルグリコシル化法では、理論的には何回のグリコシル化反応でも連続して行うことができる。オルソゴナルグリコシル化反応では、4-5節で述べた糖鎖合成法とは異なり、非還元末端から還元末端へと糖鎖が伸長されていくことに留意されたい。

NIS
TfOH
CH_2Cl_2
AcO AcO AcO O SPh NPhth + BnO HO BnO O F NPhth
AcO AcO AcO O NPhth O BnO BnO O F NPhth

AcO HO AcO O SPh NPhth
Cp_2HfCl_2
AgOTf
CH_2Cl_2
AcO AcO AcO O NPhth O BnO BnO O NPhth O AcO AcO O SPh NPhth

図4-59　オルソゴナルグリコシル化

4-6-2　保護基の選択による糖供与体の反応性の違いとone-pot合成法

同じ脱離基を持つ糖供与体でも、保護基を適宜選択することによって糖供与体の反応性を調節することができる。アシル基でヒドロキシ基を保護した糖供与体は、エーテル系保護基で保護した糖供与体よりも反応性が低い。これはアシル基の電子求引性により、アノマー位カチオンが不安定化されることによる。Armed糖は、エーテル系保護基で保護された、活性が高い糖供与体であり、disarmed糖は、アシル基で保護された、活性が低い糖供与体である。反応性の差を利用すると、disarmed 糖存在下、armed 糖を活性化することができ、armed 糖が自己縮合することがない（図4-60）[38]。

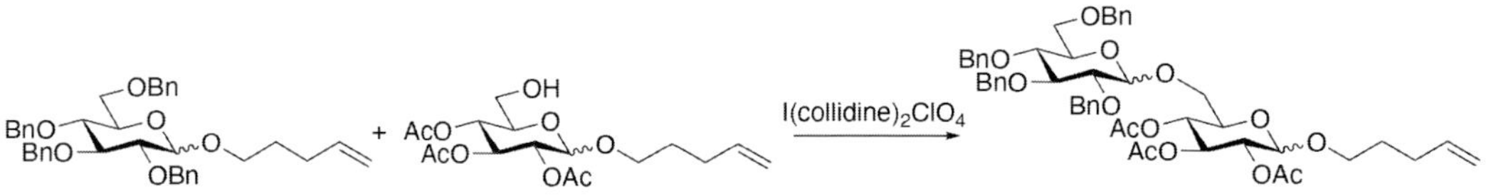

図4-60　armed-disarmed 糖の組み合わせによる糖鎖合成

Armed-disarmed法による糖鎖合成は、アノマー位ヒドロキシ基の保護基の除去や活性化、また、一時的保護基の除去を行う必要がないため、糖鎖合成の省力化ができる。保護基のパターンにより異なる反応性の糖供与体を組み合わせてオリゴ糖をone-pot合成することもできる。1回ごとのグリコシル化反応の後処理を行うことなく、1つのフラスコで複数回のグリコシル化反応を一気に行うone-pot合成法では、糖鎖合成反応の効率化を行うことができる（図4-61）[39]。

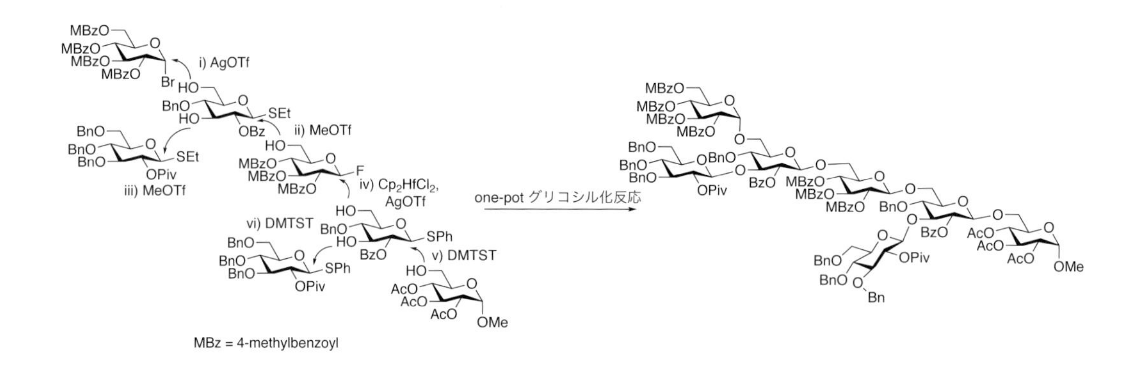

図4-61　one-potグリコシル化反応の一例

合成の戦略としては、保護基の変換は糖鎖を伸長した後で行うよりもあらかじめ単糖の段階で終了したほうがよい。加えて、アノマー位の立体異性体やグリコシル化の位置に関して複数の生成物が生じる工程は、合成ルートの早い段階に組み込むことが望ましい。分子が大きくなると、立体異性体の分離が困難になることが多く、また、多工程を要して合成した化合物を副生成物として捨てることにもなる。分岐糖の合成の場合には、先に立体的に混んだ部分に糖鎖を導入すること、あるいは、分子量の大きな糖供与体を分子量の小さい糖供与体に先立って導入すると、その逆の場合よりも収率が向上することが多い（図4-62）。核酸やペプチドについては自動合成機が開発され、受託合成が普及している。糖鎖に関しても、グリコシル化反応の収率や立体選択性の改善の余地があるが、自動合成の試みもなされている[40-42]。

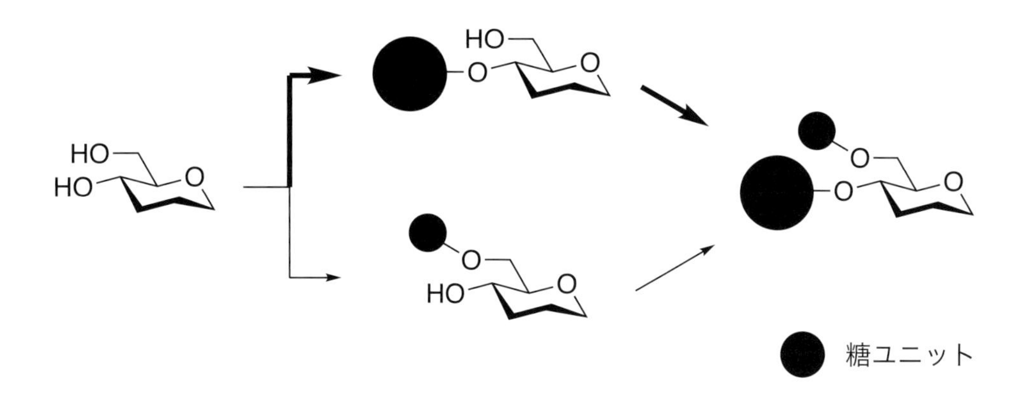

図4-62　分岐糖の合成における糖ユニット導入順序

4-6-3　グリコシル化反応の実験条件

グリコシル化反応は、オキソカルベニウムイオンとヒドロキシ基との反応のため、水が混在すると当然、オキソカルベニウムイオンが水と反応するため、収率が低下する。市販されている脱水溶媒を用いる、糖供与体や糖受容体はトルエンなどで共沸して水を十分に除いておくほか、器具やシリンジも十分に乾燥しておくことが必要である。直前に活性化した粉末モレキュラーシーブを反応系に混在させることで水を除去することも有効である。ただし、モレキュラーシーブは、塩基性であるので、グリコシル化反応で使用するルイス酸が中和されることもあるので注意が必要である。

4-7　糖ペプチドの合成

自然界では、糖鎖は脂質やタンパク質に結合した複合糖質の形で存在していることが多い。タンパク質糖鎖修飾は、アスパラギン側鎖アミド基を介して糖鎖とタンパク質が結合した*N*-結合型、あるいはセリン/スレオニンのヒドロキシ基を介して結合した*O*-結合型、マンノースとトリプトファンが炭素結合で結合した*C*-結合型に分けられる（1-3-5-1目参照）。糖鎖のみならず、糖ペプチドや糖タンパク質などの複合糖質を均一な状態で有機合成することも求められている。

ペプチド合成では、Fmoc法、Boc法ともにアミノ酸の側鎖官能基を酸性条件で除去できる保護基で保護し、ユニット同士を結合するペプチド形成反応は、中性に近い条件で行う。糖鎖を結合したアスパラギン残基やセリン/スレオニン残基をアミノ酸ユニットとして逐一、アミノ酸を縮合していき、ペプチド鎖を伸長させると、糖ペプチドの合成をペプチドの液相合成や固相合成反応の延長として行うことができる（図4-63a）。糖鎖のヒドロキシ基は、ベンジル基、*p*-メトキシベンジル基、あるいはアセチル基で保護するのが一般的である。最後にTFAやルイス酸を使用するかなり強い酸性条件で一気に側鎖保護基の除去を行う[43]。糖ペプチド合成での最終脱保護では、糖鎖ヒドロキシ基のベンジル基、*p*-メトキシベンジル基も同時に除去できるが、一方で最終脱保護の強い酸性条件で、シアル酸やフコースなどの酸性に弱い糖は切断されてしまう問題点がある。

より長い糖ペプチドの合成は、ペプチド固相反応で行うことができる。液相でのペプチド合成では5 ～ 10 mer 程度のペプチド、固相反応では、50 mer程度のペプチド長が実質的には合成の限界である。

より長い糖ペプチドを合成するには、2つのペプチドの間でアミド結合を形成して、ペプチドブロックを連結させるブロック合成を行うほか、Native chemical ligation[44]とよばれる手法を用いる。ペプチドブロック合成では、C末端のチオエステルを銀イオンによって選択的に活性化してペプチド結合を形成させるため、ペプチド側鎖の官能基を保護する必要がない利点を持つ。固相合成により得られた10 mer から30 mer 程度のペプチドのチオエステルを銀塩などで活性化することにより、より長いペプチドを合成することができる（図4-63b）[45]。ペプチドブロック合成法によって、種々の糖ペプチドが合成されている。

C末端にチオエステルを持つペプチドとN末端に無保護システインを持つペプチドを温和な条件下（pH 7、20°C ～ 37°C）で混ぜると、ペプチド伸長反応が進行する（図4-61c）。この方法はNative chemical ligation反応とよばれるが、ペプチド側鎖官能基の保護基は除去した状態で、ペプチド結合形成反応を行い、長いペプチド鎖を得ることができることが利点である。また、余分な活性化剤を必要としない。200 mer 程度の糖ペプチドの合成も可能となっている。システイン残基以外でもNative chemical ligation反応ができるように改良もされている[46]。一方、C末端のアミノ酸が嵩高いと反応が進行しにくい、などの問題点もある。ペプチド固相合成とNative chemical ligationを組み合わせて、赤血球の産生を促進する造血因子であるエリスロポエチンの全化学合成が達成された[47,48]。エリスロポエチンは、アミノ酸165残基からなり、その24、38、83位のアスパラギンの側鎖にそれぞれ*N*-結合型糖鎖を3本持ち、126位のセリンの側鎖に*O*-結合型糖鎖を持つ。糖鎖構造に生理活性が大きく依存することが知られており、その精密合成が待たれていた。

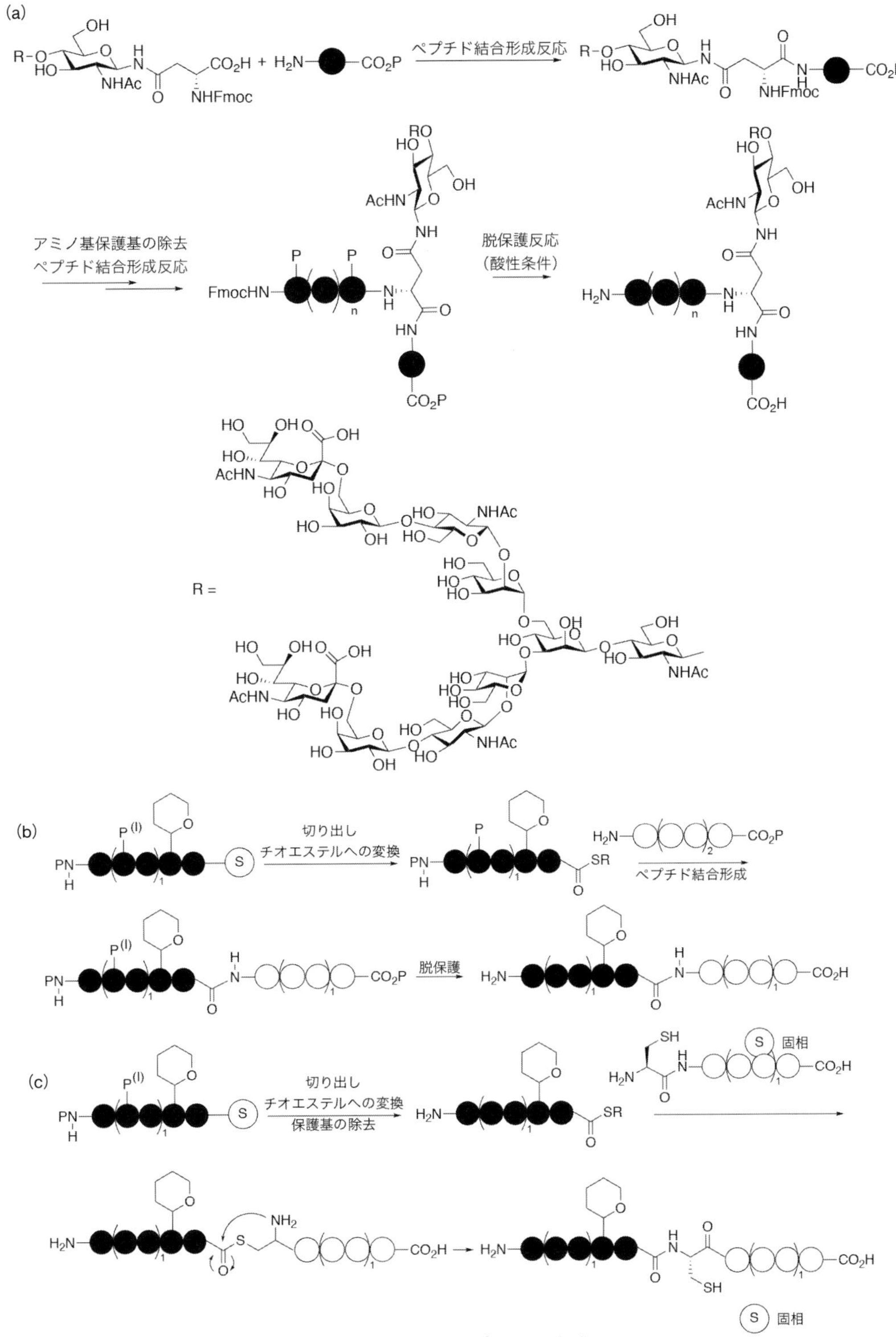

図4-63　糖ペプチドの合成

(a) 糖アミノ酸を用いたペプチド合成、(b) 糖ペプチドブロック合成、(c) Native chemical ligation

4-8　酵素による合成

さて、以上述べたように化学合成による糖鎖合成は、天然型のみならず、非天然型の化合物も合成することができる。一方で、多段階の保護、脱保護が必要になり、特にグリコシル化反応には無水条件や温度制御などの厳密な実験条件が必要となる。一方、酵素反応では、保護、脱保護の操作は必要ではない。糖受容体の構造に合わせた相当する糖転移酵素があれば、その糖転移酵素と糖供与体である糖ヌクレオチドとの反応を用いての糖鎖合成が可能である。酵素法では、糖ヌクレオチドの安定性とコスト、対応する酵素の入手が問題となることがある。糖鎖付加反応と糖加水分解反応が基本的には可逆反応であることを利用して、糖加水分解能力を抑えた一方で、糖付加能力を保つ糖加水分解酵素の変異体を用いて糖鎖を合成することもできる。

また、ある種の酵素は、糖供与体として必ずしも糖ヌクレオチドを使用する必要はない。例えば、フッ化糖や糖鎖オキサゾリンを酵素反応での糖供与体として用いることもある。特に糖鎖オキサゾリンを糖供与体として用いるエンド-β-*N*-アセチルグルコサミニダーゼ（endo-β-*N*-acetylglucosaminidase: ENGase）の改変体による糖鎖付加は、糖ペプチド、糖タンパク質を合成する上で有用である。これらについては第5、8章を参照されたい。

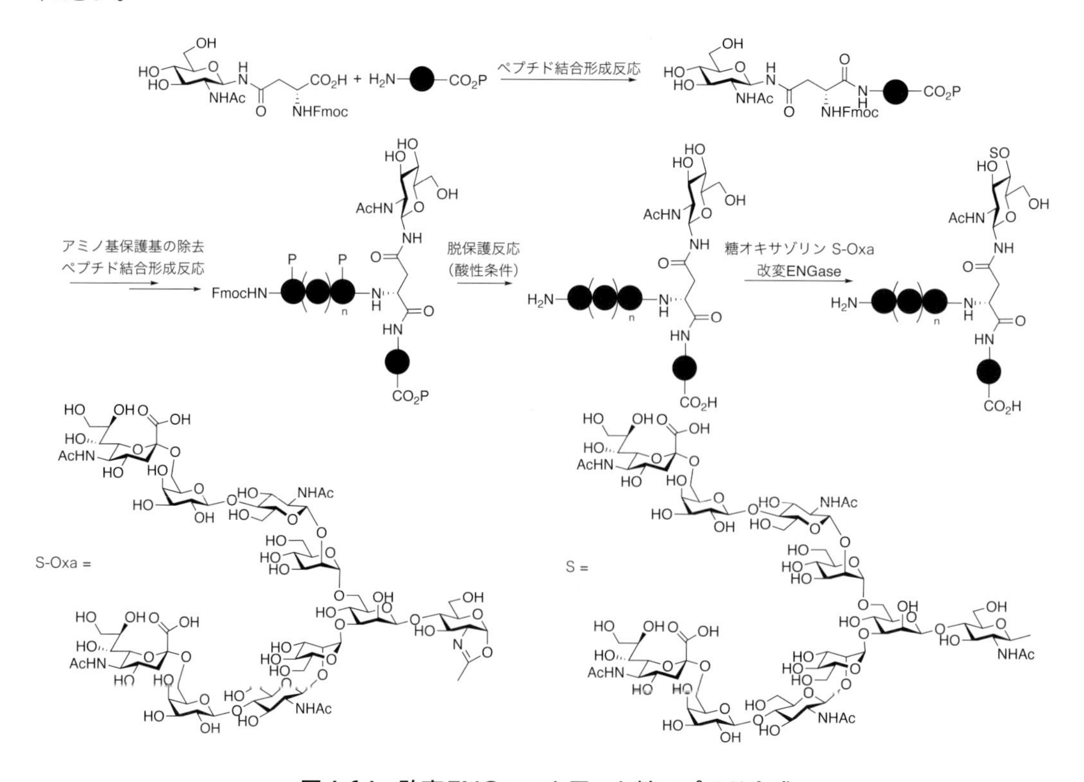

図4-64　改変ENGaseを用いた糖ペプチド合成

糖ペプチドの合成の場合には、ENGaseの改変体としてendo M N175Qが使用されることが多く、抗体の糖鎖改変ではendoS やendo S2 の改変体が使用される[49]。すなわち、GlcNAc単糖が結合したアスパラギンを用いてペプチド伸張を行い、保護基を除去した後、改変ENGaseと糖オキサゾリンを用いて糖鎖を結合させて、糖ペプチドを合成できる(図4-64)。ペプチド固相合成の場合に、特にシアル酸やフコースなどは酸性条件に弱いため、最終脱保護の際に、脱離してしまう問題点があるが、適宜、シアリルトランスフェラーゼやフコシルトランスフェラーゼなどの酵素合による糖付加をうまく組み入れることで、酸に敏感な糖鎖の導入も可能である[50]。

この20年の間、実践的なグリコシル化反応が開発されており、その進展は目覚ましかった。現在もより高い立体選択性の実現を目指して、グリコシル化反応の開発やメカニズム解明が行われている[51]。反応機構の解明のためには、糖供与体の遷移状態に至る配座変化や中間体の同定も行われるべきである。

ここで注意すべきは「アノマー位立体化学が反転すること＝S_N2反応」と論文で混同されていることが多いことである。本来のS_N2反応の定義はあくまで“bimolecular nucleophilic substitution”であり、不斉炭素立体配置の反転の結果から定義されるのではなく、基質濃度に関する速度論から議論されるべきであることを注意喚起しておきたい。基質濃度からの反応機構解明に代わるものとしては、アノマー位炭素を^{13}Cに置換し、同位体効果を測ることでも議論することができる[52]。

また、アノマー位の立体配置制御に関する新しいアプローチとして、通常の環状カチオンを経由する反応ではなく、いったんピラノシドが開環して鎖状カチオンを経由した異性化反応により、複数アノマー位の立体配置を変換できる手法もある[53]。今後も新しい概念やより効率的な糖鎖合成が期待される。

参考文献

1) Davis, B. G., and Fairbanks, A. J. “Carbohydrate chemistry” (2002) Oxford Chemistry Primers, Oxford University Press.
2) Lindhorst, T. K. (2007) “Essentials of carbohydrate chemistry and biochemistry” Wiley-VCH.
3) Hung S.-C. and Zulueta, M. M. L. (2016) “Glycochemical synthesis: Strategies and applications” Wiley.
4) Demchenko, A. V. (2008) “Handbook of chemical glycosylation: Advances in stereoselectivity and therapeutic relevance” Wiley.
5) Bennett, C. S. (2017) “Selective glycosylations: Synthetic methods and catalysts” Wiley-VCH.
6) Nigudkar, S. S., and Demchenko A. V. (2015) Stereocontrolled 1,2-cis glycosylation as the driving force of progress in synthetic carbohydrate chemistry. *Chem. Sci.* **6**, 2687-2704.
7) Mong, K. K. T., Nokami, T., Tran, N. T. T., Nhi, P. B. (2017) Solvent effect on glycosylation, Selective Glycosylations, pp. 59-77.
8) Satoh, H., Hansen, H. S., Manabe, S., van Gunsteren, W. F., Hünenberger, P. H. (2010) Theoretical investigation of solvent effects on glycosylation reactions: Stereoselectivity controlled by preferential conformations of the intermediate oxacarbenium-counterion complex. *J. Chem. Theory Comput.* **6**, 1783-1797.

9) Podlasek, C. A., Wu, J., Stripe, W. A., Bondo, P. B., Serianni, A. S. (1995) [^{13}C]Enriched methyl aldopyranosides: structural interpretations of ^{13}C-^{1}H spin-coupling constants and ^{1}H chemical shifts. *J. Am. Chem. Soc.* **117**, 8635-8644.
10) Dabrowski, U., Friebolin, H., Brossmer, R., Supp, M. (1979) ^{1}H-NMR studies at *N*-acetyl-D-neuraminic acid ketosides for the determination of the anomeric configuration II. *Tetrahedron Lett.* **20**, 4637-4640.
11) Hori, H., Nakajima, T., Nishida, Y., Ohrui, H., Meguro, H. (1998) A simple method to determine the anomeric configuration of sialic acid and its derivatives by ^{13}C-NMR. *Tetrahedron Lett.* **29**, 6317-6320.
12) van der Vleugel, D. J. M., van Heeswijk, W. A. R., Vliegenthart, J. F. G. (1982) A facile preparation of alkyl α-glycosides of the methyl ester of *N*-acetyl-D-neuraminic acid. *Carbohydr. Res.* **102**, 121-130.
13) Haverkamp, J., van Halbeek, H., Dorland, L., Vliegenthart, J. F. G., Pfeil, R., Schauer, R. (1982) High-resolution ^{1}H-NMR spectroscopy of free and glycosidically linked *O*-acetylated sialic acids. *Eur. J. Biochem.* **122**, 305-311.
14) Christian, R., Schulz, G., Brandstetter, H. H., Zbiral, E. (1987) On the side-chain conformation of *N*-acetylneuraminic acid and its epimers at C-7, C-8, and C-7,8. *Carbohydr. Res.* 162, 1-11.
15) Okamoto, K., Kondo, T., Goto, T. (1987) Glycosylation of 4,7,8,9-tetra-*O*-acetyl-2-deoxy-2β,3β-epoxy-*N*-acetylneuraminic acid methyl ester. *Bull. Chem. Soc. Jpn.* **60**, 637-643.
16) Robertson, J. (2000) "Protecting group chemistry", Oxford Chemistry Primers.
17) Kocienski, P. J (2005) "Protecting groups: Foundations of organic chemistry" Thieme Publishing Group.
18) Wuts, P. G. M. (2014) "Greene's protective groups in organic synthesis" John Wiley & Sons Inc.
19) Imamura, A., Ando, H., Ishida, H., Kiso, M. (2005) Di-*tert*-butylsilylene-directed α-selective synthesis of 4-methylumbelliferyl T-antigen. *Org. Lett.* **7**, 4415-4418.
20) Ishiwata, A., Akao, H., Ito, Y. (2006) Stereoselective synthesis of a fragment of mycobacterial arabinan. *Org. Lett.* **8**, 5525-5528.
21) Plattner, C., Höfener, M., Sewald, N. (2011) One-pot azidochlorination of glycals. *Org. Lett.* **13**, 545-547.
22) Rodriguez, M. C., Yegorova, S., Pitteloud, J.-P., Chavaroche, A. E., André, S., Ardá, A., Minond, D., Jiménez-Barbero, J., Gabius, H-J. Cudic, M. (2015) Thermodynamic switch in binding of adhesion/growth regulatory human galectin-3 to tumor-associated TF antigen (CD176) and MUC1 glycopeptides. *Biochemistry* **54**, 4462-4474.
23) Alper, P. B., Hung, S. C., Wong, C. H. (1996) Metal catalyzed diazo transfer for the synthesis of azides from amines. *Tetrahedron Lett.* **37**, 6029-6032.
24) Vasella, A., Witzig, C., Chiara, J.-L., Martin-Lomas, M. (1991) Convenient synthesis of 2-azido-2-deoxy-aldoses by diazo transfer. *Helv. Chim. Acta.* **74**, 2073-2077.
25) Goddard-Borger E. D. and Stick, R. V. (2007) An Efficient, inexpensive, and shelf-stable diazotransfer reagent: Imidazole-1-sulfonyl azide hydrochloride. *Org. Lett.* **9**, 3797-3800.
26) Yu, B. and Suna, J. (2010) Glycosylation with glycosyl *N*-phenyltrifluoroacetimidates (PTFAI) and a perspective of the future development of new glycosylation methods. *Chem. Commun.* **46**, 4668-4679.
27) Chapman, A. W. (1925) Imino-aryl ethers. *J. Chem. Soc.* **127**, 1992-1998.
28) Codée, J. D. C., Litjens, R. E. J. N., van den Bos, L. J., Overkleeft, H. S., van der Marel, G.A. (2005) Thioglycosides in sequential glycosylation strategies. *Chem. Soc. Rev.* **34**, 769-782.
29) Yu, B. (2018) Gold (I) -catalyzed glycosylation with glycosyl *O*-alkynylbenzoates as donors, *Acc. Chem. Res.* **51**, 507-516.
30) Ishiwata, A., Lee, Y. J., Ito, Y. (2010) Recent advances in stereoselective glycosylation through intramolecular aglycon delivery. *Org. Biomol. Chem.* **8**, 3596-3608.
31) Kanie, O., Kiso, M., Hasegawa, A. (1988) Glycosylation using methylthioglycosides of *N*-acetylneuraminic acid and dimethyl (methylthio) sulfonium triflate. *J. Carbohydr. Chem.* **7**, 501-506.

32) Ito, Y., Numata, M., Sugimoto, M., Ogawa, T. (1989) Synthetic studies on cell-surface glycans. 65. Highly stereoselective synthesis of ganglioside GD3. *J. Am. Chem. Soc.* **111**, 8508-8510.
33) Tanaka, H., Nishiura, Y., Takahashi T. (2006) Stereoselective synthesis of oligo-α-(2,8)-sialic acids. *J. Am. Chem. Soc.* **128**, 7124-7125.
34) Komura, N., Kato, K., Udagawa, T., Asano, S., Tanaka, H., Imamura, A., Ishida, H., Kiso, M., Ando, H. (2019) Constrained sialic acid donors enable selective synthesis of α-glycosides. *Science* **364**, 677-680.
35) Fügedi, P., Birberg, W., Garegg, P. J., Pilotti, A. (1987) Synthesis of a branched heptasaccharide having phytoalexin-elicitor activity. *Carbohydr. Res.* **164**, 297-312.
36) Kanie, O., Ito, Y., Ogawa, T. (1994) Orthogonal glycosylation strategy in oligosaccharide synthesis. *J. Am. Chem. Soc.* **116**, 12073-12074.
37) Barany, G. and Merrifield, R. B. (1977) A new amino protecting group removable by reduction. Chemistry of the dithiasuccinoyl (Dts) function. *J. Am. Chem. Soc.* **99**, 7363-7365.
38) Fraser-Reid, B., Wu, Z, Udodong, U. E., Ottosson, H. (1990) Armed/disarmed effects in glycosyl donors: rationalization and sidetracking. *J. Org. Chem.* **55**, 6068-6070.
39) Tanaka, H., Adachi, M., Tsukamoto, H., Ikeda, T., Yamada, H., Takahashi, T. (2002) Synthesis of di-branched heptasaccharides by one-pot glycosylation using seven independent building blocks. *Org. Lett.* **4**, 4213-4216.
40) Seeberger, P. H. (2015) The logic of automated glycan assembly. *Acc. Chem. Res.* **48**, 1450-1463.
41) Panza, M., Pistorio, S. G., Stine, K., Demchenko, A. V. Automated chemical oligosaccharide synthesis: Novel approach to traditional challenges. *Chem. Rev.* **118**, 8105-8150.
42) Cheng, C. W., Wu, C. Y., Hsu, W. Li., Wong, C.-H. Programmable one-pot synthesis of oligosaccharides. *Biochemistry*, **59**, 3078-3088.
43) Dörner, B., White, P. 著、高橋孝志、田中浩士訳, NovaBioChem, 固相合成ハンドブック, https://www.merckmillipore.com/JP/ja/20191206_012313申し込みすればPDF で入手可能 (2023年4月現在)
44) Dawson, P. E., Muir, T. W., Clark-L. I., Kent, S. B. H. (1994) Synthesis of proteins by native chemical ligation. *Science* **266**, 776-779.
45) Hojo, H. and Aimoto, S. (1991) Polypeptide synthesis using the *S*-alkyl thioester of a partially protected peptide segment. Synthesis of the DNA-binding domain of *c*-Myb protein (142-193) -NH_2. *Bull. Chem. Soc. Jpn.* **64**, 111-117.
46) Malins, L. R. and Payne, R. J. (2014) Recent extensions to native chemical ligation for the chemical synthesis of peptides and proteins. *Curr. Opin. Chem. Biol.* **22**, 70-78.
47) Wang, P., Dong, S., Shieh, J.-H., Peguero, E., Hendrickson, R., Moore, M. A. S., Danishefsky, S. J. (2013) Erythropoietin derived by chemical synthesis. *Science* **342**, 1357-1360.
48) Murakami, M., Kiuchi, T., Nishihara, M., Tezuka, K., Okamoto, R., Izumi, M., Kajihara Y. (2016) Chemical synthesis of erythropoietin glycoforms for insights into the relationship between glycosylation pattern and bioactivity. *Sci. Adv.* **2**, e1500678.
49) 黒河内政樹 (2018) エンドグリコシダーゼを用いた糖タンパク質の糖鎖改変, *Trends Glycosci. Glycotechol.* **30**, J169-J179.
50) Takeda, N., Takei, T., Asahina, Y., Hojo, H. (2018) Sialyl Tn unit with TFA - Labile protection realizes efficient synthesis of sialyl glycoprotein. *Chem. Eur. J.* **24**, 2593-2597.
51) Hansen, T., Elferink, H., van Hengst, J. M. A., Houthuijs, K. J., Remmerswaal, W. A., Kromm, A., Berden, G., van der Vorm, S., Rijs, A. M., Overkleeft, H. S., Filippov, D. V., Rutjes, F. P. J. T., van der Marel, G. A., Martens, J., Oomens, Codée, J. D. C., Boltje, T. J. (2020) Characterization of glycosyl dioxolenium ions and their role in glycosylation reactions. *Nat. Commun.* **11**, 2664.
52) Tanaka, M., Nakagawa, A., Nishi, N., Iijima, K., Sawa, R., Takahashi, D., Toshima, K. (2018) Boronic-acid-catalyzed regioselective and 1,2-*cis*-stereoselective glycosylation of unprotected sugar acceptors via S_Ni-type mechanism, *J. Am. Chem. Soc.* **140**, 3644-3651.
53) Manabe, S., Satoh, H., Hutter, J., Lüthi, H.P., Laino, T., Ito, Y. (2014) Significant substituent effect on the anomerization of pyranosides: Mechanism of anomerization and synthesis of a 1,2-*cis* glucosamine oligomer from the 1,2-*trans* anomer. *Chem. Eur. J.* **20**, 124-132.

第5章

酵素反応

5-1　概観

糖に作用する酵素を大別すると、糖単位間のグリコシド結合に作用する酵素と、糖単位そのものに作用して変換する酵素がある。後者は、オキシダーゼやデヒドロゲナーゼのような酸化還元酵素、エピメラーゼのような異性化酵素、糖に付加したアセチル基などを切断するエステラーゼなど、多様な酵素が知られているが、ここでは前者について記す。グリコシド結合に作用する酵素は、さらに、(a) 結合を伸長する酵素、(b) 結合を切断する酵素、(c) 結合をつなぎ替える酵素、に大別される (図5-1)。英語では、(a) はGlycosyltransferase、(c) はTransglycosylaseとよんで区別されているが、日本語ではどちらも「糖転移酵素」とよばれるため、注意が必要である。本章では前者を単に「糖転移酵素」、後者を「トランスグリコシラーゼ」として区別する。

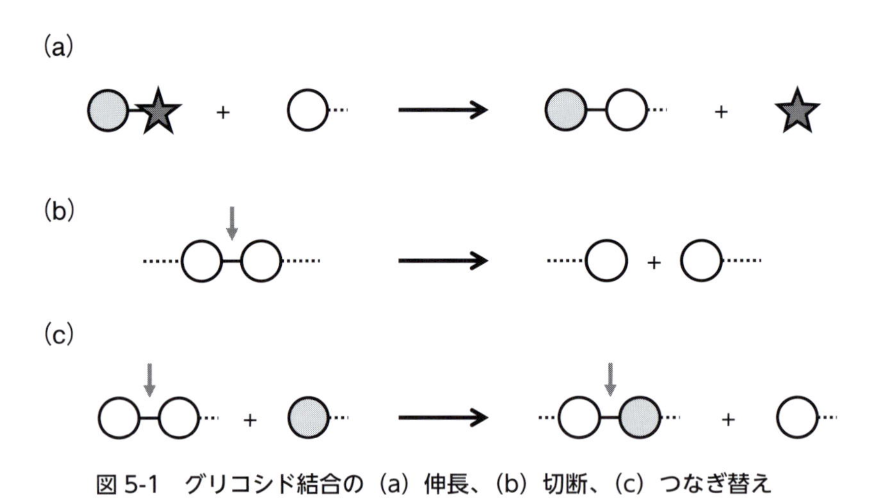

図 5-1　グリコシド結合の（a）伸長、（b）切断、（c）つなぎ替え

糖鎖を切断する酵素のサブサイトは、切断点から非還元末端側に－1、－2、－3……、還元末端側に＋1、＋2、＋3……、と表記する (図5-2) [1]。

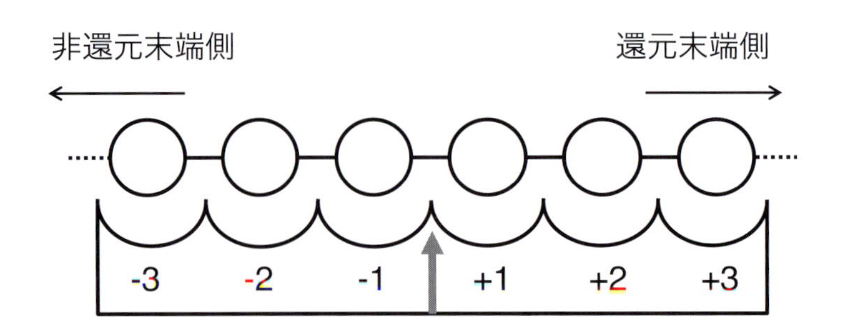

図 5-2　糖質分解酵素のサブサイトの表記法

グリコシド結合に作用する酵素はデータベースCAZy (Carbohydrate-Active enZymes, http://www.cazy.org) にまとめられている[2)]。本章で登場する酵素・タンパク質のファミリーは特記しない限り、すべてCAZyの情報に基づく (2024年1月現在)。CAZyに記載されている酵素およびファミリーの数は膨大であるため、一般向けの解説サイトとしてCazypedia (https://www.cazypedia.org) が作られている[3)]。Cazypediaはそれぞれのファミリーの専門家が執筆・監修者として参加しているwiki形式のwebサイトであり、常にアップデートされている。

5-2　酵素の分類

5-2-1　糖転移酵素 (GlycosylTransferases)

活性化された供与体基質を用いて糖鎖を伸長する糖転移酵素は、CAZyではGlycosylTransferase (GT) という酵素クラスに分類されている。糖転移酵素は糖ヌクレオチドなどを供与体として、グリコシル基を受容体のアルコール基などに転移する反応を触媒する。通常は*O*-グリコシド結合が生成されるが、*N*-、*S*-、*C*-グリコシド結合ができる場合もある。糖転移酵素の供与体はuridine 5′-diphosphate (UDP) やguanosine 5′-diphosphate (GDP) などで活性化された糖ヌクレオシド二リン酸だが、cytidine 5′-monophosphate (CMP) などで活性化された糖ヌクレオシド一リン酸、ドリコールリン酸などで活性化された糖脂質の場合もある。国際生化学分子生物学連合の命名法委員会 (NC-IUBMB) が管理している酵素番号では主にEC 2.4に分類される。糖転移酵素は糖鎖の合成において中心的な役割を果たし、その基質特異性により特定の単糖が並んだ直鎖あるいは分岐鎖が作られる。生物が多様な糖鎖を合成するために多数の糖転移酵素が存在し、CAZyのGTファミリーの数は100を超える。受容体をタンパク質やペプチド、脂質、DNA、その他の低分子とする糖転移酵素もある。それらの酵素は糖タンパク質、プロテオグリカン、糖脂質などの生合成において糖鎖合成の最初の糖転移を担い、その他大多数の糖転移酵素が糖鎖の伸長を担う。

5-2-2　糖質加水分解酵素 (Glycoside Hydrolase)

グリコシド結合を切断する酵素 (グリコシダーゼ) の多くは糖質加水分解酵素 (Glycoside Hydrolase: GH) である。糖鎖 (糖質) の分解酵素は合成酵素を超える多様性が存在することが知られている。GHファミリーの数は現時点で約180であり、CAZyにおいて最大で成長も著しい酵素クラスになっている。糖質加水分解酵素はグリコシド結合に水を導入して切断し、糖ヘミアセタール (またはヘミケタール) とアグリコンを遊離する。糖質加水分解酵素は通常*O*-グリコシド結合に作用するが、*N*-グリコシド結合や*S*-グリコシド結合を切断する酵素もあり、これらはまとめてEC 3.2に分類される。でん粉を分解するアミラーゼや、セルロースを分解するセルラーゼなど、工業的な利用価値が高い多糖分解酵素の多くが糖質加水分解酵素の範疇に入る。糖鎖の生合成においても、糖質加水分解酵素が作用するステップが品質管理の上で重要となる例が知られている。

糖鎖を切断する酵素の作用様式として、結合の中ほどをランダムに切断するエンド型と、結合の末端に作用し単糖または二糖を遊離するエキソ型がある。エキソ型酵素の多くは非還元末端に作用するが、還元末端側から切断するエキソ型酵素もある。多糖の分解には、一般的にエンド型酵素とエキソ型酵素が協同的に作用して効率的に分解する。糖タンパク質の*N*-結合型糖鎖の生合成においては、エキソ型の糖質加水分解酵素（グルコシダーゼⅠ、Ⅱ等）が作用してできた中間体が、その後の糖転移酵素による合成に必要となる。

様々な糖質加水分解酵素が協同的に作用する例として*Trichoderma*属糸状菌によるセルロースの酵素分解システムを示す（図5-3）。セルロース分解には複数のエンド型酵素とエキソ型酵素がかかわり、これらが総称してセルラーゼとよばれる。エンドグルカナーゼはセルロースの結晶性の緩んだグルカン鎖をエンド型で切断する。セルロース分解の主役はセロビオヒドロラーゼとよばれるエキソ型酵素で、結晶性セルロースに結合する糖質結合モジュール（Carbohydrate-Binding Module: CBM）を有する。セロビオヒドロラーゼは二糖のセロビオースを遊離するが、還元末端側から作用するセロビオヒドロラーゼⅠと非還元末端から作用するセロビオヒドロラーゼⅡがあり相補的に働く。セロビオヒドロラーゼはトンネル型の基質結合部位を持ち、一度グルカン鎖を結合したら、セルロース上を移動しながら複数回の切断を行う性質を持つプロセッシブ酵素である。典型的なエキソ型酵素であるβ-グルコシダーゼは、セロビオースを単糖（グルコース）に分解することにより、セロビオヒドロラーゼやエンドグルカナーゼの産物阻害を緩和している。

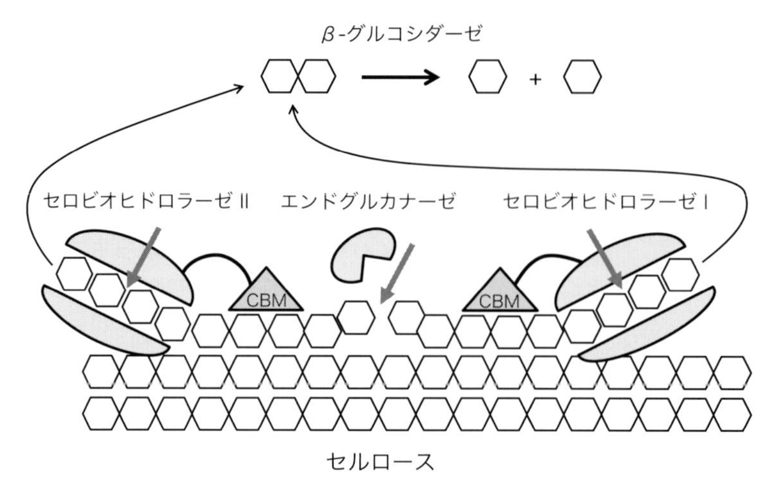

図5-3　糸状菌セルラーゼによるセルロースの分解

5-2-3　トランスグリコシラーゼ（糖鎖つなぎ替え型糖転移酵素）

GHファミリーに属する酵素には、糖鎖の切断に伴い、水の導入ではなく糖を受容体とする糖転移反応により、もっぱら鎖のつなぎ替えを行う酵素（トランスグリコシラーゼ）が存在する。有名な例としては、直鎖状のアミロース（α-グルカン）を基質として分子内糖転移を行い、環状のシクロデキストリンを生成するシクロデキストリングルカノトランスフェラーゼ（CGTase）がある（図5-4a）。CGTaseに似た酵素に、分子間転移による直鎖のオリゴ糖のつなぎ替えや、分子内転移による大環状（重合度10以上）のα-グルカン（シクロアミロース）の生成を触媒する4-α-グルカノトランスフェラーゼがある。均一な重合度のオリゴ糖の分子間の糖転移が起これば、不均化反応となる（図5-4b）。でん粉やグリコーゲンの生合成に関与する酵素としては、α1-4結合に作用してα1-6結合を生成する1,4-α-グルカン枝作り酵素（通称：枝作り酵素）がある（図5-4c）。

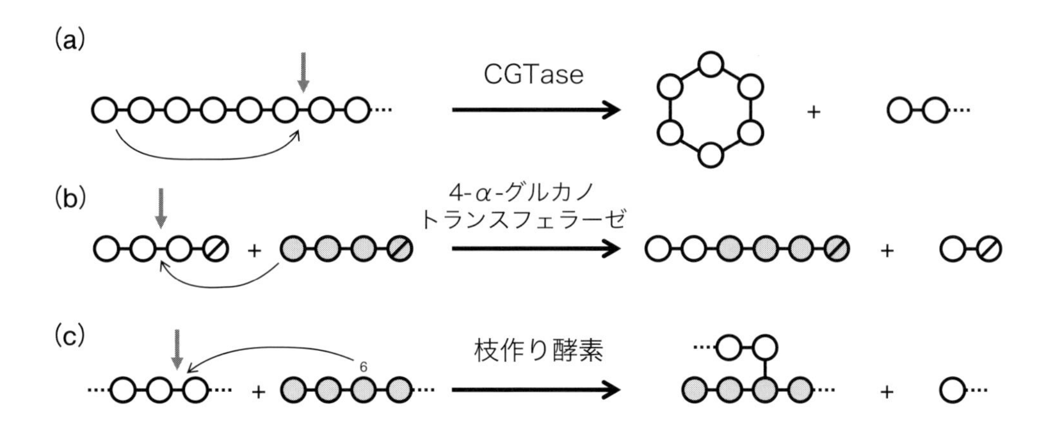

図5-4　トランスグリコシラーゼによる糖鎖のつなぎ替え
各酵素による、(a) アミロースの分子内転移とα-シクロデキストリンの生成、(b) 2分子のマルトテトラオースの分子間転移でマルトヘキサオースとマルトースが生じる不均化反応、(c) α1-6結合の分岐の生成を例として示した。還元末端のグルコースを斜線で表している。

トランスグリコシラーゼは反応様式に基づいて糖ヌクレオチドを供与体とする糖転移酵素と同じくEC 2.4に分類されている。しかし、その反応機構はアノマー保持型の加水分解酵素の亜種であり（後述）、原理的に糖鎖を伸長させることはない。糖転移と加水分解の両方の活性を持つ酵素も多い。実際、CGTaseには弱いながらも加水分解活性が見られる。また、ネオプルラナーゼのようにα1-4結合とα1-6結合のいずれにも作用し、糖転移と加水分解の両方の反応を触媒する酵素も知られている[4)]。でん粉に作用して様々な変換を行う酵素群は、それらの代表的な酵素名を冠してα-アミラーゼファミリーとよばれており（CAZyのファミリー分類とは関係ない）、基質特異性と反応特性の違いにより2次元にマッピングできる（図5-5）。

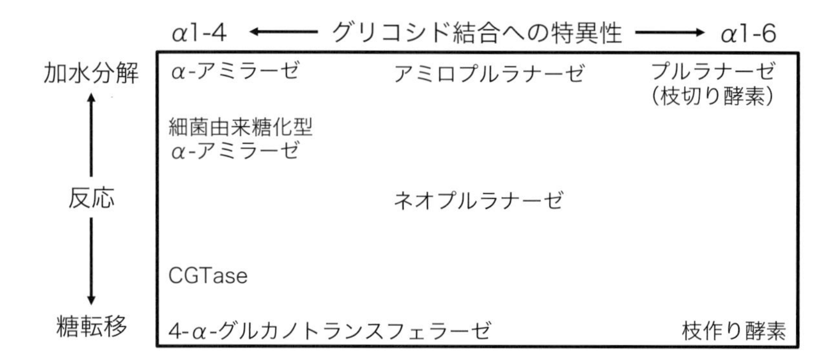

図 5-5　α-アミラーゼファミリーの概念図（文献 4 改変）

5-2-4　多糖リアーゼ (Polysaccharide Lyase)

多糖リアーゼは加水分解ではなく、脱離反応により糖鎖を切断する酵素であり、EC 4.2.2に分類される。一般的な多糖リアーゼは基質のウロン酸 (グルクロン酸のようにC6位がカルボキシ基になっている糖) の4位に結合している糖を5位の水素とともにβ-脱離し、二重結合を含む不飽和ウロン酸末端と還元末端を生成する (図5-6a)[5]。CAZyの酵素クラスとしてのPLはGHほど多様ではないが、近年増加傾向にあり、約40のPLファミリーが記載されるようになった。一方、GH (ファミリー 31) には一般的な糖質加水分解酵素に加えて、β-脱離機構によりα-グルカンを切断して不飽和末端 (互変異性化によりケト型の1,5-アンヒドロフルクトースになる) を生じる酵素 (α-グルカンリアーゼ) が含まれる (図5-6b)。この場合は、一般的なアノマー保持型機構 (5-4節参照) の脱グリコシル化ステップで加水分解ではなく脱離反応が起こる機構が想定されている[6]。

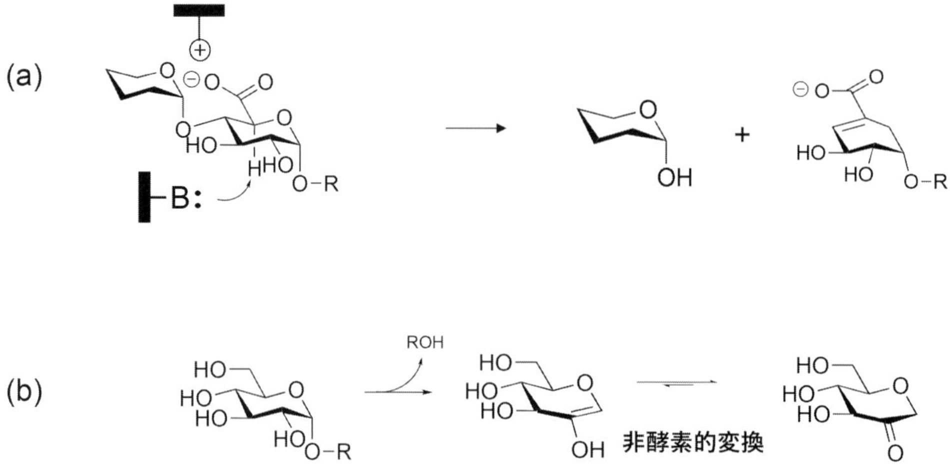

図 5-6　一般的な多糖リアーゼ (a) とα-グルカンリアーゼ (b) の反応
(Cazypedia および文献 5 を基に作成)

5-2-5　糖質ホスホリラーゼ (Glycoside Phosphorylase)

糖質ホスホリラーゼは、グリコシド結合に水ではなく無機リン酸 (オルトリン酸) を導入して切断する酵素である。この反応は加水分解 (hydrolysis) に対して、加リン酸分解 (phosphorolysis) とよばれる。これまで知られている糖質ホスホリラーゼはすべてエキソ型酵素であり、単糖の1位がリン酸化された産物 (糖-1リン酸) を糖基質の非還元末端側から遊離する (図5-7)。糖基質は二糖〜オリゴ糖の場合が多いが、グリコーゲンやでん粉などの多糖の場合もある。

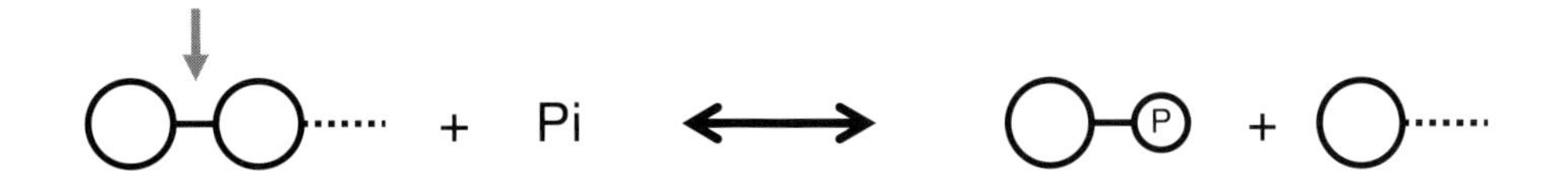

図 5-7　糖質ホスホリラーゼの作用

糖-1リン酸の持つエネルギーは糖ヌクレオチドほど高くないため、加リン酸分解反応は可逆的となる。実際、糖質ホスホリラーゼは生体内において分解・合成のいずれの方向にも反応を触媒し得る。このような性質を利用して、*in vitro* でオリゴ糖の大量酵素合成に用いることもできる。ただし、糖-1-リン酸は下流の解糖系にキナーゼを必要とせずに (ATPを消費することなく) 入ることができるため、糖質ホスホリラーゼは動物の筋肉や嫌気性細菌など、酸素の供給が限られる環境で効率的な糖質分解 (エネルギー生産) が必要となる細胞内での代謝にかかわることが多い。

糖質ホスホリラーゼはその反応様式から糖ヌクレオチドを用いる糖転移酵素と同じEC 2.4に分類される。ところが、タンパク質としての分類においては、GT (糖転移酵素) 型の酵素とGH (糖質加水分解酵素) 型の酵素に大別されることがわかってきた。最も古くから研究されているグリコーゲンホスホリラーゼ (および類似のでん粉/マルトデキストリンホスホリラーゼ) は、ピリドキサールリン酸 (PLP) を補酵素としており、タンパク質の立体構造や反応機構の観点から、CAZyでは糖転移酵素と同じGTファミリーに分類されている。しかし、それ以外のほとんどの糖質ホスホリラーゼは、糖質加水分解酵素と立体構造および反応機構の両方で類似性を示すため、GHファミリーに分類されている。すなわち、GH型の糖質ホスホリラーゼは、加水分解酵素で水が入るのに相当する位置にリン酸が入り、グリコシル基と反応するような活性部位を持つ。以前は糖質ホスホリラーゼの数は極めて限られていたが、多様なオリゴ糖の合成を目指して新規酵素が探索・発見された結果、現在ではGTで2つ、GHで7つのファミリーに記載されるようになり、EC番号でも30以上の酵素が知られるようになった[7]。

5-3　アノマー保持型酵素と反転型酵素

グリコシド結合の切断および生成において、反応前後にアノマー位の立体化学が保持されるタイプと反転するタイプがあることが知られている。図5-8では糖質加水分解酵素での4パターンを示したが、糖転移酵素や糖質ホスホリラーゼにもアノマー保持型酵素と反転型酵素の両方が存在する。α-アミラーゼは保持型加水分解酵素であるが、基質のでん粉またはアミロース（α-グルカン）を切断して、還元末端にα-アノマーを生じるために、この名前がつけられている。反転型酵素であるβ-アミラーゼにおいても、遊離する産物がβ-マルトースであるためにこのような名称になっている。糖質加水分解酵素においては、約160のGHのファミリーのうち約3分の2が保持型で、残りの3分の1程度が反転型であるが、例外的に1つのファミリーに保持型と反転型酵素が混在する例も見つかっている。

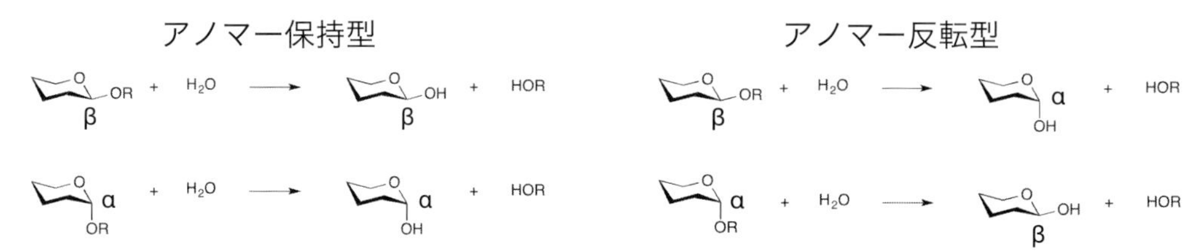

図5-8　糖質加水分解酵素
(https://www.cazypedia.org/index.php/Glycoside_hydrolases を基に作成)

5-4　糖質加水分解酵素の反応機構

保持型加水分解酵素の反応機構は、非共有結合状態のイオン性中間体（オキソカルベニウムイオン中間体）を経る「Phillips機構」[8]とグリコシル-酵素共有結合中間体を経る「Koshland機構」[9]を代表としたいくつかの機構が提唱されており、現在でも議論が続けられている。また、糖が開環した中間体を経てグリコシド結合が切断される場合もあることが示されており[10]、酵素の中でもそのような機構で反応が進む可能性も残されている。ここではKoshland機構をベースにWithersらが中心になって提唱してきた二重置換反応の機構に基づいて説明する（図5-9）[11]。

糖質加水分解酵素の活性中心残基は、多くの場合、2つのカルボキシ基を持ったアミノ酸残基（グルタミン酸またはアスパラギン酸）である。保持型酵素の場合はこれらの残基の間の距離が約5.5 Åとなっていることが多い[12]。最初のグリコシル化ステップでは、片方の残基が求核触媒として働く。サブサイト-1に結合した糖のアノマー炭素（C1）の求核攻撃によりアグリコンが遊離して、アノマーが反転したグリコシル-酵素中間体を形成する。もう片方の残基は一般酸触媒として働き、グリコシド結合の切断において

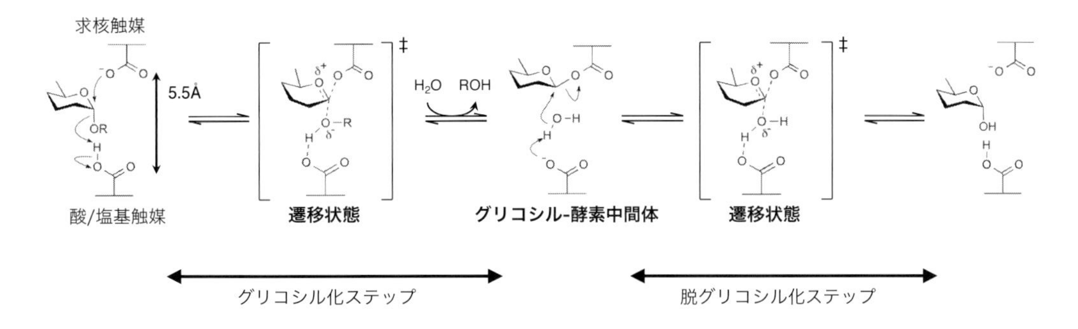

図 5-9　保持型加水分解酵素の反応機構の一例
(https://www.cazypedia.org/index.php/Glycoside_hydrolases を基に作成)

酸素原子をプロトン化する。次の脱グリコシル化ステップでは、グリコシル-酵素中間体が加水分解される。先ほど一般酸触媒として働いた残基が、このステップでは一般塩基触媒として働き、水分子を脱プロトン化することによりその求核攻撃を助ける。脱グリコシル化により、アノマー位立体化学が保持された産物を遊離する。速度論的同位体効果 (kinetic isotope effect) などの実験により、それぞれの遷移状態でオキソカルベニウムイオン様の状態をとると推定されている。

反転型加水分解酵素の反応は一段階で起こると考えられている。ここではオキソカルベニウムイオン様の遷移状態を経由する単置換反応の例を示す (図5-10)。反転型加水分解酵素の場合、2つのカルボキシ基の距離は6～11 Åと比較的広く、水が入る余地がある[12]。この水分子 (求核水とよばれることがある) は一般塩基触媒の働きにより脱プロトン化して活性化され、切断されるグリコシド結合のアノマー炭素を攻撃する。一般酸触媒はグリコシド結合の酸素原子をプロトン化する。その結果、グリコシド結合が切断され、アノマー位の立体化学が反転した産物を生成する。

ここで挙げた2つの機構は、いくつかの実験・観測結果や計算科学的手法により検証が行われており、糖質加水分解酵素の標準的な反応機構であると考える研究者が増えて

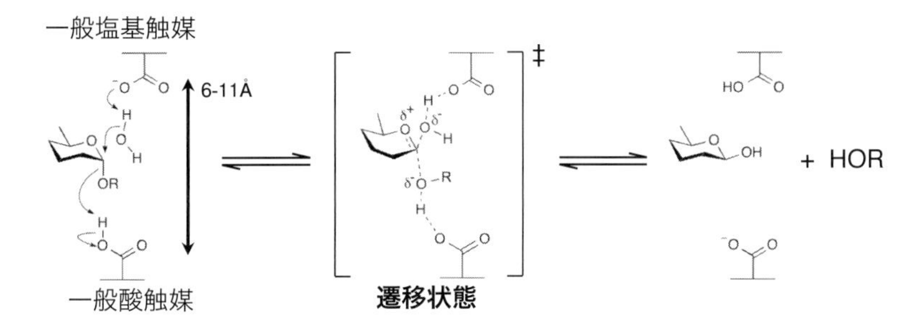

図 5-10　反転型加水分解酵素の反応機構の一例
(https://www.cazypedia.org/index.php/Glycoside_hydrolases を基に作成)

きている。しかし、酵素反応の詳細は直接観測することが事実上不可能であり、今後も検証を重ねる必要がある。また、これらの反応機構がすべてのGHファミリーに当てはまるとは限らないことに留意する必要がある。求核触媒残基がチロシンである場合（シアリダーゼなど）、アスコルビン酸を補酵素としてチオグリコシド結合を切断する場合（ミロシナーゼなど）、NAD依存性の場合など、特定のGHファミリーで見つかった例外的な機構は枚挙にいとまがない[13]。ここでは、よく知られている例として基質補助型（隣接基関与）機構を挙げる（図5-11）。2位に*N*-アセチル（アセトアミド）基を持つ基質に作用する加水分解酵素の一部においては（すべてではない）、基質の2-アセトアミド基が分子内の求核基として働き、オキサゾリン（あるいはオキサゾリウムイオン）中間体を形成する。近傍に存在するアスパラギン酸残基は遷移状態で生じる正電荷を安定化すると言われているが、この残基がアスパラギンの場合もあり、中間体がどのような状態をとるのかも含めて、基質補助型機構の詳細についても議論の余地がある。

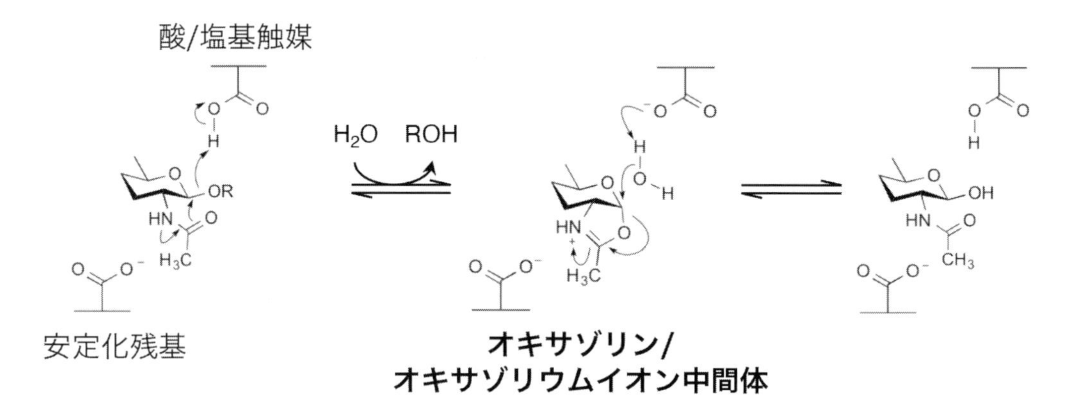

図5-11　基質補助型（隣接基関与）機構
(https://www.cazypedia.org/index.php/Glycoside_hydrolasesを基に作成)

5-5　転移反応の機構

トランスグリコシラーゼはすべてアノマー保持型酵素である。これらは保持型加水分解酵素と同じGHファミリーに属しており、それらと類似した立体構造と活性部位を持つことから、脱グリコシル化ステップにおいて水ではなく糖が活性部位に入って受容体となることにより、糖転移反応が起こると考えられている（図5-12）。

糖質ホスホリラーゼの場合には、アノマー保持型と反転型の酵素が存在する。GH型の糖質ホスホリラーゼでは、いずれの場合にも、一般的な糖質加水分解酵素で水が入るべき部位にリン酸が入ることにより、加リン酸分解反応が起こると考えられている。

糖転移酵素の場合には、Mn^{2+}やMg^{2+}のような2価の金属イオンを反応に必要とする

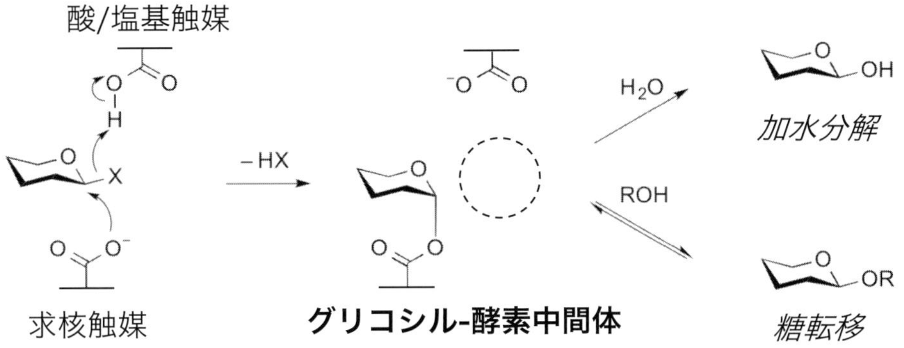

図 5-12　糖質加水分解酵素（アノマー保持型）とトランスグリコシラーゼ
点線で囲んだ部分に位置が入るか糖（受容体）が入るかにより反応結果が変わる。
(https://www.cazypedia.org/index.php/Glycoside_hydrolases を基に作成)

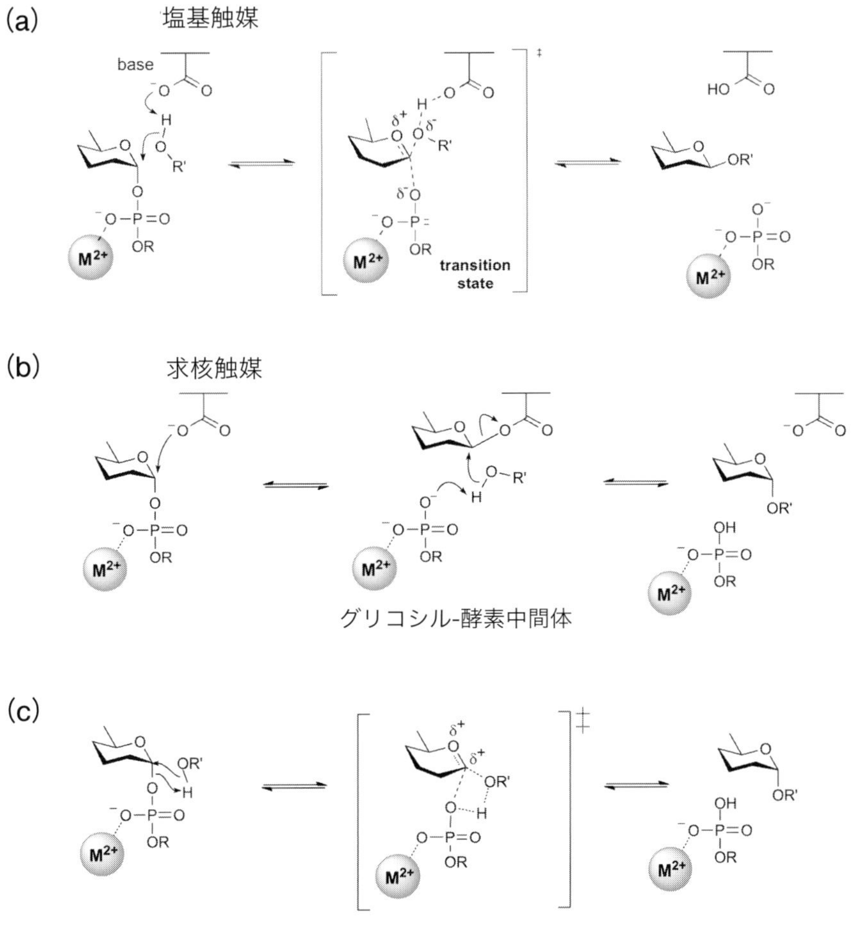

図 5-13　糖転移酵素の推定反応機構
(a) 反転型、(b) 保持型（Koshland 型）、(c) 保持型（S_Ni 型）
(https://www.cazypedia.org/index.php/Glycoside_hydrolases を基に作成)

ことが多い。金属イオンは糖供与体（糖ヌクレオチドなど）のリン酸基に配位して反応を助ける。糖転移酵素にもアノマー保持型と反転型の酵素が存在する。アノマー反転型の糖転移酵素は、一般塩基触媒により受容体が脱プロトン化される単置換反応が想定されている（図5-13a）。アノマー保持型の糖転移酵素の反応機構は未だに証拠に乏しいが、現在想定されている2種類の機構として、Koshland型の反応機構（図5-13b）とS_Ni型の反応機構（図5-13c）を示す。

5-6　糖の立体配座の変化

β-グリコシド結合を切断する酵素の反応過程においては、基質のサブサイト-1の糖が、基底状態の$^4C_1$の立体配座から大きく歪む必要がある（図5-14）。これは、β-グルコシド基の場合、H1（アノマー炭素に結合した水素原子）、H3、H5が求核触媒の攻撃を立体障害により妨げることが主な理由とされている[14]。また、立体電子効果の寄与（糖の環内酸素の孤立電子対と切断される結合がアンチペリプラナー配座になる必要性）もあるのではないかと言われている[15]。通常の場合、ミカエリス（ES）複合体における糖は$^1S_3$かそれに類似した立体配座（$^{1,4}B$など）をとると考えられている。遷移状態においては、オキソカルベニウムイオン様の状態であるならば、環内酸素（O5）とアノマー炭素（C1）の間が二重結合性を帯びるので、C5-O5-C1-C2の4原子はほぼ同一平面上にくる必要がある。したがって、遷移状態付近では$^4H_3$かそれに類似したコンフォメーション（^4EまたはE_3）をとると予想されている。β-マンノシダーゼの場合には、遷移状態においてβ-マンノースがボート型立体配座（$^{2,5}B$または$B_{2,5}$）を経由する酵素も存在すると考えられている。

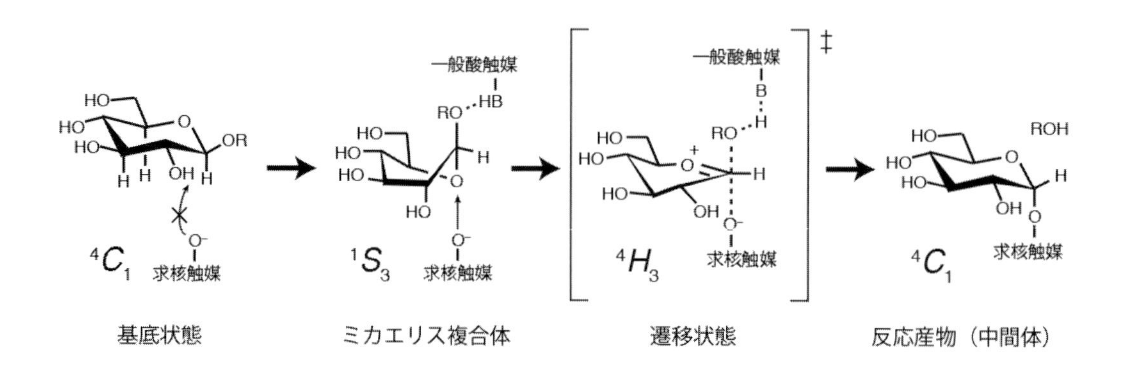

図5-14　β-グルコシド結合に作用する糖質加水分解酵素における、サブサイト-1の糖の立体配座の変化
保持型酵素のグリコシル化段階を示した（「バイオマス分解酵素研究の最前線」シーエムシー出版（2012）第10章の4より再録）。

5-7　酵素を用いたグリコシド合成の実際

酵素反応をグリコシド合成に用いる場合、常温常圧下の温和な反応条件で行えること、および反応特異性が高いため特定の保護基を用いることなくグリコシドを合成できることが利点として挙げられる。酵素反応は水溶液中で反応が進行するため、目的グリコシドの大量調製を行える場合も多い。そのため食品用途のオリゴ糖の多くは酵素反応により製造されている。反面、入手可能な酵素により行える反応は限定されるため、合成可能なグリコシドが限定されることが欠点である。酵素合成・有機合成にはそれぞれ利点と欠点があるため、合成物の種類、使用目的（必要量）などを考慮の上、酵素法・有機合成法のどちらを採用するのか考えるとよい。

グリコシドの酵素合成には、糖転移酵素、糖質ホスホリラーゼ、トランスグリコシラーゼや保持型糖質加水分解酵素の糖転移反応がよく用いられる。また、変異型糖質加水分解酵素を用いた合成法も報告されている。

糖転移酵素を用いると、UDP-糖やGDP-糖など糖ヌクレオチドをドナー基質としてアクセプター分子に糖転移反応を行うことによりグリコシドを合成することができる。糖転移酵素の反応特異性は極めて高い場合が多く、選択的に目的物を得ることができる。反面、糖転移酵素は不安定なものが多く酵素を大量調製することが難しい場合が多い。また、糖ヌクレオチドも一般的に高価である。さらに、多くの糖転移酵素はドナー基質に対する親和性が非常に強く1 mM程度以下の低濃度基質での活性は高いものの、例えば10 mM以上程度のドナー基質により強い基質阻害を受ける。そのため、反応時の基質濃度を十分に高めることができず、糖転移酵素の*in vitro*反応によるグリコシドの大量調製は難しいことが多い。糖転移酵素を用いたグリコシドの大量調製は、酵素遺伝子を発現させた微生物等を利用した発酵法により行われることが多い。

糖質ホスホリラーゼを用いる反応では、ドナー基質となる糖1-リン酸とアクセプター糖を反応させる逆加リン酸分解反応によりグリコシドを合成できる。糖質ホスホリラーゼの基質特異性は一般に高いため特定のグリコシドの合成を行うことができる。糖1-リン酸による強い基質阻害は報告されていないため、高基質濃度での反応も可能である。また、糖質ホスホリラーゼの触媒する加リン酸分解反応は糖転移酵素の反応と異なり可逆である。そのため、生成する糖1-リン酸の共通する糖質ホスホリラーゼを組み合わせる酵素カスケード法により原料オリゴ糖から異なるオリゴ糖をワンポット合成することができる（図5-15）[16]。

オリゴ糖1 + リン酸	⟷	糖1-リン酸 + 受容体1	GP1の分解反応
糖1-リン酸 + 受容体2	⟷	オリゴ糖2 + リン酸	GP2の合成反応
オリゴ糖1 + 受容体2	⟷	オリゴ糖2 + 受容体1	二酵素+触媒量リン酸

図 5-15　糖質ホスホリラーゼの組み合わせによる酵素カスケード法の原理図

2つの酵素反応をワンポットで行うことを想定すると、両辺に登場する化合物はリサイクルされるので反応中触媒量存在すればよい。同一の糖1-リン酸を生成する糖質ホスホリラーゼを組み合わせることにより、触媒量のリン酸の存在下に糖質ホスホリラーゼ1 (GP1) の基質となるオリゴ糖を原料として糖質ホスホリラーゼ2 (GP2) の基質となるオリゴ糖を調製することができる。

スクロースは砂糖として安価に入手できる二糖である。スクロースの持つ結合エネルギーが高いため、スクロースを出発原料とすると目的物が高収率で生成される。スクロースホスホリラーゼはスクロースを加リン酸分解してα-グルコース1-リン酸を生成するため、他のα-グルコース1-リン酸を生成する糖質ホスホリラーゼと組み合わせることによりそれらの酵素の基質となるオリゴ糖を収率よく調製することができる。この方法により、アミロース、セロビオース、ラミナリビオース、トレハロース等の調製ができる。また、異なる糖1-リン酸の酵素変換系を糖質ホスホリラーゼ組み合わせ反応に組み込むことにより異なる糖1-リン酸を基質とする糖質ホスホリラーゼを組み合わせた酵素カスケード法を構築することも可能になる。なかでもα-グルコース1-リン酸のα-ガラクトース1-リン酸への変換は効率的に行うことができるため、スクロースを出発としたGal (β1-3) GlcNAcなどβ-ガラクトシド糖のワンポット大量調製 (図5-16) が報告されている[17]。

スクロース + リン酸	⟷	α-Glc1*P* + フラクトース	SP	糖質ホスホリラーゼ
α-Gal1*P* + GlcNAc	⟷	Gal(β1→3)GlcNAc + リン酸	GLNBP	
UDP-Gal + α-Glc1*P*	⟷	UDP-Glc + α-Gal1*P*	GalT	ガラクトース代謝関連酵素
UDP-Glc	⟷	UDP-Gal	GalE	
スクロース + GlcNAc	⟷	Gal(β1→3)GlcNAc + フラクトース		

（四酵素+触媒量リン酸+触媒量UDP-Glc）

図 5-16　α-グルコース 1-リン酸を α-ガラクトース 1-リン酸に変換する酵素系を組み込んだ酵素カスケード法による Gal (β1-3) GlcNAc の合成

2 種のガラクトース代謝関連酵素のカスケード反応で α-グルコース 1-リン酸が α-ガラクトース 1-リン酸に変換されることにより、異なる糖 1-リン酸を生成する糖質ホスホリラーゼのカスケード反応が成立する。SP：スクロースホスホリラーゼ、GLNBP：Gal(β1-3)HexNAc ホスホリラーゼ、GalT：UDP グルコース - ヘキソース 1-リン酸ウリジリルトランスフェラーゼ、GalE：UDP グルコース 4- エピメラーゼ。

糖質加水分解酵素による糖転移反応は保持型糖質加水分解酵素にのみ見られる反応である。トランスグリコシラーゼも原則として保持型酵素に限られる。糖転移反応とはすでに結合している糖（グリコシド）を別の糖に移動させる反応であり、反応中に水の関与がない。そのため酵素反応が行われる水溶液中でも効率的に行うことができる場合が多い。基本的に特定のグリコシドを同じ結合で別の糖に結合させるため、原料と同じ結合のグリコシドを調製することができる。この反応はフルクトオリゴ糖やガラクトオリゴ糖などの食品用オリゴ糖の製造にも用いられる（図5-17）[18]。

糖転移反応では、エネルギーの高い結合からエネルギーの低い結合に変換する反応を行うことができる。そのため、例えばα-グルコシダーゼによる糖転移反応で、マルトース［Glc（α1-4）Glc：2級水酸基に対するグルコシド］を出発にしてパノース［Glc（α1-6）Glc（α1-4）Glc］やイソマルトース［Glc（α1-6）Glc：1級水酸基に対するグルコシド］を調製することはできる（図5-17b）が、イソマルトースからの糖転移によってイソパノース［Glc（α1-4）Glc（α1-6）Glc］やマルトースを高効率で生成することはできない。

原料	酵素	生成物
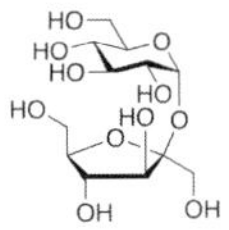 フルクトース	β-フルクトシダーゼ	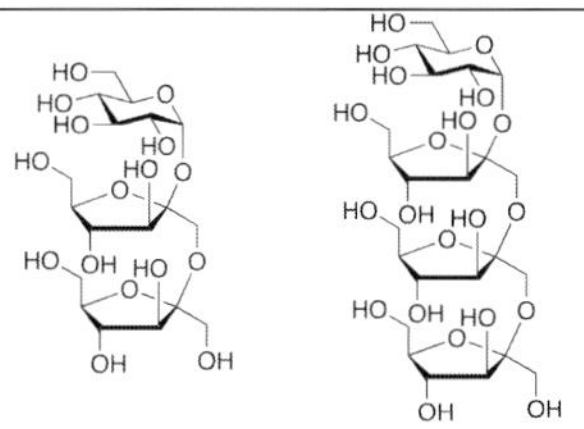 フルクトオリゴ糖　etc.
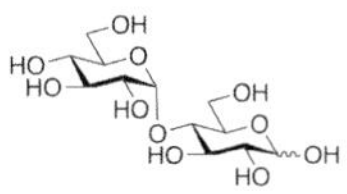 マルトース	α-グルコシダーゼ	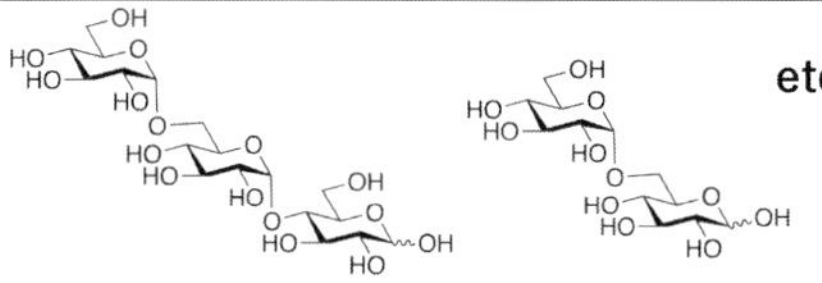 イソマルトオリゴ糖　etc.
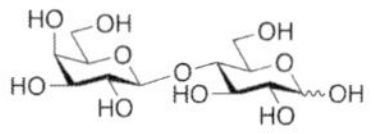 ラクトース	β-ガラクトシダーゼ	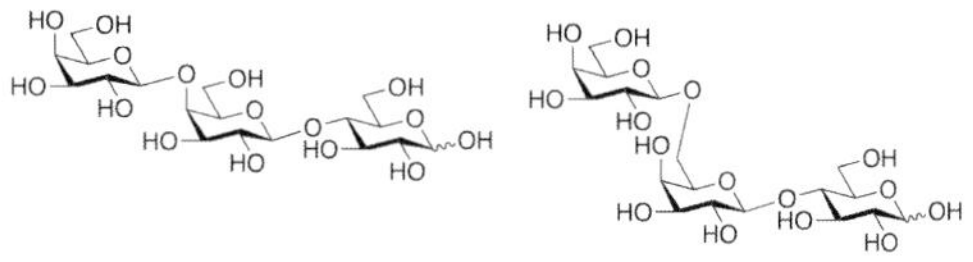 ガラクトオリゴ糖

図5-17　食品産業で用いられる糖転移反応によるオリゴ糖製造法
（a）フルクトオリゴ糖、（b）イソマルトオリゴ糖、（c）ガラクトオリゴ糖

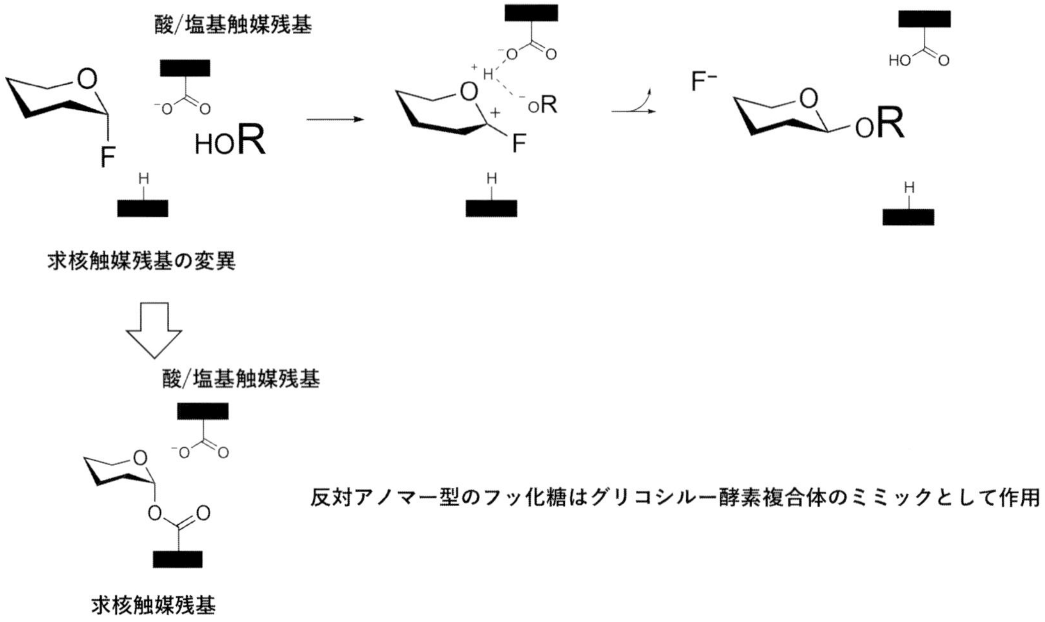

酸/塩基触媒残基

求核触媒残基の変異

酸/塩基触媒残基

反対アノマー型のフッ化糖はグリコシルー酵素複合体のミミックとして作用

求核触媒残基

図 5-18 グライコシンターゼの模式図

糖転移反応のドナー基質として、酵素活性測定に用いられる*p*-ニトロフェニルグリコシドなどのアリールグリコシドやハロゲン化糖の中で唯一プロトン性溶媒中での水酸基保護基の脱保護の可能なフッ化糖を用いることもある。これらの化合物は、試薬としての合成物の入手あるいは化学合成が比較的容易である。

糖質加水分解酵素の活性部位変異酵素を用いてグリコシドの合成が行われることもある。例えば、保持型糖質加水分解酵素の求核触媒残基を不活性な残基に置換することにより、本来の反応と反対のアノマー型のフッ化糖を基質としたグリコシドの合成を触媒することがある(図5-18)。この場合、活性残基がないため新たに生成したグリコシドは加水分解を受けずに蓄積する。ドナーとして用いるフッ化糖はβ-グルコシダーゼの場合はα-グルコシルフルオリドになる。このような変異糖質加水分解酵素はグライコシンターゼ(glycosynthase)とよばれる[19]。種々の保持型糖質加水分解酵素の求核触媒残基変異酵素に同様の活性が確認されている。

求核触媒残基を不活性アミノ酸残基に変異した保持型糖質加水分解酵素において、反対アノマー型のフッ化糖がグリコシル-酵素複合体のミミックとして作用しグリコシド結合を生成する。変異酵素は加水分解活性を失っているため合成されたグリコシドが蓄積する。

β-*N*-アセチルグルコサミニド結合を切断する基質補助型反応機構を持つ酵素におい

て、オキサゾリウム中間体の形成に関与する残基を置換した変異酵素は、加水分解活性が大きく低下するが、合成したオキサゾリン基質をドナーとした糖転移反応は触媒する。エンド-β-*N*-アセチルグルコサミニダーゼの変異酵素により、オキサゾリン体を糖供与体とした糖転移反応により*N*-結合型糖鎖を丸ごと付加することができる（図5-19）[20]。この変異酵素もグライコシンターゼとよばれることがある。

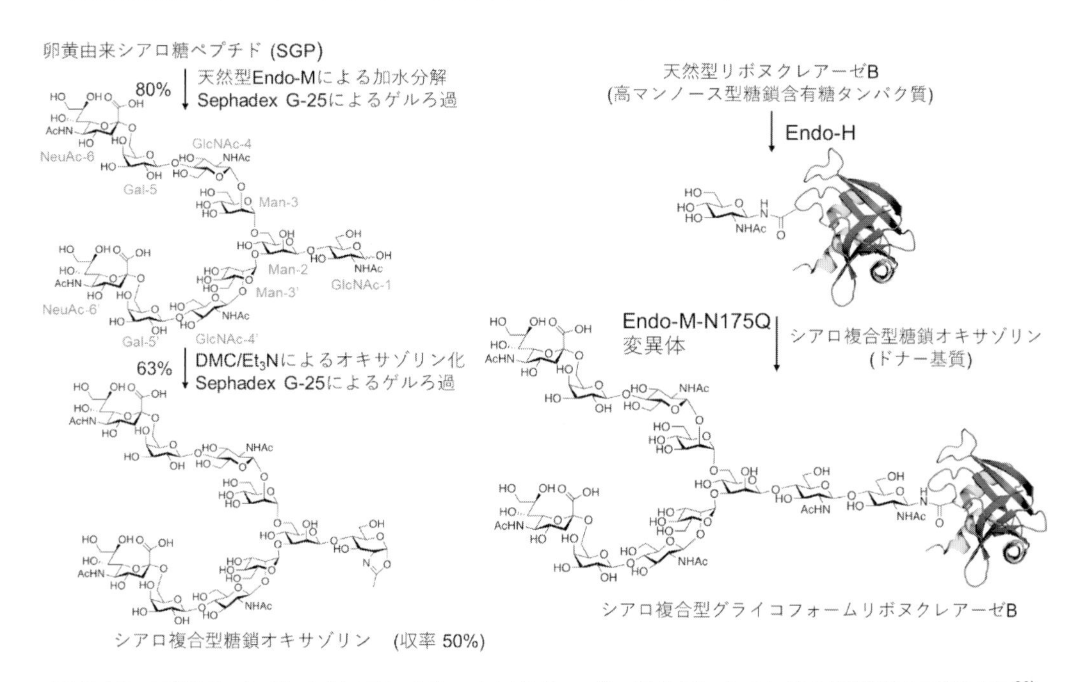

図 5-19　変異型エンド -β-N- アセチルヘキソサミニダーゼを用いた N- 結合型糖鎖の付加反応 [20]

参考文献

1) Davies, G. J., Wilson, K. S., and Henrissat, B. (1997) Nomenclature for sugar-binding subsites in glycosyl hydrolases. *Biochem. J.* **321**, 557-559.
2) Garron, M. L. and Henrissat, B. (2019) The continuing expansion of CAZymes and their families. *Curr. Opin. Chem. Biol*. **53**, 82-87.
3) The CAZypedia Consortium (2018) Ten years of CAZypedia: a living encyclopedia of carbohydrate-active enzymes. *Glycobiology* **28**, 3-8.
4) Takata, H., Kuriki, T., Okada, S., Takesada, Y., Iizuka, M., Minamiura, N., and Imanaka, T. (1992) Action of neopullulanase. Neopullulanase catalyzes both hydrolysis and transglycosylation at α-(1-4)-and α-(1-6) -glucosidic linkages. *J. Biol. Chem*. **267**, 18447-18452.
5) Garron, M. L. and Cygler, M. (2014) Uronic polysaccharide degrading enzymes. *Curr. Opin. Struct. Biol*. **28**, 87-95.
6) Lee, S. S., Yu, S., and Withers, S. G. (2003) Detailed dissection of a new mechanism for glycoside cleavage: α-1,4-glucan lyase. *Biochemistry* **42**, 13081-13090.
7) Kitaoka, M. (2015) Diversity of phosphorylases in glycoside hydrolase families. *Appl. Microbiol. Biotechnol*. **99**, 8377-8390.
8) Phillips, D. C. (1967) The hen egg-white lysozyme. *Proc. Natl. Acad. Sci. USA*. **57**, 483-495.
9) Koshland, D. E. (1953) Stereochemistry and the mechanism of enzymatic reactions. *Biol. Rev*. **28**, 416-436.

10) Manabe, S. and Ito, Y. (2017) Synthetic utility of endocyclic cleavage reaction. *Pure Appl. Chem.* **89**, 899-909.
11) Zechel, D. L. and Withers, S. G. (2000) Glycosidase mechanisms: Anatomy of a finely tuned catalyst. *Acc. Chem. Res.* **33**, 11-18.
12) Davies, G., and Henrissat, B. (1995) Structures and mechanisms of glycosyl hydrolases. *Structure* **3**, 853-859.
13) Vuong, T. V. and Wilson, D. B. (2010) Glycoside hydrolases: Catalytic base/nucleophile diversity. *Biotechnol. Bioeng.* **107**, 195-205.
14) Davies, G. J., Ducros, V. M. -A., Varrot, A., and Zechel, D. L. (2003) Mapping the conformational itinerary of β-glycosidases by X-ray crystallography. *Biochem. Soc. Trans.* **31**, 523-527.
15) Deslongchamps, P. (1993) Intramolecular strategies and stereoelectronic effects. Glycosides hydrolysis revisited. *Pure Appl. Chem.* **65**, 1161-1178.
16) Kitaoka, M. and Hayashi, K. (2002) Carbohydrate-processing phosphorolytic enzymes. *Trends Glycosci. Glycotechnol.* **14**, 35-50.
17) Nishimoto, M. and Kitaoka, M. (2007) Practical preparation of lacto-*N*-biose I, a candidate for the bifidus factor in human milk. *Biosci. Biotechnol. Biochem.* **71**, 2101-2104.
18) Nakakuki, T. (2003) Development of functional oligosaccharides in Japan. *Trends Glycosci. Glycotechnol.* **15**, 57-64.
19) Mackenzie, L. F., Wang, Q., Warren, R. A. J., and Withers, S. G. (1998) Glycosynthases: Mutant glycosidases for oligosaccharide synthesis. *J. Am. Chem. Soc.* **120**, 5583-5584.
20) Umekawa, M., Higashiyama, T., Koga, Y., Tanaka, T., Noguchi, M., Kobayashi, A., Shoda, S. ichiro, Huang, W., Wang, L. X., Ashida, H., and Yamamoto, K. (2010) Efficient transfer of sialo-oligosaccharide onto proteins by combined use of a glycosynthase-like mutant of *Mucor hiemalis* endoglycosidase and synthetic sialo-complex-type sugar oxazoline. *Biochim. Biophys. Acta - Gen. Subj.* **1800**, 1203-1209.

第6章

構造生物学

6-1　手法

糖に作用する酵素や結合するタンパク質の立体構造を解明することにより、複雑なタンパク質と糖の相互作用が明らかになり、多くの有益な情報が得られる。現代においては、タンパク質の立体構造を知ることは、糖にかかわる生命科学を研究する上では必須のアプローチの1つであると言っても過言ではない。立体構造が既知のタンパク質とアミノ酸配列が類似している場合には、ホモロジーモデリング法により立体構造を推定することができる。近年の技術開発により、ホモロジーモデリング法の精度は向上しており、アミノ酸配列の同一性が30%程度ある鋳型構造が存在していれば、ある程度正しい立体構造を推定することが可能になっている。さらに、現在ではAlphaFold2に代表されるような、AIを使った精度の高い立体構造予測が利用できる。しかし、リガンド（糖）とタンパク質（酵素など）のどのアミノ酸残基がどのように相互作用しているかを詳細に正しく知るためには、依然、実験的にタンパク質の立体構造を決定し、リガンドとの複合体の状態での相互作用を調べる必要がある。タンパク質（生体高分子）の立体構造を決定する構造生物学的手法は、1）X線結晶構造解析、2）NMR、3）クライオ電子顕微鏡法、などがある。本章ではまず、それらの手法の利点と欠点、そして糖に関連したタンパク質にどのように用いられているかについて概説する。生体高分子のX線結晶構造解析法やNMR法の原理および実験手法などについては成書が数多くあるので参照されたい。クライオ電子顕微鏡法については現在技術革新の最中であり、まとまった書籍は出版されていないため、専門誌での最新の総説などを参照してほしい。

X線結晶構造解析は、これまで糖質関連酵素および糖結合タンパク質の構造解析に最も多く用いられてきた。適用可能な分子サイズの限界が事実上存在せず（一般的な生体高分子であれば可能である）、良質な結晶を得ることができれば高い分解能（例えば1.8 Å以上）が得られることなど、多くの利点があるためである。ここ数十年の間、多数の解析が行われてきたため、技術面・手法面でも最も整備されている。しかし、欠点としては、解析のために必須である結晶化の条件がタンパク質によって大きく違うため、毎回多数の条件スクリーニングを行う必要があり、成功が約束されないこと、得られた立体構造は結晶格子の中で規則正しく並んだ状態であるため（これをパッキングとよぶ）その影響を受けやすいこと、原理的に動的な情報を得にくいこと、などがある。また、酵素の反応機構を推定したり、結合した糖の立体配座を知るためには、結晶中で静的な構造を得るために、反応をトラップするような阻害剤を用いたり、タンパク質のアミノ酸残基を置換した変異体酵素を用いる必要がある。本来の基質と野生型酵素の複合体構造を精度よく決定するのは一般的に不可能であり、このような基質アナログと変異体酵素を利用した手法だけでは酵素の反応機構は自信を持って推定できないため、他の化学的な手法などと組み合わせて検証する必要がある。

NMRでは、NOE（nuclear Overhauser effect）強度の測定によって得られる核間距離情報、二面角などの角度情報、スピンラベルや残余双極子相互作用による長距離情報などを利用することにより、距離と角度の制限情報を組み合わせて、タンパク質のような生体高分子の立体構造を決定することも可能になる。NMRは溶液中のタンパク質の立体構造を決定できる手法であり、化学シフトの変化（パータベーション）を利用してリガンドと相互作用するアミノ酸を同定することも可能であるため、X線結晶構造解析では得られない情報を補完できる手法として用いられてきた。しかし、解析可能な分子量に原理的な限界があり（約3万とも4万とも言われている）、糖に結合する小さなタンパク質や部分的なモジュールおよびドメイン（一部のCBMやレクチン等）、極めて小さな酵素など、成功例は限られている。

電子顕微鏡による立体構造解析には様々な手法が存在するが、現在生体高分子の解析に主流として用いられている、いわゆるクライオ電子顕微鏡法は、透過型電子顕微鏡（Transmission Electron Microscope: TEM）による単粒子解析法である。この方法は、まず、試料を含む溶液をカーボン膜のグリッド中に滴下して液体エタンなどで急速に冷却し（氷包埋法）、多数のTEM画像を測定する。その後、視野の中に分散して存在する多数の分子（粒子）を向きによりクラスタリングを行い、クラスタごとに画像を平均化した後に、三次元像を再構成する手法である。かつては分解能が低いマップしか得られなかったが、2017年のノーベル化学賞受賞理由となったような、数々の技術的なブレイクスルーによって、2010年代半ば頃から急速に分解能が向上して広く用いられるようになってきた。例えば、大腸菌のβ-ガラクトシダーゼ（分子量465 k）では、2014年に3.2 Å、2015年に2.2 Å、2018年に1.9 ～ 2.1 Åの分解能のマップが得られている[1)]。クライオ電子顕微鏡法は、結晶化が不要なこと、必要なサンプルの量がX線結晶構造解析やNMRに比べて少なくて済むことなど、多くの利点がある。一方で、現時点では、装置が非常に高価なため（維持費も高価である）アクセスが限られていること、観測できる粒子のサイズに下限があること（一般的な酵素のサイズでは測定が難しく、大きな粒子やオリゴマー状態が望ましい）、一部のサンプルを除いて得られる分解能が高くない（一般的には3 Å以下）、などの弱点も存在する。しかし、現在でも急速な技術改良が進められているため、近い将来に、これらの弱点も克服されていくと予想される。

6-2　糖質加水分解酵素の立体構造

糖質加水分解酵素が分類されているGHファミリーは、様々な立体構造を持つ酵素が見つかっており、「立体構造のスーパーマーケット」と称されることもある[2)]。生物、特に微生物は様々な生育環境で周囲の糖質を分解して資化する必要性があるために、多様なタンパク質の骨組みを利用した糖質分解酵素を収斂的な分子進化で獲得してきた結果、このような多様性が生まれてきたと考えられる。ここでは、GHファミリーの中でも代表的なタンパク質の折りたたみ構造（フォールド）を例にとり紹介する（図6-1）。

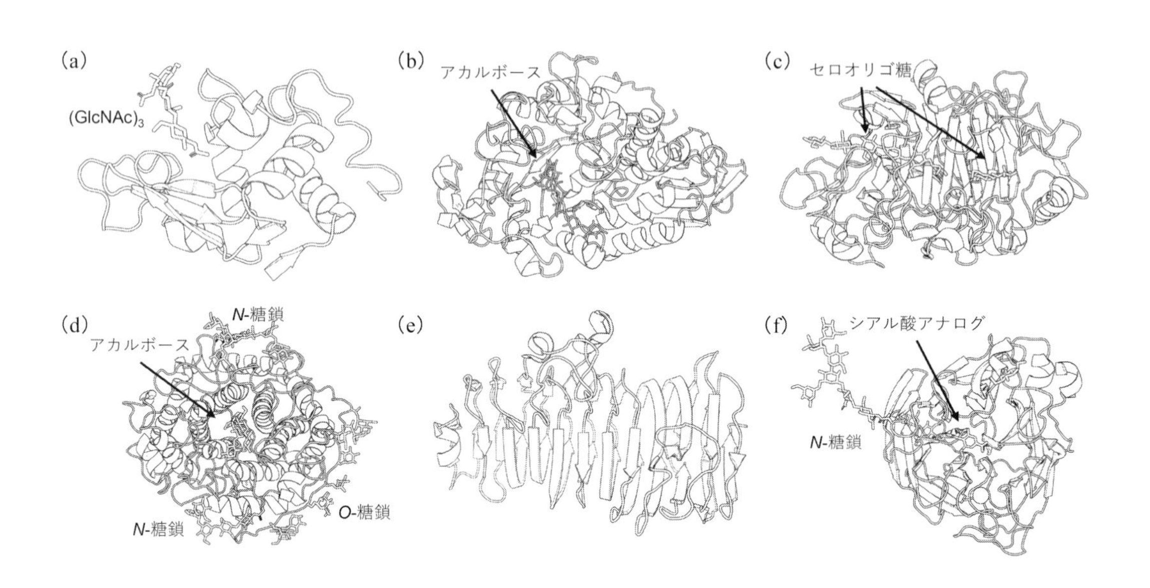

図6-1　GHファミリーのフォールドの例

(a) GH22 卵白リゾチーム（リゾチーム様フォールド、PDB ID：1HEW）、(b) GH13 タカアミラーゼ [$(\alpha/\beta)_8$ バレル、7TAA]、(c) GH7 セロビオヒドロラーゼ（β-ジェリーロール、7CEL）、(d) GH15 グルコアミラーゼ [$(\alpha/\alpha)_6$ バレル、1GAI]、(e) GH28 エンドポリガラクチュロナーゼⅠ(β-ヘリックス、1K5C)、(f) GH34 ノイラミニダーゼ（6枚羽β-プロペラ、1F8D)。

リゾチーム様フォールド

卵白リゾチームは最初に立体構造が決定された糖質関連酵素であり[3]、現在ではGH22に分類されている。リゾチームはα-ヘリックスとβ-シートに挟まれたクレフトを持つ小さなタンパク質であり、ここに基質を結合する。図6-1aでは反応産物であるキトトリオース（$(GlcNAc)_3$）との複合体を示した。リゾチームと類似したフォールドを持つ酵素群はリゾチーム・スーパーファミリーとよばれ、c-type（GH22）、g-type（GH23）、phage-type（GH24）のリゾチーム、GH19キチナーゼ、GH46キトサナーゼなどが含まれる。

$(\alpha/\beta)_8$バレル

最初にこのフォールドが見つかった酵素（トリオースイソメラーゼ）からTIMバレルとよばれることもある。図6-1bでは松浦良樹博士らにより1980年代に構造決定されたタカアミラーゼ（現在はGH13に分類される）を例に挙げた。触媒ドメインは内側に8本のβ-シート、外側に8本のα-ヘリックスを持つ繰り返し構造からなる樽（バレル）のようなフォールドである。バレルの中央に基質が結合するクレフトまたはポケットが存在する。図6-1bでは阻害剤であるアカルボースとの複合体構造を示した。数多くのGHファミリーに見つかっているため、糖質加水分解酵素として最も代表的なフォールドと言える。現在知られている約180のGHファミリーのうち50以上のファミリーが$(\alpha/\beta)_8$バレルを持つことがわかっている。でん粉分解にかかわるアミラーゼ系の酵素だけでなく、セルラーゼ・ヘミセルラーゼなどでも頻繁に見られる。GH38 α-マンノシダーゼなど、このフォールドの一部が崩れた$(\alpha/\beta)_7$バレルを持つ酵素も存在する。

β-ジェリーロール

β-シートが湾曲してクレフト状の基質結合部位を形成するフォールドである。糸状菌のセルラーゼの1つであるセロビオヒドロラーゼⅠの構造を例として図6-1cに示した。セルラーゼ、ヘミセルラーゼ、その他のβ-グルカナーゼによく見られるフォールドである。

$(\alpha/\alpha)_6$バレル

内側に6本、外側に6本のα-ヘリックスが並んだ樽のようなフォールドである。図6-1dでは、グルコアミラーゼを例として示した。中央に基質が結合するポケットまたはクレフトがあるが、図に例として挙げたグルコアミラーゼは麹菌由来の酵素であり、タンパク質にハイマンノース型の*N*-結合型糖鎖が2つ、*O*-結合したマンノースが7つ結合している。

β-ヘリックス

3つの平行β-シートがらせん状になってつながったフォールドであり、1990年代前半にペクチンリアーゼで初めて見つかった。繰り返しモチーフが伸びてほぼ真っすぐの浅いクレフトができるため、多糖の分解酵素に見られることが多い。図6-1eでは、真菌のエンドポリガラクチュロナーゼⅠを例として示した。

β-プロペラ

4枚ほどの逆平行β-シートが中央の軸の周りに配置された円錐形のフォールドであり、中央に基質結合ポケットが存在する。図6-1fには、インフルエンザウイルスのノイラミニダーゼ（シアリダーゼ）の6枚羽のβ-プロペラを例として示した。GHファミリーでは羽の数が異なるβ-プロペラフォールドが見つかっている。例えば、スクロースを加水分解するGH32のインベルターゼ（β-フルクトフラノシダーゼ）は5枚羽、GH74のキシログルカナーゼは7枚羽のβ-プロペラである。

6-3　炭水化物結合モジュールの構造

炭水化物結合モジュール（Carbohydrate-Binding Module: CBM）は主にGHファミリー（加水分解酵素）に付随したドメインで、不溶性の基質に結合して触媒ドメインの作用を助ける。CBMは3つのタイプに大別される（図6-2a）[4]。一般的にはセルロース、ヘミセルロース、キチンなどの構造多糖に結合するCBMが多いが、不溶性のでん粉に結合するもの（CBM20）や、その他の糖鎖に結合するものもある。タンパク質のフォールドとしては、図6-2bに示したようにβ-サンドイッチが多いが、R型レクチンと同じβ-トレフォイルフォールド（CBM13等）も知られている。シスチンノット、OBフォールドなどの場合もある。

タイプAはセルロースやキチンなどの多糖の結晶性表面に結合する。図6-2bの中央に、糸状菌セルラーゼに付随して結晶性セルロースに結合するCBM1を例として示した。タイプAのCBMは結合表面が平らで疎水的であり、芳香環を持つアミノ酸残基（チロシン、トリプトファン、フェニルアラニン）が並んでいることが多い。

タイプBは糖鎖の中程にエンド型の様式で結合する。図6-2bの右に、嫌気性細菌のセルラーゼに付属するCBM28がセロオリゴ糖に結合している構造を例として示した。タイプBのCBMの結合部位はある程度の長さを持った溝（クレフト）になっており、およそ4糖以上の長さの糖鎖を結合する。

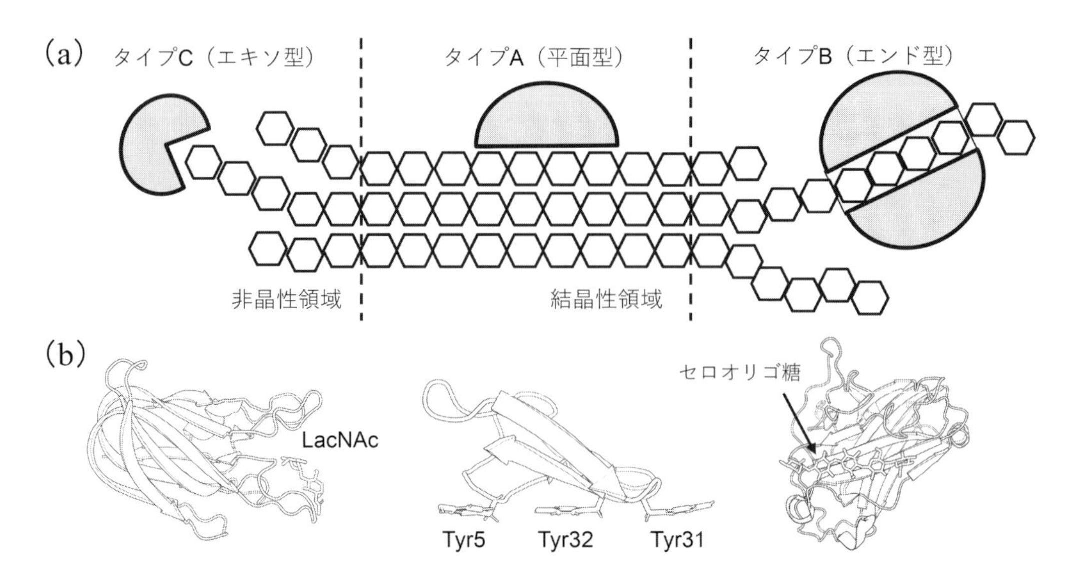

図6-2　CBMのタイプとそれぞれの例

(a) セルロースのような結晶性構造多糖を分解する酵素のCBMを例とした模式図。(b) 左：タイプCのCBM32。*N*-アセチルラクトサミン(LacNAc)の非還元末端のGalが結合している。中:タイプAのCBM1。右:タイプBのCBM28。

タイプCは糖鎖の末端（非還元末端あるいは還元末端）にエキソ型様式で結合する。図6-2bの左には、腸内細菌の*N*-アセチル-βヘキソサミニダーゼに付随したCBM32が*N*-アセチルラクトサミン［LacNAc, Gal（β1-4）GlcNAc］に結合した様子を示す。ここでは非還元末端のガラクトースを主に認識・結合している。タイプCのCBMは単糖から3糖までの短い糖をリガンドとして認識・結合する。タイプCはレクチン様のCBMであり、触媒ドメインを持たないレクチンと、機能的にも構造的にもよく似ている。

6-4　糖転移酵素の立体構造

糖転移酵素が分類されているGTファミリーは、全体的な立体構造（フォールド）の観点から言えば、GHファミリーに比べて圧倒的に多様性が少ない。その理由としては、糖転移酵素のほとんどが糖ヌクレオチドを結合して糖転移反応を行うため、糖ヌクレオチドの結合部位を保持するという制約が存在するとともに、供与体の糖の結合部位と、受容体の結合部位の変化により基質に対する多様性を確保できるという分子進化における条件のためではないかと考えられる。2010年代前半まで、GTファミリーの酵素にはGT-AとGT-Bのわずか2種類のフォールドしか知られていなかった[5)]。GT-Aはβ/α/βロスマン型フォールドをとり、一般的にMg^{2+}などの2価金属イオン依存性である（図6-3a）。GT-Bは2つのロスマン型フォールドのドメインが向かい合った形をしており、一般的に金属イオンに非依存性である（図6-3b）。近年見つかったGT-Cフォールドを持つ糖転移酵素は糖脂質を供与体とするため、8～13回膜貫通領域を持つ大きなドメインを持つ。活性部位は膜貫通領域と可溶性ドメインの間に存在する（図6-3c）。GT-Cは2価金属イオン依存性である。リゾチーム様のフォールドを持つ糖転移酵素も見つかっており（GT51）、これがGT-Dとよばれる場合もある。

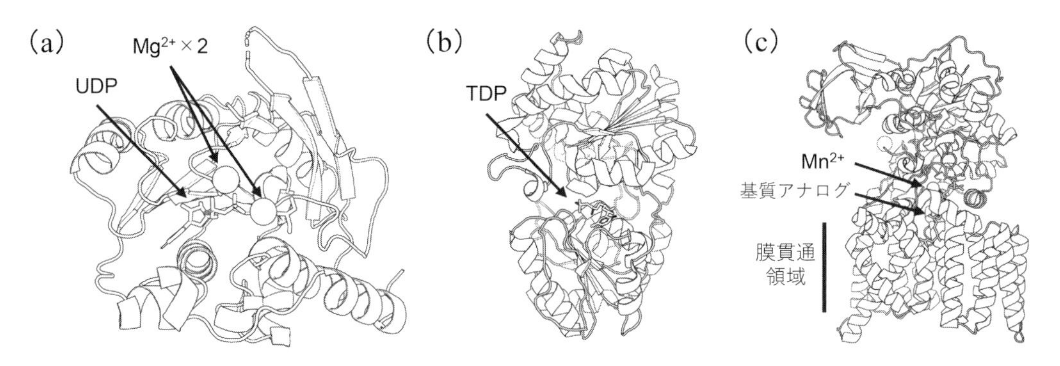

図6-3　GTファミリーのフォールド
(a) GT2 SpsA（GT-A, PDB ID：1QGS）、(b) GT1 GtfA（GT-B, 1PN3）、(c) GT66 PglBの、脂質とオリゴ糖が連結した基質アナログとの複合体（GT-C, 5OGL）。

6-5　レクチンの構造

レクチンは糖鎖を特異的に認識して結合するタンパク質である[6)]。Goldsteinによる当初の定義では「抗体や酵素を除く、糖結合タンパク質で、赤血球などの細胞凝集素」となっていたが[7)]、今日では「糖に結合するタンパク質、およびドメイン」とより広義の定義が与えられている。近年までレクチンの体系的な分類は行われてこなかったが、2014年に藤本らが立体構造の観点から48のファミリーに分類した[8)]。ここでは、そのうち、よく知られているタイプのレクチンの立体構造（フォールド）について紹介する。

L型レクチンは、マメ科のレクチンを中心に動物や菌類のレクチンで同様の構造（ジェリーロール型のβ-サンドイッチフォールド）を持つものの総称である。マメ科（Leguminosae）の頭文字をとってL型とよばれる。図6-4aにはファミリー1に属するタチナタマメのコンカナバリンA（ConA）とトリマンノシド（Man（α1-3）Man（α1-6）Man）の複合体の構造を示す。ConAの場合、2つの金属イオン（Ca^{2+}とMn^{2+}）が糖鎖認識に必須である。β-ガラクトシドに結合する動物レクチンであるガレクチンも、ConAと似たジェリーロールフォールドを持つ。

C型レクチンは最初に線虫（*C. elegans*）から発見されたカルシウム依存性レクチンであり、代表的な動物レクチンである。図6-4bにはファミリー5に属するラット由来のマンノース結合タンパク質の糖質認識ドメインとペンタマンノシドの構造を示す。C型レクチンの半分はC型のα/βフォールドを持つが、残りの半分に1～3個のCa^{2+}イオンが結合し、これが糖鎖認識部位を安定化している。

R型レクチンは植物毒素として有名なリシンに構造的類似性を持つレクチンの総称である。図6-4cにはファミリー9に属するリシンB鎖とラクトースの複合体構造を示す。R型レクチンはβ-トレフォイルとよばれる約100残基強のフォールドからなる。β-トレフォイルはα、β、γとよばれる3つのサブドメインの繰り返し構造でできている。R型レクチンの糖特異性はガラクトース以外にもシアル酸、マンノースなど多様であり、由来生物も動植物、微生物と幅広い。さらに、CBM13やCBM42などへミセルロースに結合するタイプのCBMとも構造類似性がある。

ジャカリン関連レクチンは、ジャックフルーツ種子のガラクトース特異的なレクチンであるジャカリンと類縁のレクチンの総称である。図6-4dにはファミリー22に属するジャカリンとガラクトースの複合体の構造を示す。ジャカリン関連レクチンはβ-プリズムⅠとよばれるフォールドを持ち、ガラクトースあるいはマンノースに特異性を示す。ちなみに、マツユキソウのGNA（*Galanthus nivalis* aggulutinin）あるいはスノードロップレクチンとよばれるレクチンとその類縁の単子葉植物球根型レクチン（ファミリー30）はマンノース特異的であり、β-プリズムⅡとよばれるフォールドを持つ。

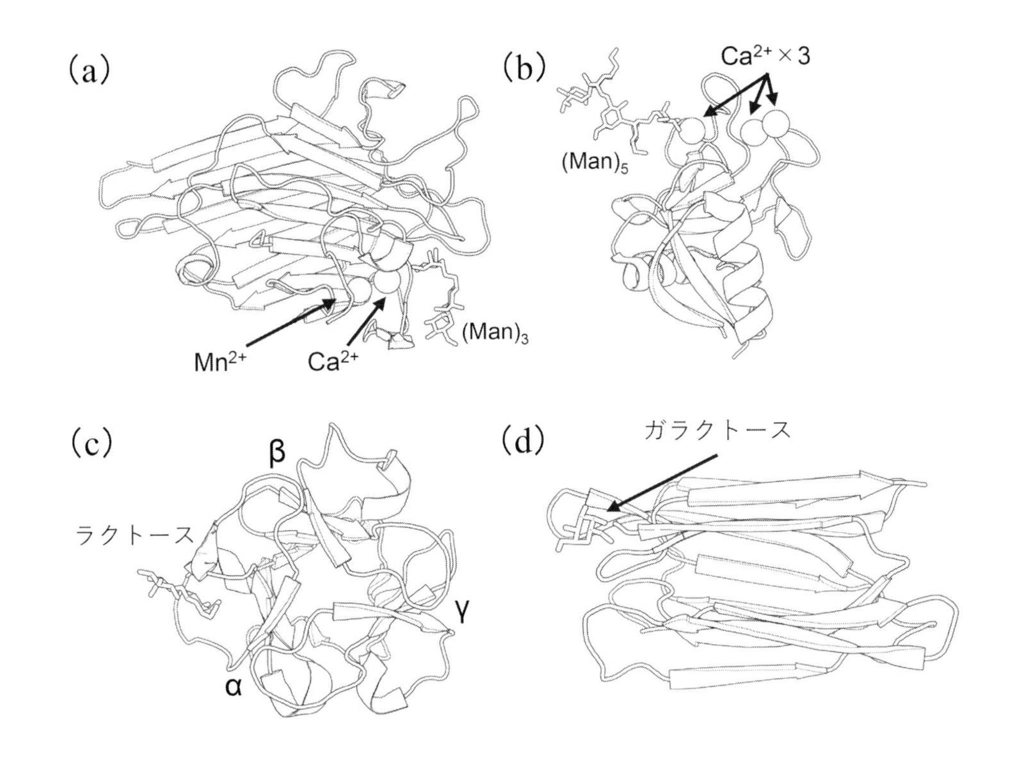

図 6-4　レクチンの構造

(a) ConA（L 型レクチン、ジェリーロール、PDB ID：1CVN）、(b) マンノース結合タンパク質の糖質認識ドメイン（C 型レクチン、2MSB）、(c) リシン B 鎖（R 型レクチン、β- トレフォイル、3RTI）、(d) ジャカリン（β- プリズム I、1JAC）。

6-6　構造生物学的観点から見た糖鎖

タンパク質の表面を覆っている *N*- 結合型糖鎖や *O*- 結合型糖鎖は不均一であり可動性も大きい。タンパク質を結晶化させるにはエントロピー的に圧倒的に邪魔な存在であるこのような糖鎖は、結晶構造解析などに用いる場合にはしばしばエンドグリコシダーゼなどで切断されることが多い。しかし、タンパク質に結合した糖鎖は、構造の安定性に寄与したり、分子間・細胞間の認識に関与したり、あるいは抗体などの結合をマスクするなど、様々な機能を果たしている[9]。ここでは、印象的な一例として、ヒト免疫不全ウイルス1型 (HIV-1) のエンベロープタンパク質 (Env) の三量体構造を示す (図 6-5a)[10]。Env 三量体には約 90 もの *N*- 結合型糖鎖が結合しており、鎧のように分子全体を覆っている。この糖鎖は Env 分子の質量の約半分を占めており、HIV が宿主に侵入する際に抗体に認識されるのを防ぐのに一役買っている。

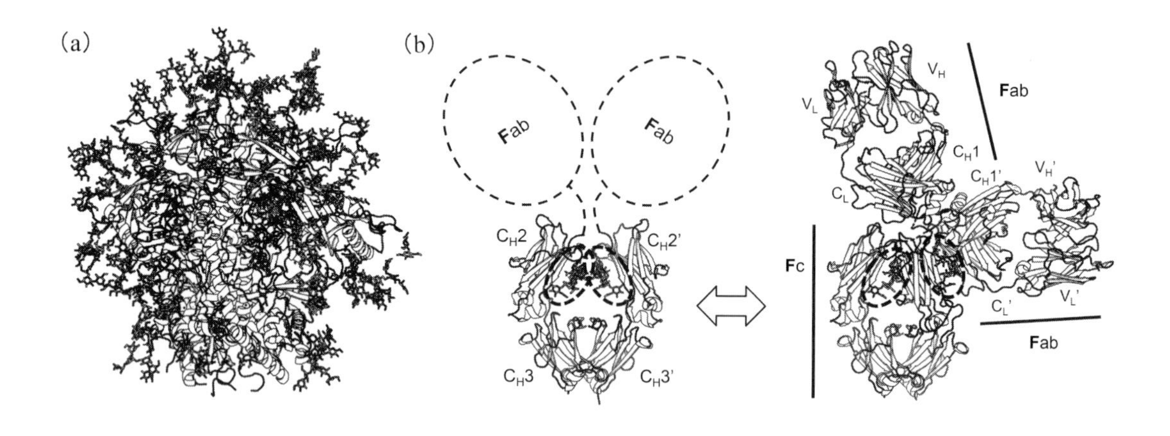

図 6-5　糖タンパク質の例
(a) HIV-1 Env 三量体の構造（PDB ID：5FYJ）、(b) IgG の構造（左：4C54、右：5DK3）。CH2 ドメインの *N*- 結合型糖鎖を点線で囲ってある。

抗体の機能においても糖鎖は重要な役割を果たす。イムノグロブリンG (IgG) のFc領域のCH2ドメイン（重鎖のAsn297）には*N*-結合型糖鎖が結合している。図6-5bに示したように、CH2はIgGのヒンジ領域にあたり、ここに存在する*N*-結合型糖鎖とともに可動性を有するため、分子全体の安定性、コンフォメーション、凝集性、さらには抗体医薬としての機能性に影響を与える[11]。実際、抗体に結合している糖鎖の違いによって、抗体依存性細胞傷害作用（antibody-dependent cellular cytotoxicity: ADCC）、抗体依存性細胞貪食能（antibody-dependent cellular phagocytosis: ADCP）、補体依存性細胞傷害作用（Complement-Dependent Cytotoxicity: CDC）などの活性が変化することがわかっている。

糖質関連酵素においても、糖鎖が重要な役割を果たす場合がある。例えば、*Aspergillus*属糸状菌が菌体外に分泌する糖質加水分解酵素（アミラーゼ、セルラーゼ、ペクチナーゼなど）には、ハイマンノース型の*N*-結合型糖鎖や、セリンやスレオニン側鎖に結合するタイプの*O*-結合型糖鎖（α-マンノース）が多数結合しているものがある。図6-1dに示した麹菌のグルコアミラーゼのように、糖鎖は酵素分子の周囲を覆っているが、基質結合部位を塞いではいない。したがって、菌体外環境で作用する際に、分子の溶解度や安定性を上げたり、プロテアーゼなどによる分解を防ぐ役割を果たしているのではないかと考えられている。また、*Trichoderma*属糸状菌のセロビオヒドロラーゼ（Cel7A）では、CBMとそれを触媒ドメインとつなぐリンカー部分に*O*-結合型マンノースが、触媒ドメインの表面に*N*-結合型糖鎖がある。近年の研究により、リンカー部分の*O*-結合型糖鎖はプロテアーゼ耐性に、触媒ドメインの*N*-結合型糖鎖はタンパク質全体の安定性に、それぞれ寄与していることがわかっている[12]。

参考文献

1) Bartesaghi, A., Aguerrebere, C., Falconieri, V., Banerjee, S., Earl, L. A., Zhu, X., Grigorieff, N., Milne, J. L. S., Sapiro, G., Wu, X., and Subramaniam, S. (2018) Atomic resolution cryo-EM structure of β-galactosidase. *Structure* **26**, 848-856. e3.
2) Davies, G. J., Gloster, T. M., and Henrissat, B. (2005) Recent structural insights into the expanding world of carbohydrate-active enzymes. *Curr. Opin. Struct. Biol.* **15**, 637-645.
3) Phillips, D. C. (1967) The hen egg-white lysozyme. *Proc. Natl. Acad. Sci.* **57**, 483-495.
4) Boraston, A. B., Bolam, D. N., Gilbert, H. J., and Davies, G. J. (2004) Carbohydrate-binding modules: Fine-tuning polysaccharide recognition. *Biochem. J.* **382**, 769-781.
5) Coutinho, P. M., Deleury, E., Davies, G. J., and Henrissat, B. (2003) An evolving hierarchical family classification for glycosyltransferases. *J. Mol. Biol.* **328**, 307-317.
6) 平林淳 (2016) 糖鎖とレクチン. 日刊工業新聞社, 東京.
7) Goldstein, I. J., Hughes, R. C., Monsigny, M., Osawa, T., and Sharon, N. (1980) What should be called a lectin? *Nature* **285**, 66.
8) Fujimoto, Z., Tateno, H., and Hirabayashi, J. (2014) Lectin structures: Classification based on the 3-D structures. *Methods Mol. Biol.* **1200**, 579-606.
9) Varki, A., and Gagneux, P. (2017) Chapter 7 Biological Functions of Glycans. *Essentials Glycobiol. 3rd Ed.* Chapter 7.
10) Stewart-Jones, G. B. E., Soto, C., Lemmin, T., Chuang, G. Y., Druz, A., Kong, R., Thomas, P. V., Wagh, K., Zhou, T., Behrens, A. J., Bylund, T., Choi, C. W., Davison, J. R., Georgiev, I. S., Joyce, M. G., Kwon, Y. Do, Pancera, M., Taft, J., Yang, Y., Zhang, B., Shivatare, S. S., Shivatare, V. S., Lee, C. C. D., Wu, C. Y., Bewley, C. A., Burton, D. R., Koff, W. C., Connors, M., Crispin, M., Baxa, U., Korber, B. T., Wong, C. H., Mascola, J. R., and Kwong, P. D. (2016) Trimeric HIV-1-Env structures define glycan shields from clades A, B, and G. *Cell* **165**, 813-826.
11) Kiyoshi, M., Tsumoto, K., Ishii-Watabe, A., and Caaveiro, J. M. M. (2017) Glycosylation of IgG-Fc: A molecular perspective. *Int. Immunol.* **29**, 311-317.
12) Amore, A., Knott, B. C., Supekar, N. T., Shajahan, A., Azadi, P., Zhao, P., Wells, L., Linger, J. G., Hobdey, S. E., Vander Wall, T. A., Shollenberger, T., Yarbrough, J. M., Tan, Z., Crowley, M. F., Himmel, M. E., Decker, S. R., Beckham, G. T., and Taylor, L. E. (2017) Distinct roles of *N*- and *O*-glycans in cellulase activity and stability. *Proc. Natl. Acad. Sci. U.S.A.* **114**, 13667-13672.

第 7 章

糖質資源と食品

食品は大量に消費されることから、安価に製造されることが重要である。そのため、食品素材として利用されるためには、低コストの製造技術が確立される必要がある。天然から産出し食品産業で大量に利用されている糖質資源は、スクロース（ショ糖）とでん粉が挙げられる。植物の葉では、光合成により二酸化炭素と水から単糖であるグルコースが合成される。グルコースはスクロースに変換されて各器官に輸送され、そこでエネルギー源として利用されるとともに一部がでん粉として貯蔵される。そのため、スクロースとでん粉はそれぞれを蓄積する農産物から大量に得ることができる。なお、スクロースを成分とする甘味料食品のことを砂糖とよぶ。本章では食品産業上重要な糖質である砂糖とでん粉について解説するとともに、でん粉糖化産業について説明する。

コラム

でん粉・デンプン・澱粉

でん粉の本来の漢字表記は「澱粉」である。「澱」はおり・よどみの意味であり、「澱粉」の命名はでん粉粒の比重が大きく沈みやすいことに由来する。「澱」の漢字が常用漢字に含まれないため学術用語として「でん粉」が使用される。そのため本書でも「でん粉」で表記を統一している。中学の理科の教科書では「デンプン」と表記される。学術分野により「でん粉」「デンプン」「澱粉」などの複数の表記が用いられているのが現状である。澱粉工業学会として 1952 年に発足した日本応用糖質科学会では「澱粉」の表記を推奨している。

現在「ちんでん」は「沈殿」として辞書に掲載されている。もともと「沈澱」と表記されていたが「澱」が常用漢字に含まれないため、沈むの意味を持たない「殿」の漢字が当てられている。漢字により単語の意味を表現できる日本語の特性を生かすためにも「澱粉」の表記が公用語になることが望まれる。

7-1　砂糖

砂糖は糖の結晶である甘味料のことを指し、その成分の化合物がスクロースである。砂糖は、サトウキビ（sugar cane）またはテンサイ（sugar beet）を原料として製造される。サトウキビはイネ科サトウキビ属の植物で、主に熱帯地域で生産される。サトウキビは和名で甘蔗（カンショ・カンシャ）とよばれる。テンサイ（甜菜）はヒユ科フダンソウ属の植物で、主にヨーロッパを中心とした中高緯度地域で栽培されている。サトウダイコンともよばれるが、アブラナ科のダイコンとは分類上関連はない。テンサイは根部にスクロースを蓄積する。

砂糖の製造法は植物の搾汁液から不純物の除去および結晶化によりスクロースの純度を高めることによる。サトウキビとテンサイを原料とした砂糖の製造では製造工場の配置が異なっている。

サトウキビ原料の場合は、まず栽培地近くの製糖工場で、サトウキビの搾汁・不純物の除去・濃縮結晶化が行われ、着色不純物の残る結晶である原糖が製造される。収穫されたサトウキビは長期間の保管ができず収穫直後の処理が必要であるため、現地の製糖工場はサトウキビ収穫期の稼働となる。原糖のスクロース純度は96～98%程度である。結晶化されている原糖は安定であり、常温での長期保管や運搬が可能になる。原糖は消費地近くの製糖工場まで船舶などにより運搬され、原糖倉庫に保管される。製糖工場では、原糖から不純物を除きさらに結晶化などにより精製を進め、最終的な砂糖が製造される。原糖が温度管理不要で長期間保管可能なため、精製糖工場は通年稼働されている（図7-1）。

テンサイを原料とした場合は、栽培地付近の工場でテンサイ根部抽出液から原糖を製造することなく直接製品の砂糖まで精製される。テンサイ糖の製糖工場の稼働は、北海道では収穫期の10月中旬～3月までである。

砂糖として市販されているグラニュー糖のスクロースとしての純度は99.9%以上になり、不斉炭素を9個も含む複雑な有機化合物として非常に高い純度となる。結晶状態のスクロースは安定なため砂糖には賞味期限が設定されない。砂糖は甘味料として重要であることは論を待たない。製造過程で生じる糖蜜なども発酵原料などとして用いられる。

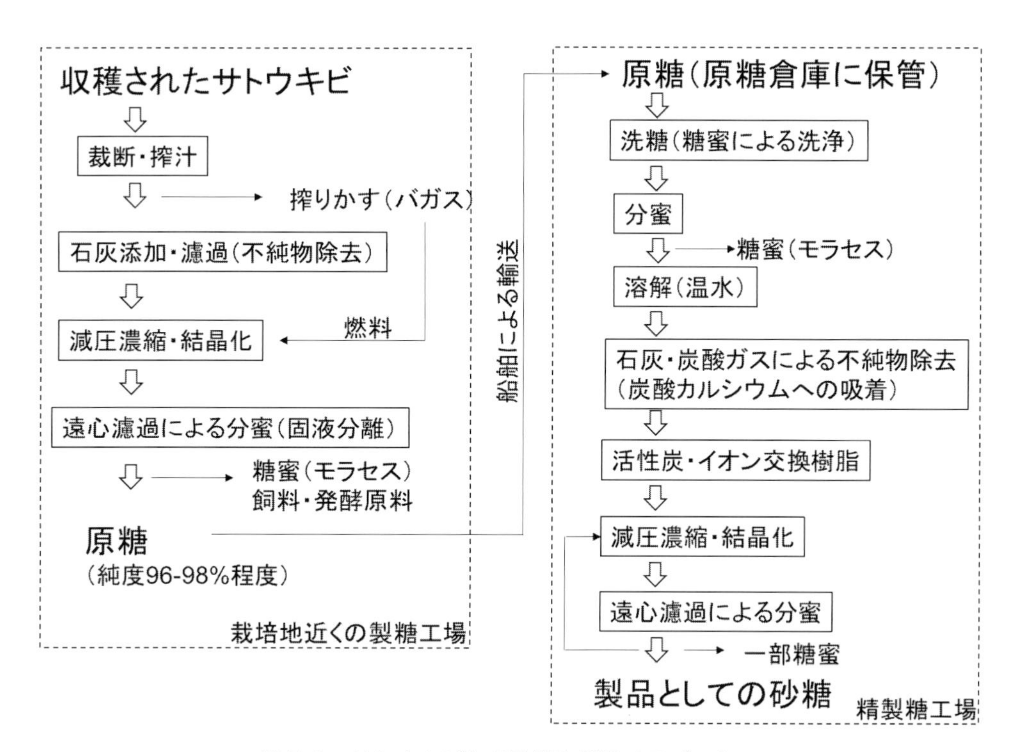

図7-1　サトウキビから砂糖を製造するプロセス

7-2　でん粉

でん粉は、植物が光合成時に葉緑体に作る同化でん粉、および種子・地下茎・根などに蓄積する貯蔵でん粉に大別される。でん粉原料として産業的に使用されるものは、農産物の貯蔵でん粉である。食品産業に利用されているでん粉は、穀類（トウモロコシ、コメ、小麦など）、いも類［ジャガイモ、サツマイモ、キャッサバ（注：キャッサバでん粉をタピオカとよぶ）など］、その他（サゴヤシ、緑豆、葛など）由来のものがある。

でん粉は比較的比重の大きい（1.6 g/cm^3 程度）粒子として存在する。植物種により粒子の平均サイズは異なる。でん粉はグルコースがα1-4結合した多糖であるが、その成分はα1→6分岐を多く含むことにより房状構造を持ったアミロペクチンと分岐をほとんど含まないアミロースの2種類の分子を含んでいる（図7-2）。でん粉中のアミロース含量はでん粉の物性に大きな影響を与える。アミロースとアミロペクチンは生合成酵素が異なっており、アミロース合成酵素を欠損した植物はアミロペクチンのみのでん粉（モチ性でん粉）を生成する。もち米はこの変異によるものであり、ほかの穀類にもモチ性のものが存在する。でん粉粒中のα1-4グルカン鎖は二本が同方向の二重らせん構造（1本の糖鎖の6グルコース残基で1回転し、2本の糖鎖計12グルコース残基で基本単位となる）をとることによりコンパクトにパッキングされている。

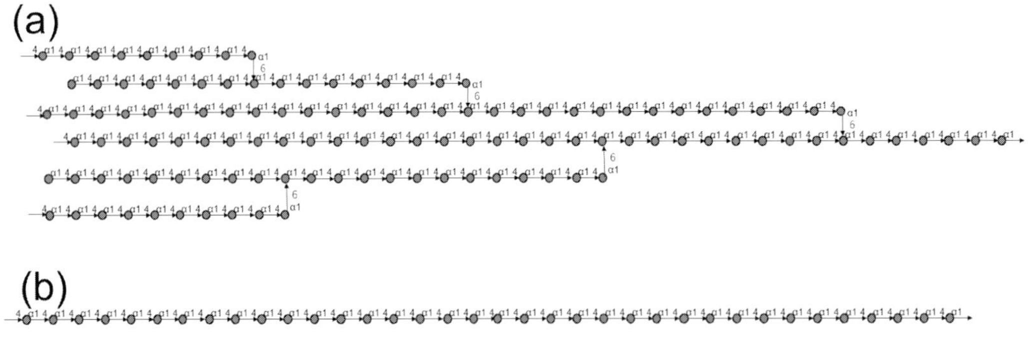

図7-2　アミロペクチン（a）およびアミロース（b）の構造

でん粉は冷水に不溶性である。水中で加熱するとでん粉粒が膨潤し、最終的には粒が崩壊して粘性のある透明な溶液になる。この現象を糊化（こか）と言う。糊化は水素結合の消失による二重らせん構造の崩壊で説明される。糊化したでん粉液を冷却すると老化し、次第に白濁を生じる。老化は二重らせん構造の再構築として説明される。しかしながら、いったん糊化したでん粉が元のでん粉粒子には戻ることはない。糊化の開始温度・糊化でん粉の粘性・老化のしやすさなどの物性は植物の起源により異なっており、それぞれのでん粉を特徴づける性質となる。それぞれの物性を生かして種々のでん粉が様々な食品に用いられている。

工業的に大量生産されているでん粉の大部分はコーンスターチ（トウモロコシでん粉）である。トウモロコシなどの穀類は乾燥状態で収穫されるため保存性が良く、船舶による長距離の輸送が可能である。そのため、生産地と離れたところにある沿岸部の工場で通年コーンスターチの製造を行うことができる。トウモロコシからでん粉を製造する工業技術はウェットミリング法として確立しており、副生成物も余さず利用されている。コーンスターチの用途の70％以上は糖化製品（でん粉の分解物）の原料である。

いも類由来でん粉として馬鈴薯でん粉（片栗粉として流通している）は、国内では馬鈴薯産地の北海道で工業生産されている。馬鈴薯は水分を含んだ状態で収穫されるため、温度管理のできない通常倉庫での長期保管が難しい。そのため、馬鈴薯でん粉製造工場の稼働期間は収穫期後の3か月程度である。

7-3　でん粉糖化

でん粉糖化産業は、でん粉を酵素分解することにより種々の糖を製造する産業である。原料のコーンスターチは、加水してスラリー化され耐熱性の液化型α-アミラーゼ（α1-4結合をランダムに分解する酵素）と混合された後、ジェットクッカー法により連続的に105～110 °C程度に加温され、糊化と液化（加水分解による低分子化）が同時に行われる。その後所定の分解率に達するまで95 °C程度で酵素反応を継続することにより、液化を完了する。

液化でん粉にさらに酵素を作用させることにより種々の糖を製造する（図7-3）。グルコースを製造するときは、液化でん粉を60 °C程度まで冷却後分岐鎖のα1-6結合を切断する酵素であるプルラナーゼと非還元末端からグルコース単位で切断するエキソ型酵素であるグルコアミラーゼを添加して反応を行うことにより液化でん粉の完全分解を行う。また糖化型α-アミラーゼを作用させれば適当な重合度のデキストリン（でん粉部分分解物。水あめなど）を製造することができる。その他、β-アミラーゼ（α1-4グルカンの非還元末端からマルトース単位で切断する酵素）を作用させるとマルトース、シクロデキストリングルカノトランスフェラーゼ（CGTase）を作用させるとシクロデキストリンを製造することができる。マルトオリゴシルトレハロース合成酵素（MTS）とマルトオリゴシルトレハローストレハロヒドロラーゼ（MTH）を作用させることによりトレハロースが製造される（図7-4）。

グルコースはでん粉糖化の重要な産物である、しかしながら重量あたりの甘味度が砂糖の70％程度であり、そのままでは甘味料としてはあまり利用されない。フルクトー

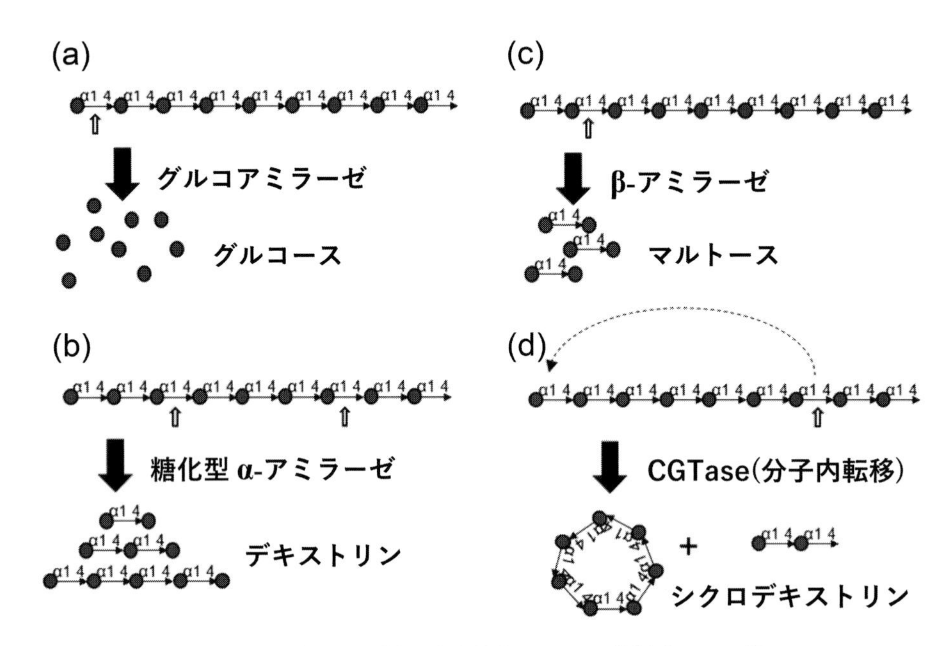

図 7-3　液化でん粉の酵素糖化により工業製造される糖

(a) グルコアミラーゼによるグルコース製造、(b) 糖化型アミラーゼによるデキストリン・水飴の製造、(c) β-アミラーゼによるマルトースの製造、(d) CGTase によるシクロデキストリンの製造。

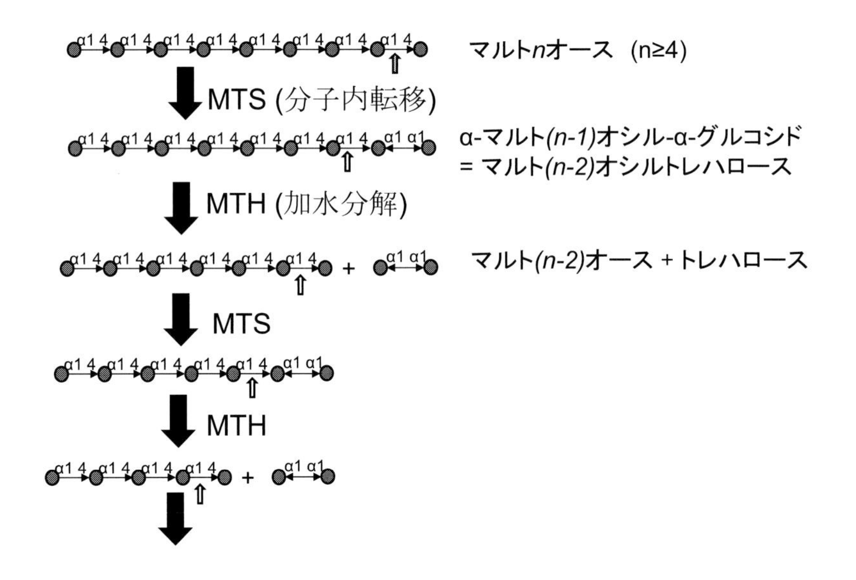

図 7-4　でん粉を原料とした酵素法によるトレハロース製造法の原理図

スの甘味は温度により変化し低温で甘くなるが、40 ℃において砂糖と同等、5 ℃において砂糖の1.5倍程度の甘味を示す。そのため、グルコースの一部をフルクトースに変換することにより甘味を増強することができる。この変換にグルコースイソメラーゼが用いられる。グルコースイソメラーゼとは工業的に用いられるときの通称で、酵素の正式名称はキシロースイソメラーゼであり、本来キシロースとキシルロースのアルドース-ケトース変換を触媒する酵素である。グルコース-フルクトースの平衡はおおよそ1：1であり、酵素反応により固形分注フルクトース含有率42%程度のシロップが製造される。さらに甘味を増強させるため、得られたシロップから疑似流動床クロマトグラフィーによりフルクトース分を高めることにより、固形分中フルクトース含有率を55%程度に高めたシロップが製造される。なお、固形分中フルクトース含有率が50%未満のシロップをぶどう糖果糖液糖、50%以上90%未満のものを果糖ぶどう糖液糖と言う。また、このようにして製造されるシロップを一般的に異性化糖と言う。異性化糖は低温で砂糖と同等の甘味度を持ち、かつ砂糖よりも安価に製造される。そのため、主に清涼飲料水の甘味料などとして使用されており、でん粉糖化産業の重要な最終製品である。

第8章

糖化学と医薬品

糖あるいは糖鎖骨格は医薬品として利用されており、新たな開発も試みられている[1-3]。本章では、糖構造を骨格とした医薬品について述べる。

8-1　抗インフルエンザ薬

ザナミビル、オセルタミビル（タミフル）に代表される抗インフルエンザ薬は、シアル酸加水分解反応における遷移状態アナログである。

A型インフルエンザウイルスは、エンベロープにヘマグルチニン（hemagglutinin: HA）とノイラミニダーゼ（Neuraminidase: NA）とよばれるタンパク質が存在している。ノイラミニダーゼは、宿主（ヒト）の*N*-アセチル-D-ノイラミン酸（シアル酸）を切断する酵素である。

A型インフルエンザに感染すると下記のステップの繰り返しにより、新たな細胞への感染が広がる。

①気道上皮細胞などが分泌するタンパク質分解酵素によってHAが切断・開裂される。
②細胞表面にある糖タンパク質のシアル酸残基にHAが結合し、ウイルスが細胞表面に吸着する。
③細胞のエンドサイトーシスによってウイルスが細胞内に取り込まれる。
④エンドソームの酸性環境によって、ウイルス膜とエンドソーム膜が融合する。
⑤M2タンパク質の働きによりプロトンがウイルス内部に流入し、ウイルス粒子内部が酸性化される。
⑥ウイルス核を形成しているM1タンパク質が酸性条件下で崩壊し、ウイルスゲノムの複合体が細胞核に放出される。
⑦細胞核に移行したウイルスゲノムRNAの転写と複製が行われる。
⑧転写されたmRNAが細胞質に移動し、ウイルスタンパク質が合成される。
⑨合成されたウイルスタンパク質や複製されたウイルスゲノムRNAが細胞表面に移動し、子孫ウイルス粒子が形成される。
⑩NAが細胞表面のシアル酸を分解することによって、子孫ウイルスの放出が起こる。

最後の段階で、インフルエンザウイルスのNAによるシアル酸の切断を抑えることができれば、抗インフルエンザ薬となる。ザナミビルはシアル酸加水分解遷移状態アナログである。シアル酸加水分解のときにはC2と酸素の間の結合がオキソカルベニウムイオンとなり、平面性を持つ（図8-1）。ザナミビルは、エノールエーテル構造により、シアル酸加水分解の遷移状態に似せることができる（図8-2）。さらにシアル酸の4位のヒドロキシ基をグアニジノ基に変換することで、NAの活性部位にあるアスパラギン酸やグルタミン酸とイオン結合することにより、よりNAに取り込まれやすくなる。

ペラミビルは、ザナミビルやオセルタミビルをリード化合物として開発された。

ザナミビルやラミナビルは、エノールエーテル構造を持つが、酸性条件では、水が付加し、環状のヘミケタール構造と鎖状構造の平衡混合物になると考えられている（図8-3）。

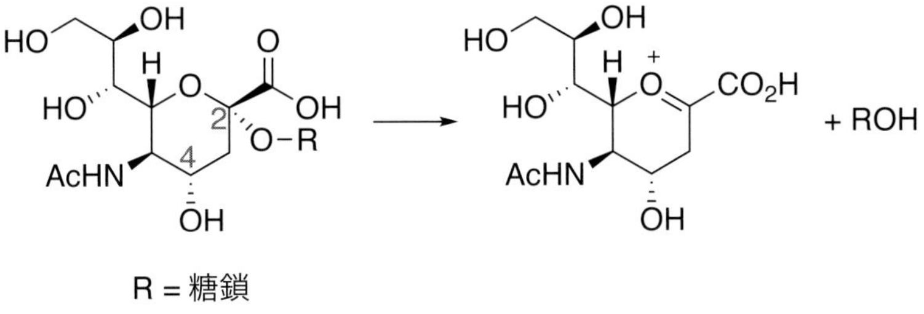

R = 糖鎖

図 8-1　シアル酸加水分解

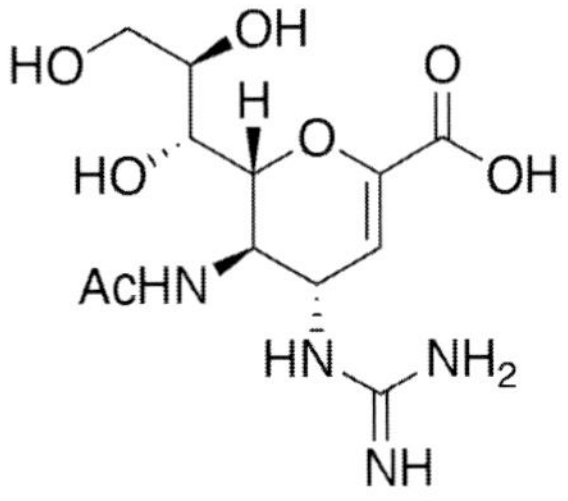

ザナミビル 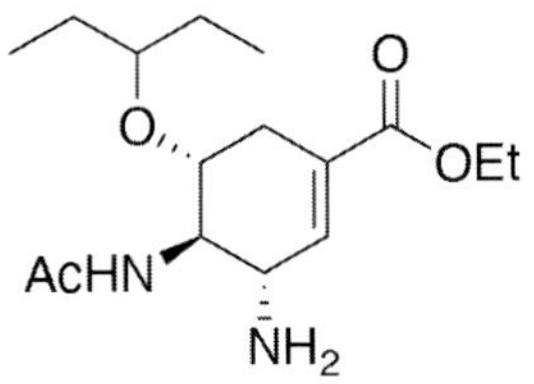　オセルタミビル 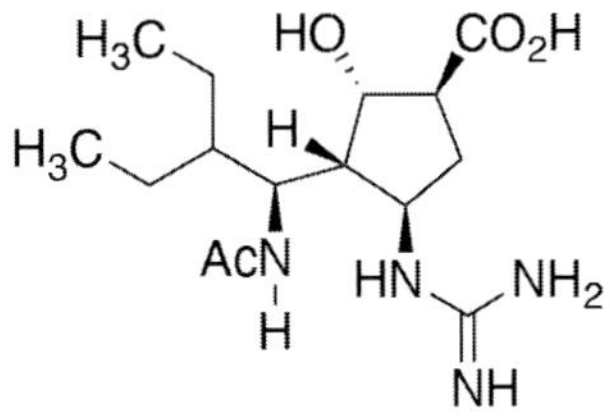　ペラミビル

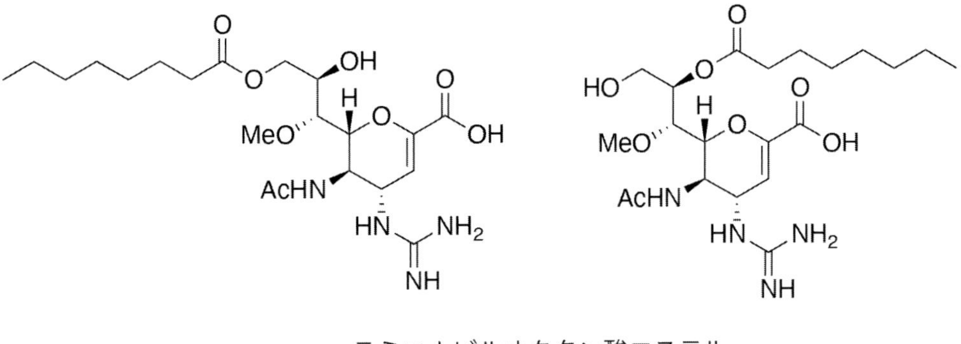

ラミニナビルオクタン酸エステル

図 8-2　ノイラミニダーゼ阻害による抗インフルエンザ薬

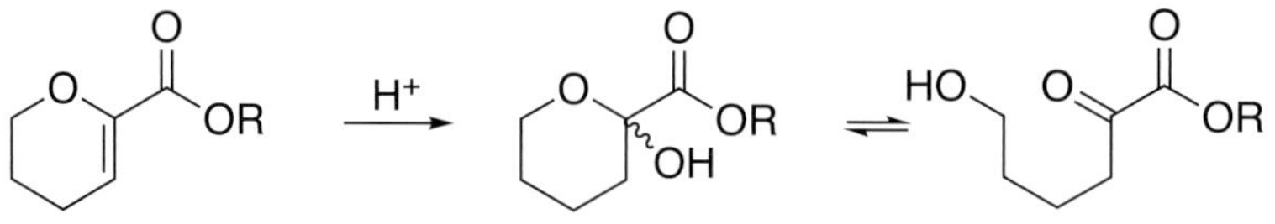

図 8-3　ヘミアセタール構造水和後の平衡反応

8-2　抗糖尿病薬

食物から摂取された多糖類は、最終的にはグルコースまで加水分解される。α-グルコシダーゼを阻害すると、高血糖が抑制されるので、α-グルコシダーゼ阻害薬が開発されてきた（図8-4）。これらの構造は複数の水酸基を持ち、グルコースと似た構造を持つ。第1章にて（1-2-8）チオ糖構造を有するα-グルコシダーゼ阻害薬として、サラシノールを紹介しているので、参照されたい。

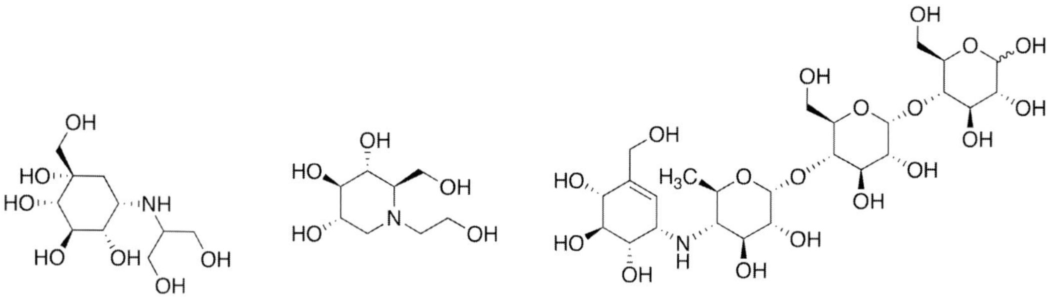

ボグリボース　ミグリトール　アカルボース

図 8-4　α-グルコシダーゼ阻害による抗糖尿病薬

リンゴやナシの皮に含まれるフロリジンは、ナトリウム・グルコース共輸送体（sodium glucose co-transporter: SGLT）を阻害することで、尿中に糖を排泄する働きを持つ。SGLTは、Na^+/K^+ ATPase の作用により形成された細胞内外のナトリウムイオンの濃度勾配を駆動力としてグルコースを細胞内に取り込むトランスポーターである。SGLTには6つのサブタイプが知られているが、腎臓にはSGLT1とSGLT2 が存在する。近位尿細管近位部において、原尿中のグルコースの90%がSGLT2 に取り込まれ、残りの10%は、SGLT1により再吸収される。SGLT2に取り込まれたグルコースは、その後、グルコース輸送体により血中に再吸収される。SGLT1は小腸にも存在しているため、SGLT2の選択的な阻害薬は抗糖尿病薬の阻害にもつながる。

フロリジンをそのまま投与してもβ-グルコシダーゼによる分解によるため、SGLT2

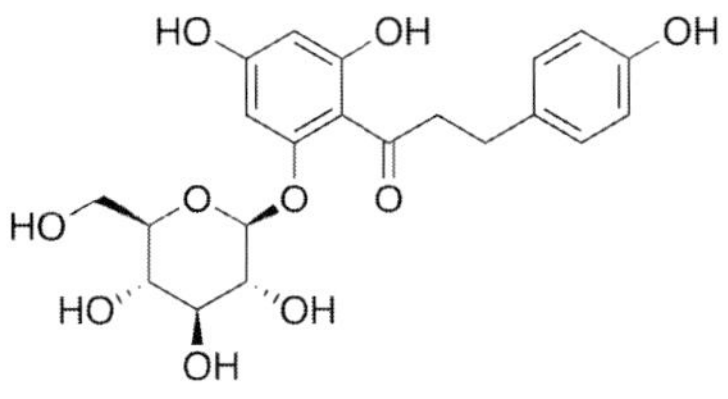

フロリジン

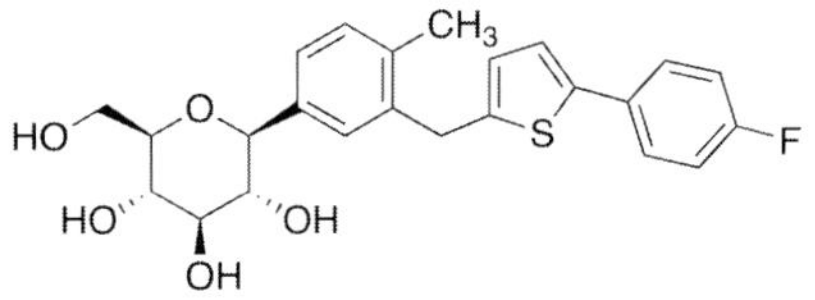

カナフロリジン 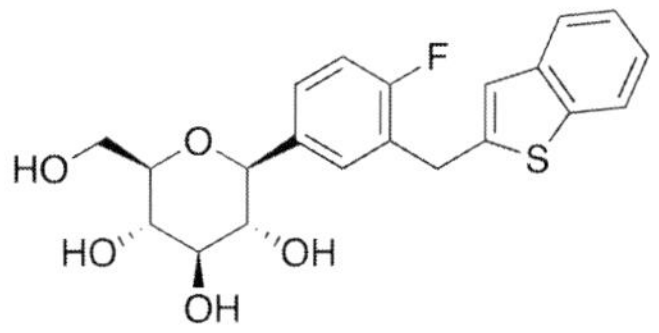　　イプラグリフロジン

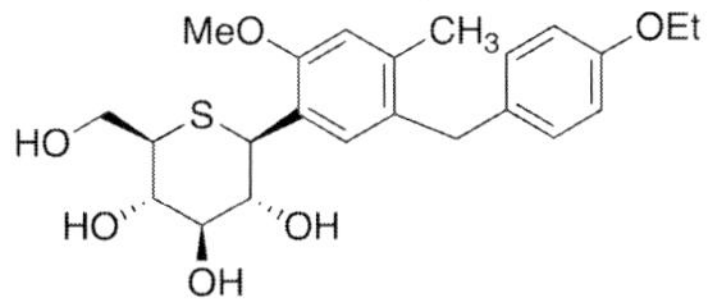

ルセオグリフロジン 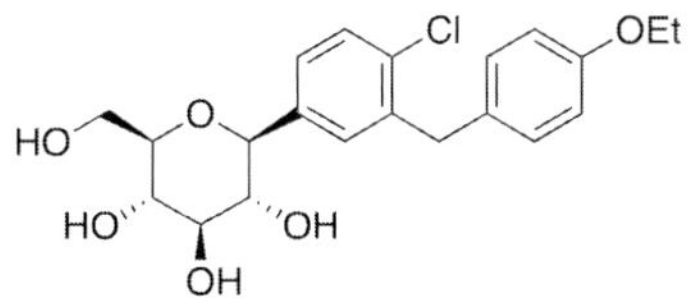　　ダパグリフロジン

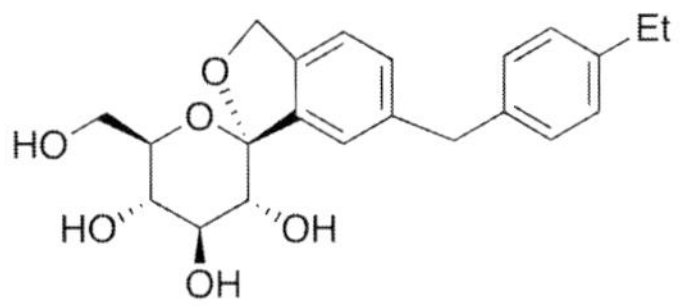

トホグリフロジン 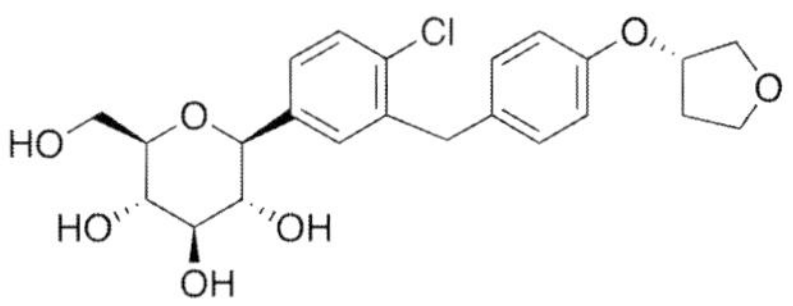　　エンパグリフロジン

図 8-5　SGLT2 阻害による抗糖尿病薬

の阻害にはつながらない。現在、安定性の高い複数の*C*-グリコシドが抗糖尿病薬として開発されている（図8-5）。これらの薬はインスリン作用を介さずに血糖値を下げるので、SGLT2阻害薬単独では、低血糖になるリスクが少ない利点を持つ。

8-3　PET診断薬

グルコースのアナログである^{18}F-FDG（2-^{18}F-fluoro-2-deoxy-D-glucose）は、2位のヒドロキシ基が^{18}Fに置換された化合物である。^{18}F-FDGは、グルコーストランスポーターにより細胞に取り込まれ、ヘキソキナーゼによりリン酸化されるが、リン酸化されると細胞外へ漏出しなくなる。通常のグルコースの2位の水酸基は解糖に必須であるが、

^{18}F-FDGにはこの2-ヒドロキシル基がないため、リン酸化された^{18}F-FDGは細胞内に蓄積することとなる。その結果、^{18}F-FDGはヘキソキナーゼとグルコーストランスポーターの活性が活発である部位、すなわち、脳のほか、腫瘍に蓄積することとなる。Positron Emission Tomography（陽電子放出断層撮影、PET）は^{18}F-FDGが放出する陽電子を用いて腫瘍部位を画像化する手法である。^{18}F-FDGは、放射性崩壊した後、2位の^{18}Fは^{18}Oに変換され、水環境中からプロトンを受け取った後、2位の水酸基に無害で非放射性の重酸素を標識したグルコース-6-リン酸となる。2位の官能基が新たに水酸基となったことで、通常のグルコースと同じように正常に代謝され、放射性物質を含まない最終生成物が生成される。

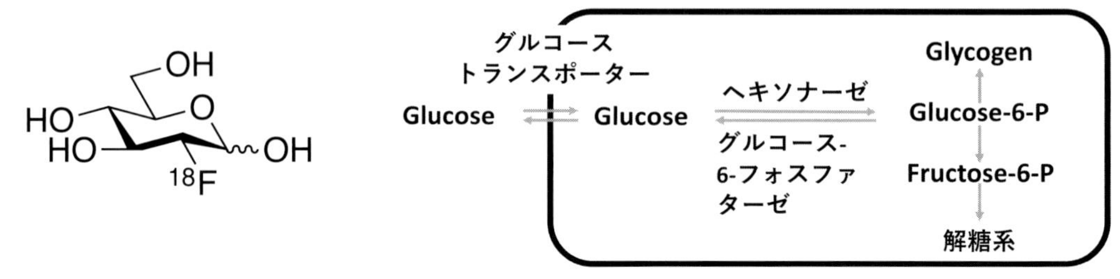

図 8-6　FDG の構造とグルコース代謝経路

8-4　抗血液凝固薬

ヘパリン（heparin）は、グルクロン酸あるいはイズロン酸と*N*-アセチルグルコサミンからなる2糖構造が重合し、さらに高度に硫酸化されたグリコサミノグリカンである。最も重要な生理活性である抗血液凝固作用は、主にヘパリンがアンチトロンビンⅢに結合することにより、その構造を変化させ、トロンビン、Xa, IXa, XIa, およびXIIa因子を不活性化する。それらの中ではトロンビンとXa因子が最も大きなヘパリン-アンチトロンビン複合体による阻害を受ける。ヘパリンとアンチトロンビンⅢとの結合には八糖、なかでも五糖が必須であることが示されている。トロンビンの阻害には、アンチトロンビンⅢとトロンビン両分子がヘパリンに結合している必要があるが、Xa因子の阻害にはヘパリンとXa因子の結合は必要ではない。したがって、短鎖ヘパリンはXa因子のみを阻害することとなる。

血液抗凝固薬としてのヘパリンは、ブタ小腸から単離精製されたものが使用されることが多い。しかし、過硫酸化コンドロイチン硫酸の混入による死者が出た事故や出血性副作用の面から、未分画ヘパリン（分子量5,000 ～ 20,000 Da）より低分子量の分画ヘパリン（分子量約5,000 Da）や完全化学合成低分子ヘパリン（図8-7）が推奨される。完全化学合成低分子ヘパリンの使用は、ハラル対応の面からも好ましい。

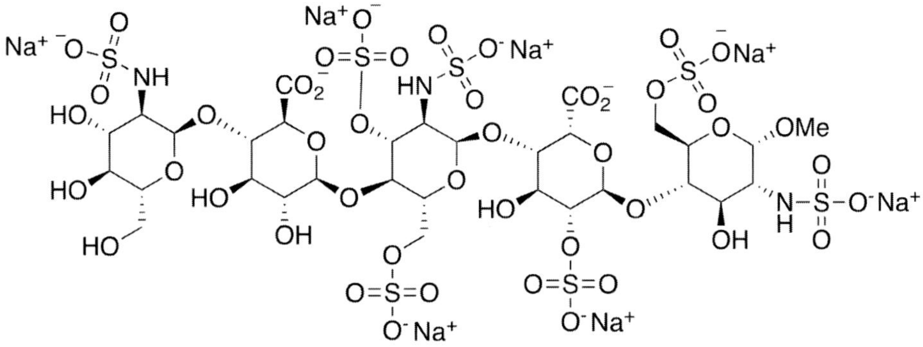

図 8-7　完全化学合成ヘパリン

8-5　抗体医薬品

従来は医薬品と言えば、低分子有機化合物がほとんどであったが、最近は抗体を中心とするバイオ医薬品が主流になりつつある。抗体は抗原に対して高い特異性を有していることから、抗体医薬品はターゲットとなるタンパク質に特異的に結合することになり、副作用は少ない。抗体は、抗原結合を担うFab部分とエフェクター機能を担うFc部分がヒンジ領域を介して連結された構造を持つ（図8-8）。注目すべきは抗体の糖鎖修飾である。IgGの場合、FcのC_H2ドメインのAsn297には1対の2本鎖複合型糖鎖が結合している。Fcに結合している糖鎖を取り除くとFc受容体との結合や補体活性化などのエフェクター機能が低下もしくは喪失することから、糖タンパク質における糖鎖の重要性が認識されるに至った。この糖鎖は通常ガラクトースの有無、bisecting GlcNAcの有無、フコースの有無などにより、不均一性を示す。また、慢性関節リウマチ患者に由来するIgGの糖鎖は健常人と比較してガラクトース含量が低下していることが見出され[5]、以降疾患のマーカーとして糖鎖を利用する動きも高まった。現在も糖鎖の構造と抗体の機能の相関について多くの研究が続いているが[6]、抗体医薬品の観点から特筆すべきは、フコース残基がエフェクター機能の発現に与える影響である。通常抗体の糖鎖にはフコースが結合している糖鎖の割合は高いが、人為的にフコースを取り除いた抗体はフコース結合型抗体と比較して、Fc受容体との親和性が高まり、結果として抗体依存性細胞障害活性（antibody dependent cellular cytotoxicity: ADCC）が50 ～ 100倍上昇することが明らかになった[7,8]。そのため、フコースを欠損させた抗体は低用量で本来の薬効を期待できる。また近年になり、糖鎖構造を改変する技術も大きく進展し、糖鎖構造と活性の相関を系統的に調べることも可能になってきた。将来的には糖鎖構造を制御する方法の開発が進み、目的の糖鎖構造を有する医薬品の開発が進むものと思われる。

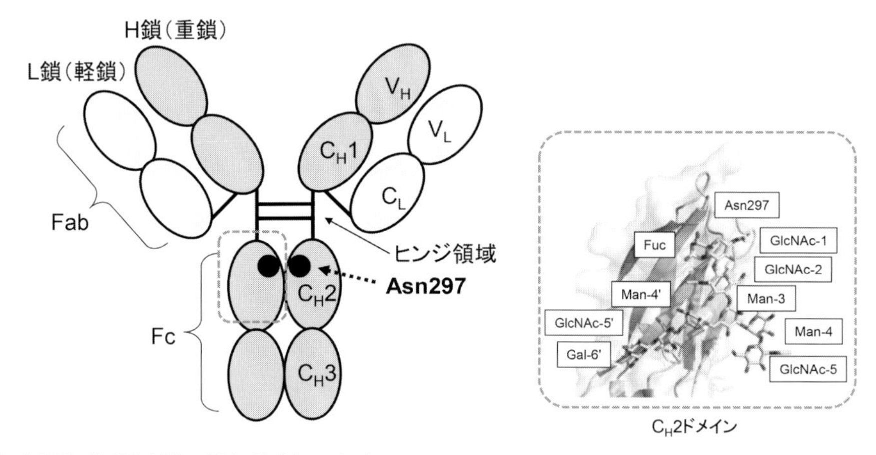

±Gal (β1-4) GlcNAc (β1-2) Man (α1 - 6)
Man (β1-4) GlcNAc (β1-4) GlcNAc (β1-) Asn
± Gal (β1-4) GlcNAc (β1-2) Man (α1 - 3)

図 8-8　抗体（IgG）の構造模式図と Fc の結晶構造の一部（C_H2 ドメインと糖鎖）
下段には Asn297 に結合している 2 本鎖複合型糖鎖の典型的な構造を示した。4 か所において糖残基を示したものの有無（±）の違いがある場合、2 × 2 × 2 × 2 = 16 種類の糖鎖が存在することになる。

8-6　脳血管障害治療薬

急性期の脳血管障害に起因する浮腫をとる医薬品としては、浸透圧利尿薬でもあるグリセロールやマンニトールが使用される（図8-9）。血液の粘度を下げ、血流を促進させるために低分子デキストランが用いられる。

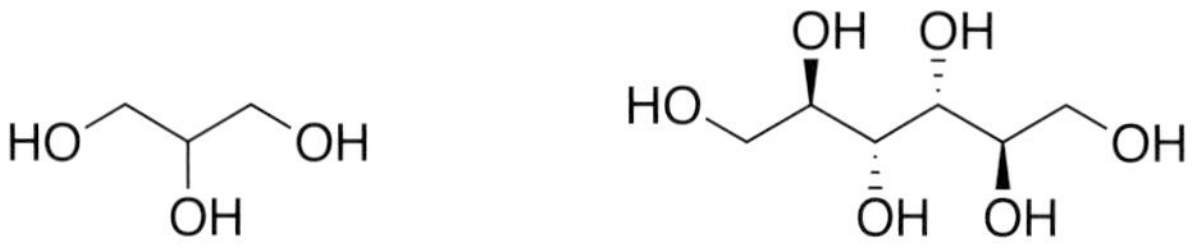

グリセロール　　マンニトール

図 8-9　急性脳血管障害薬

8-7　薬物送達への応用

医薬品が適切な場所において適切な濃度で働き、副作用を低減させるためにドラッグ・デリバリー・システムが開拓されている。シクロデキストリン（cyclodextrin）は、食品の香気成分を内包して取り込むことに使用されるほか、医薬品の賦形剤としての使用もされている。核酸医薬品が脚光を浴びているが、目的場所への送達にはいまだ問題がある。核酸に*N*-アセチル-D-ガラクトサミンを結合させることにより、デリバリーが可能となっている。

8-8　酵素補充療法

酵素補充療法（enzyme replacement therapy: ERT）とは先天的に活性が低下または欠損した酵素を製剤として体外から補充することで酵素活性を高め症状を改善する方法である。ファブリー病では、α-ガラクトシダーゼが欠損、あるいは働きが低下するため、スフィンゴ糖脂質が分解されず、血管内壁に蓄積される。そのため、腎不全、心不全、脳梗塞、四肢の激痛発作、腹痛や下痢などの消化器症状、うつ症状などの精神症状、皮膚や呼吸器の障害を起こす。ファブリー病の治療には、α-ガラクトシダーゼを製剤化した薬を点滴で補充し、体内で蓄積している糖脂質の分解・代謝を促進する。ポンペ病ではグリコシダーゼの活性が弱く、グリコーゲンを分解できないため、グリコシダーゼの補充を行う。ゴーシェ病では、糖脂質を分解するβ-グルコセレブロシダーゼが不足しており、

表8-1　ムコ多糖症（mucopolysaccharidosis: MPS）の病型分類

	病　名	欠損酵素	蓄積物質
I型（IH）	ハーラー症候群	α-L-イズロニダーゼ	デルマタン硫酸 ヘパラン硫酸
I型（IH/IS）	ハーラー・シャイエ症候群	α-L-イズロニダーゼ	デルマタン硫酸 ヘパラン硫酸
I型（IS）	シャイエ症候群	α-L-イズロニダーゼ	デルマタン硫酸 ヘパラン硫酸
II型	ハンター症候群	イズロン酸-2-スルファターゼ	デルマタン硫酸 ヘパラン硫酸
III型	サンフィリッポ症候群A型	ヘパラン*N*-スルファターゼ	ヘパラン硫酸
III型	サンフィリッポ症候群B型	α-*N*-アセチル-D-グルコサミニダーゼ	ヘパラン硫酸
III型	サンフィリッポ症候群C型	アセチルCoA:α-グルコサミニド*N*-アセチルトランスフェラーゼ	ヘパラン硫酸
III型	サンフィリポ症候群D型	*N*-アセチル-D-グルコサミン6-硫酸スルファターゼ	ヘパラン硫酸
IV型	モルキオ症候群A型	*N*-アセチル-D-ガラクトサミン6-硫酸スルファターゼ	ケラタン硫酸
IV型	モルキオ症候群B型	β-ガラクトシダーゼ	ケラタン硫酸
VI型	マロトー・ラミー症候群	*N*-アセチル-D-ガラクトサミン4-スルファターゼ	デルマタン硫酸
VII型	スライ症候群	β-グルクロニダーゼ	デルマタン硫酸、ヘパラン硫酸、コンドロイチン硫酸

マクロファージにグルコセレブロシドが蓄積することで、肝臓や脾臓の肥大、血小板減少に伴う出血傾向、貧血、骨痛、骨折、神経症状を引き起こす。

ムコ多糖（グリコサミノグリカン）の分解に必要なライソゾーム酵素は 10 種類以上存在する。ムコ多糖症（mucopolysaccharidosis: MPS）は、この酵素の 1 つの欠損により、ムコ多糖の分解が完結できず、ライソゾーム内にムコ多糖が過剰蓄積することが原因となり、種々の臓器障害を引き起こす遺伝性疾患である。

ハンター症候群は、ヘパラン硫酸、およびデルマタン硫酸の分解経路に関与するイズロン酸-2-スルファターゼの遺伝的欠損または活性低下によって引き起こされる X 染色体連鎖劣性遺伝疾患である。ヒトトランスフェリン受容体抗体の Fc ドメインの C 末端にイズロン酸-2-スルファターゼを結合させることにより、脳血液関門を通過可能とした遺伝子組換え融合タンパク質が開発された。

8-9　抗生物質

8-9-1　アミノグリコシド系抗生物質

抗菌剤として用いられている抗生物質の中に、アミノグリコシド構造を有する一群（アミノグリコシド系抗生物質）がある（図 8-10）[9]。ストレプトマイシン（Streptomycin）は 1944 年に結核の治療のために放線菌の一種 *Streptomyces griseus* より発見された最初のアミノグリコシド系抗生物質である。ストレプトマイシンは、ストレプタミンとして知られるカルバ糖（アミノシクリトールの一種）の誘導体、および L-ジヒドロストレプトースとよばれる β-[3-*C*-（ヒドロキシメチル）-5-デオキシ-β-L-リキソフラノースを骨格に有する。1948 年にネオマイシン（Neomycin）（フラジオマイシン類）が やはり放線菌の一種 *S. fradiae* より見出された。ネオマイシン B、C は四糖構造のエピマーで、ネオマイシン A は、下部二糖 [6-アミノ-6-デオキシ-α-D-グルコサミニル-（1→4）-2-デオキシストレプタミン] である。

カナマイシン（Kanamycin）は、アミノグリコシド系抗生物質に分類される代表的な高度にアミノ化された中央の 2-デオキシストレプタミンに、糖が 2 つ結合した三糖誘導体構造である。1957 年に梅沢らによって *S. kanamyceticus* より見出された。カナマイシン A ～ D および X などが知られ、他のアミノグリコシドと同様に、細菌のリボソームにおけるタンパク質合成を阻害して細菌に対する抗菌活性を示す。大腸菌、赤痢菌、腸炎ビブリオなどのグラム陰性桿菌に対して効果を示す。また、緑膿菌に対するゲンタマイシン類はやはり 2-デオキシストレプタミンを含むアミノグリコシド系抗生物質である。2-デオキシストレプタミンが 4-アミノ-3-ヒドロキシブタン酸でアミド化された構造を有するアミカシンやアルベカシンは、メシチリン耐性黄色ブドウ球菌（methicillin-resistant *Staphylococcus aureus*: MRSA）に対しての抗菌作用も示す。

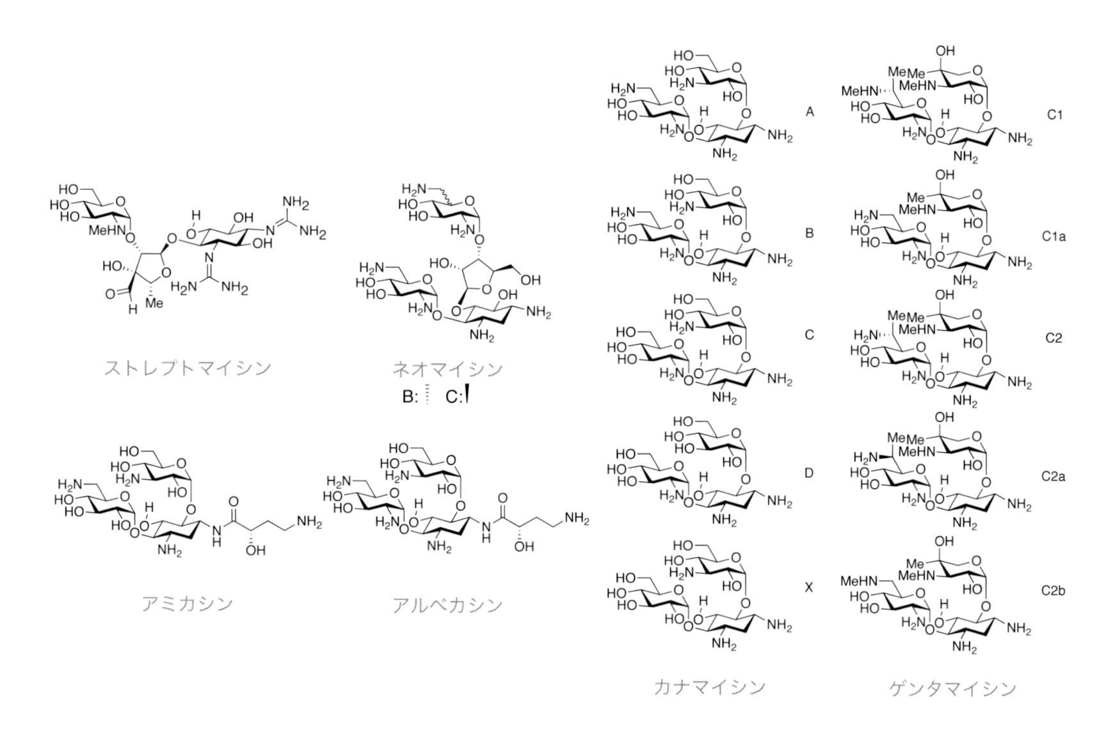

図 8-10　アミノグリコシド系抗生物質

8-9-2　グリコペプチド系抗生物質

前述のMRSAに対して用いられる抗菌剤の1つにバンコマイシン（Vancomycin）とよばれるグリコペプチド系抗生物質がある[10)]。細菌細胞壁のペプチドグリカン鎖の架橋において、基質であるムラミン酸に結合したペンタペプチド鎖のD-Ala-D-Ala構造を含む部分構造に強固に結合することで、細胞壁合成を阻害する抗菌薬である。同じ細胞壁合成を阻害する抗菌薬であるβ-ラクタム系抗生物質が、ペプチドグリカン鎖の架橋を司る細胞壁合成酵素のペニシリン結合タンパク質（penicillin binding protein: PBP）に直接作用する機構と異なるため、MRSAなどに効くとされる。リポグリコペプチドのテイコプラニンもMRSAなどの耐性菌の治療に用いられている。現在主に用いられているA2群を示したが、阻害機構はバンコマイシンと同様である[11)]。構造は多環状オリゴペプチドの配糖体で、非常に特異なバンコサミン（3-アミノ-2,3,6-トリデオキシ-3-メチル-L-*lyxo*-ヘキソピラノース）や、脂肪酸でアミド化されたグルコサミンなどを、糖部分に有している。なお、各種天然配糖体の薬剤としての利用は、第1章（1-3-5-2）にて紹介しているので、参照されたい。グリコペプチド系抗生物質は高い抗菌効果があるが、バンコマイシン耐性菌（vancomycin-resistant *Enterococci*: VRE、vancomycin-resistant *S. aureus*: VRSA）の出現も確認されている（図8-11）。

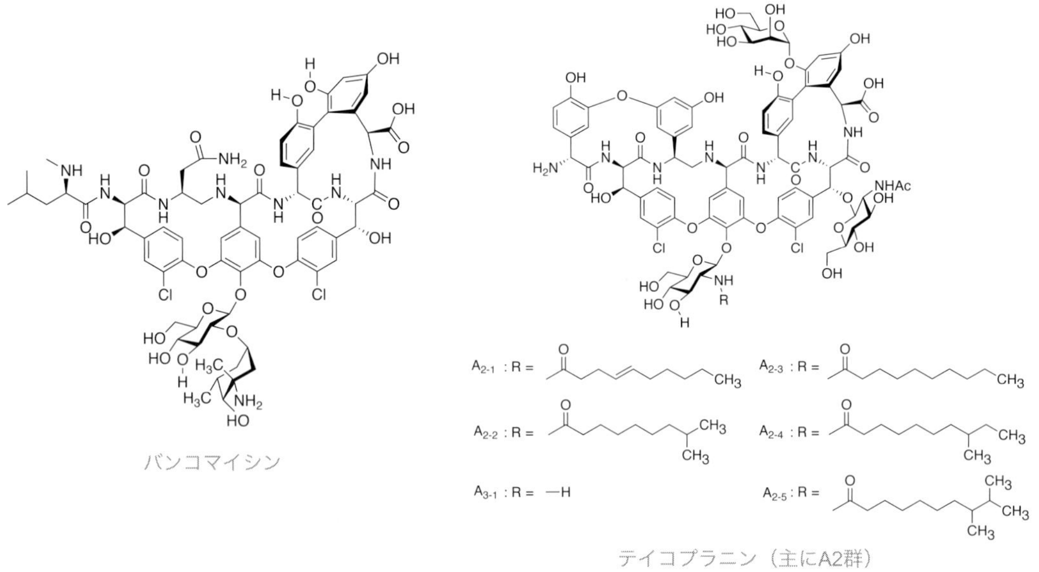

バンコマイシン

テイコプラニン（主にA2群）

図 8-11　グリコペプチド（リポグリコペプチド）系抗生物質

参考文献

1）Ernst, N., and Magnani, J. L.（2009）From carbohydrate leads to glycomimetic drugs. *Nat. Rev. Drug Disc.* **8**, 661-677.

2）Hudak, J. E., and Bertozzi, C. R.（2014）Glycotherapy: New advances inspire a reemergence of glycans in medicine. *Chem. Biol.* **21**, 16-37.

3）Verheijen, J., Tahara, S., Kozicz, T., Witters, P., and Morava, E.（2019）Therapeutic approaches in congenital disorders of glycosylation（CDG）involving *N*-linked glycosylation: an update. *Genet. Med.* **22**, 268-279.

4）Smith, B. A. H., and Bertozzi, C. R.（2021）The clinical impact of glycobiology: targeting selectins, Siglecs and mammalian glycans. *Nat. Rev. Drug Div.* **20**, 217-243.

5）Parekh, R. B., Dwek, R. A., Sutton, B. J., Fernandes, D. L., Leung, A., Stanworth, D., Rademacher, T. W., Mizuochi, T., Taniguchi, T., Matsuta, K., Takeuchi, F., Nagano, Y., Miyamoto, T., and Kobata A.（1985）Association of rheumatoid arthritis and primary osteoarthritis with changes in the glycosylation pattern of total serum IgG. *Nature* **316**, 452-457.

6）Yamaguchi, Y., and Barb, A. W.（2020）A synopsis of recent developments defining how *N*-glycosylation impacts immunoglobulin G structure and function. *Glycobiology* **30**, 214-225.

7）Shinkawa, T., Nakamura, K., Yamane, N., Shoji-Hosaka, E., Kanda, Y., Sakurada, M., Uchida, K., Anazawa, H., Satoh, M., Yamasaki, M., Hanai, N., and Shitara, K.（2003）The absence of fucose but not the presence of galactose or bisecting *N*-acetylglucosamine of human IgG1 complex-type oligosaccharides shows the critical role of enhancing antibody-dependent cellular cytotoxicity. *J. Biol. Chem.* **278**, 3466-3473.

8）Shields, R. L., Lai, J., Keck, R., O'Connell, L. Y., Hong, K., Meng, Y. G., Weikert, S. H., and Presta, L. G.（2002）Lack of fucose on human IgG1 *N*-linked oligosaccharide improves binding to human FcγRIII and antibody-dependent cellular toxicity. *J. Biol. Chem.* **277**, 26733-26740.

9）Takahashi, Y., and Igarashi, M.（2018）Destination of aminoglycoside antibiotics in the 'post-antibiotic era'. *J. Antibiot.* **71**, 4-14.

10）McCormick, M. H., McGuire, J. M., Pittenger, G. E., Pittenger, R. C., and Stark, W. M.（1955）Vancomycin, a new antibiotic. I. Chemical and biologic properties. *Antibiot. Ann.* **3**, 606-661.

11）Kahne, D., Leimkuhler, C., Lu, W., and Walsh, C.（2005）Glycopeptide and lipoglycopeptide antibiotics. *Chem. Rev.* **105**, 425-448.

第9章
練習問題

問題編

Q 01

アルドテトロースには、いくつの不斉炭素が存在するか。すべての立体異性体を描け。

Q 02

D系列の糖類のアノマー位から最も遠い不斉炭素の*R*あるいは*S*表示で立体化学を表せ。L系列の場合にはどのようになるか。

Q 03

1)グルコース、ガラクトースが水中でとり得るすべての構造をそれぞれ記せ。

2)β-メチル-D-ガラクトピラノシドがとる$^4C_1$, $^1C_4$をそれぞれ描け。

3)タロースはマンノースの4位のエピマーである。β-D-タロピラノシド$^4C_1$構造を描け。タロースとガラクトースの関係は何か。

Q 04

ガラクトースを水溶液とすると、変旋光が起こる。α-D-ガラクトピラノースの比旋光度は+150.7°であり、β-D-ガラクトピラノースの比旋光度は+52.8である。それぞれの異性体を水に溶解したときに、比旋光度は徐々に変化し、+80.2となる。α/βの存在比を求めよ。

Q 05

フルクトースを塩基性条件にさらしたときにカルボニル基が2位から3位に移動する反応機構を描け。

Q 06

硝酸は非常に強い酸化力を持っており、アルデヒドも1級アルコールも酸化してカルボン酸にする。グルコースとガラクトースを硝酸と反応させたときに、光学活性体を与えるのはどちらか。

Q 07

次の化合物IはA～Cのうち、いずれの立体配座を優先してとるか。その理由を述べよ。

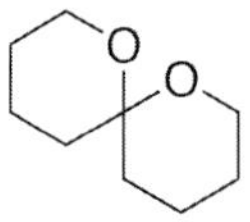

I 　A ⇌ B ⇌ C

Q08 還元糖を選べ。

a)メチルβ-D-グルコピラノシド　b)α-D-グルコース　c)スクロース
d)ラクトース　e)トレハロース

Q09

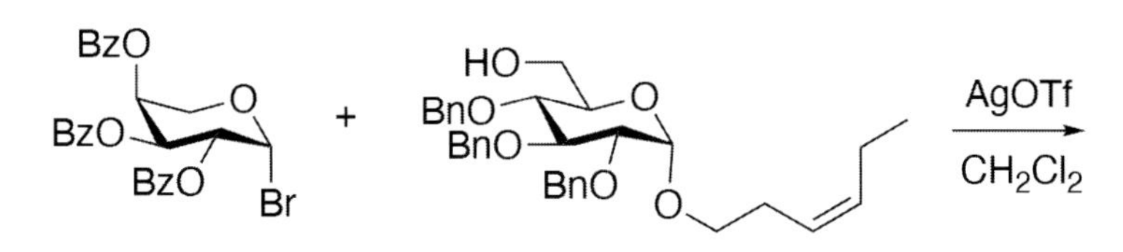

1)上の糖供与体と糖受容体との反応で得られる二糖の構造を描け。アノマー位の立体配置がどのように決定されるか、とり得る中間体の構造式を描いて説明せよ。

2)得られた二糖のそれぞれのアノマー位の立体化学α/βを決定せよ。

3)新しくできるアノマー位の^{1}H-NMRのカップリング定数をKarplus則に従って予測せよ。

Q10 β-メチルガラクトシドは以下の構造である。

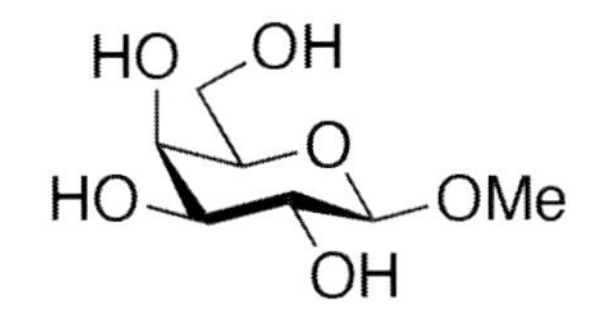

1)1,2-*cis* ジオール、1,2-*trans* ジオールの組み合わせを示せ。

2)1,2-*cis* ジオール、1,2-*trans* ジオールそれぞれについて、アセタール保護を行う場合、反応条件と試薬の例を示せ。

Q11 次の合成に適した反応条件を示せ。

1)

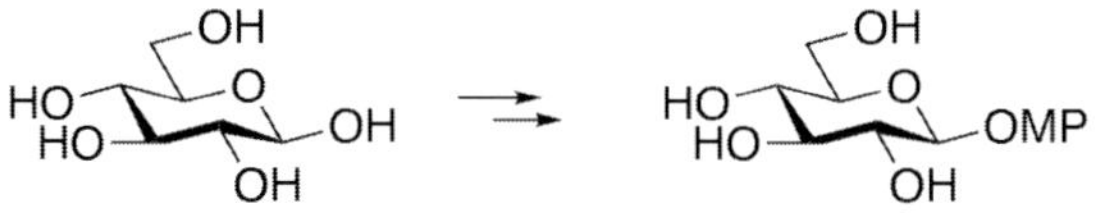

2)

3)

4)

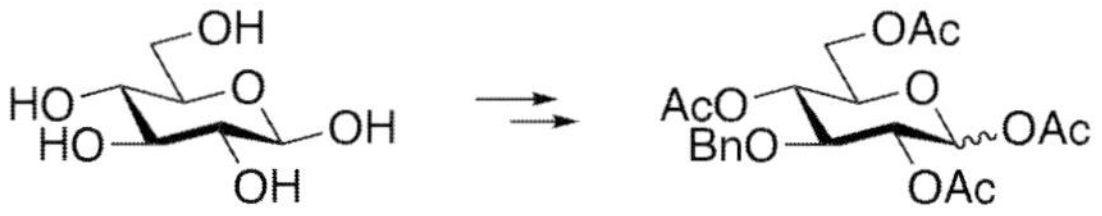

5)

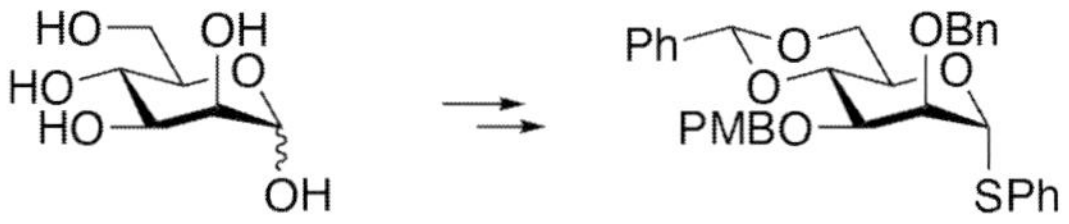

6)

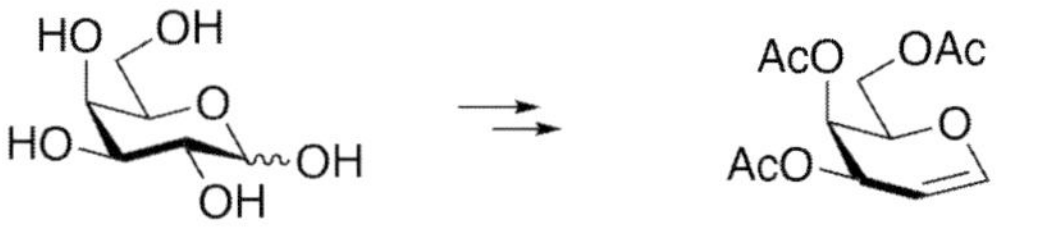

7)

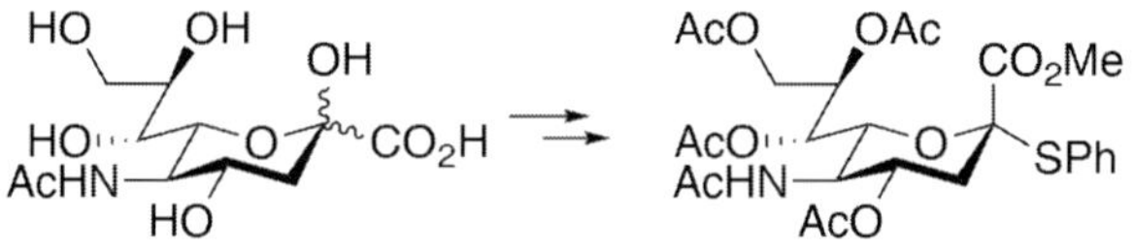

Q12 以下のそれぞれの糖供与体について適切な活性化試薬を挙げよ。

1)

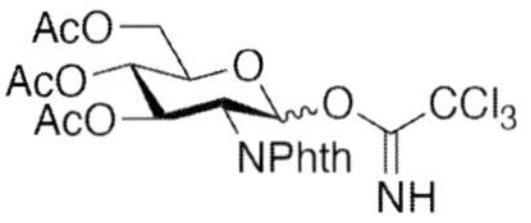

2)

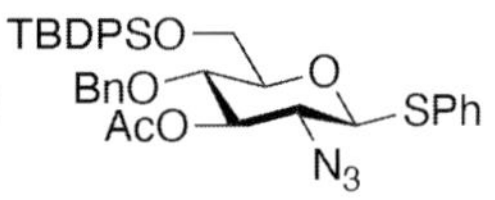

3)

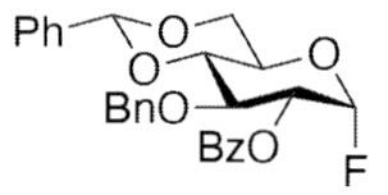

Q13 次のグリコシル化反応の結果得られる主生成物と期待される化合物の構造を描け。

1) 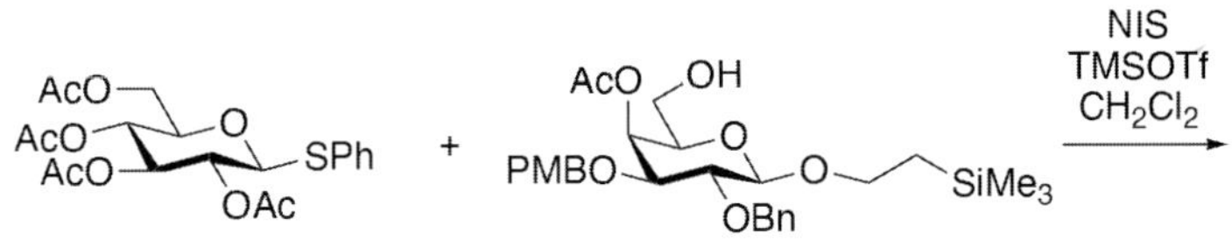 NIS, TMSOTf, CH_2Cl_2

2) AgOTf, Et_2O

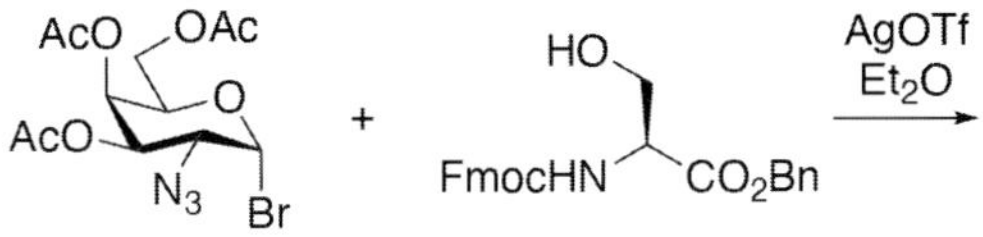

3) 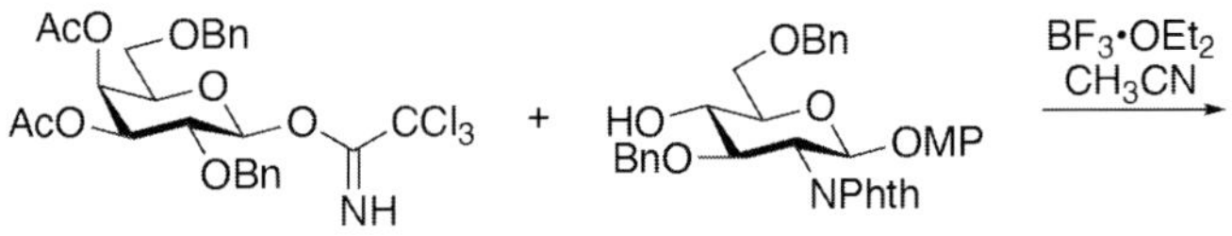 BF_3•OEt_2, CH_3CN

4) 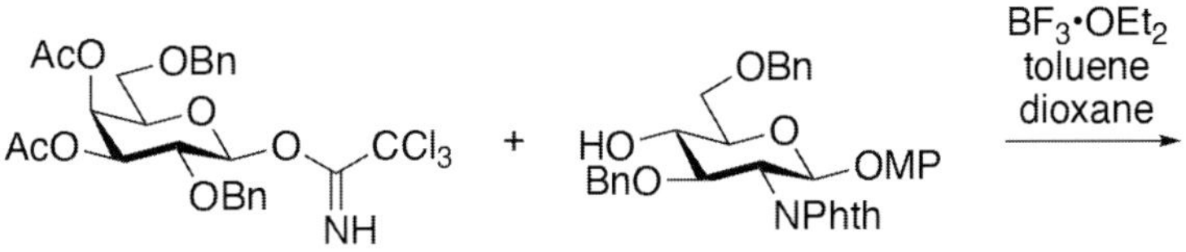 BF_3•OEt_2, toluene, dioxane

5) 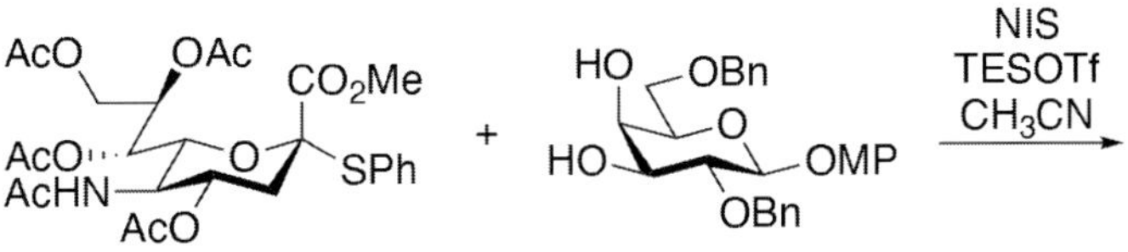 NIS, TESOTf, CH_3CN

Q14 以下の2種類の糖供与体を用いて、ある糖受容体に対してグリコシル化反応を行った。その結果、糖供与体 II のほうが糖供与体 I よりも高い収率で目的物のグリコシドを与えた。グリコシル反応において、生じ得る副生成物を考えることにより、その理由を述べよ。

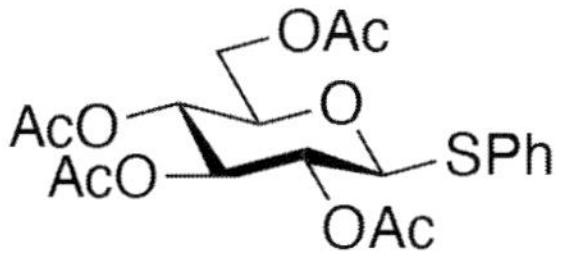

I 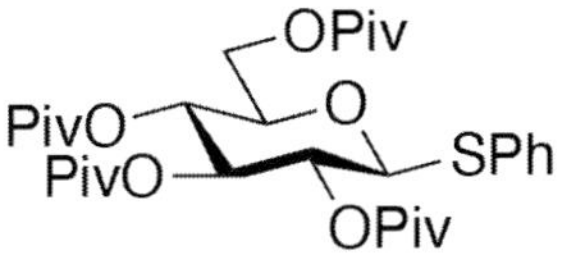　　II

Q15 グリコシル化反応において、エーテル系の溶媒とアセトニトリルを用いたときに生じるアノマー位の立体選択性はどのようになるか。その理由とともに説明せよ。

Q16 D-グルコサミンを出発原料とし、二糖を得る合成経路を考えよ。保護基のパターンや脱離基の選択、活性化方法により、解答は1つに限らない。

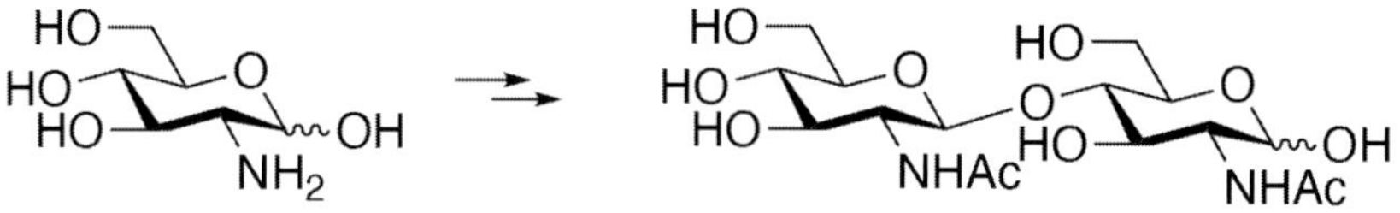

Q17 次の糖鎖の合成計画を立てよ。保護基のパターンや脱離基の選択、活性化方法により、解答は1つとは限らない。

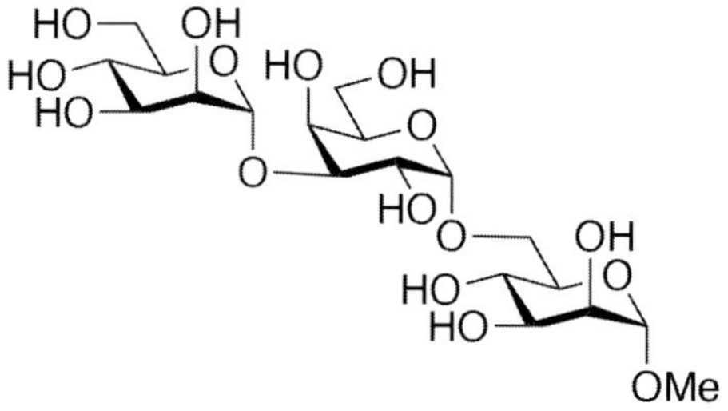

Q18 次の化合物のNMRスペクトルについて帰属を行うこと。
1)

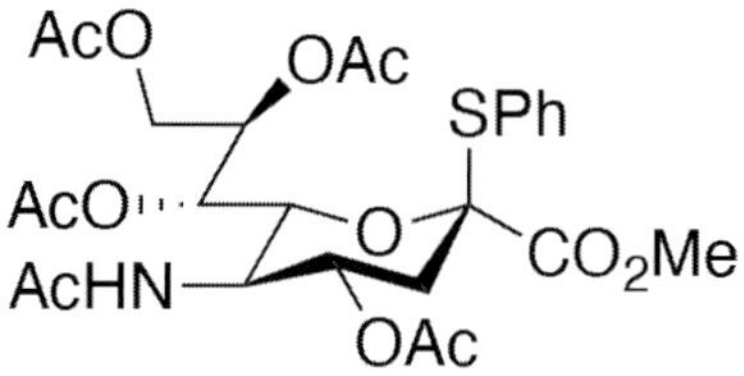

^{1}H-NMR（$CDCl_3$; 400 MHz）

δ: 7.457, 7.445, 7.388, 7.375, 7.363, 7.343, 7.331, 7.319, 5.534, 5.472, 5.468, 5.464, 5.412, 5.404, 5.394, 5.392, 5.386, 5.384, 5.375, 5.366, 4.970, 4.966, 4.962, 4.955, 4.952, 4.948, 4.634, 4.630, 4.616, 4.612, 4.507, 4.503, 4.486, 4.483, 4.164, 4.147, 4.129, 4.112, 4.026, 4.011, 4.005, 3.991, 3.599, 2.695, 2.686, 2.671, 2.663, 2.160, 2.140, 2.137, 2.117, 2.109, 2.079, 2.045, 1.966, 1.905.

^{13}C-NMR (CDCl$_3$; 100 MHz)

δ: 171.11. 170.91, 170.22, 170.18, 168.22, 136.13, 129.71, 129.07, 128.83, 88.96, 73.15, 73.109, 69.01, 68.83, 62.65, 52.57, 49.46, 37.51, 23.14, 21.04. 20.83. 20.73, 20.69.

^{1}H-NMR (CDCl$_3$; 400 MHz)

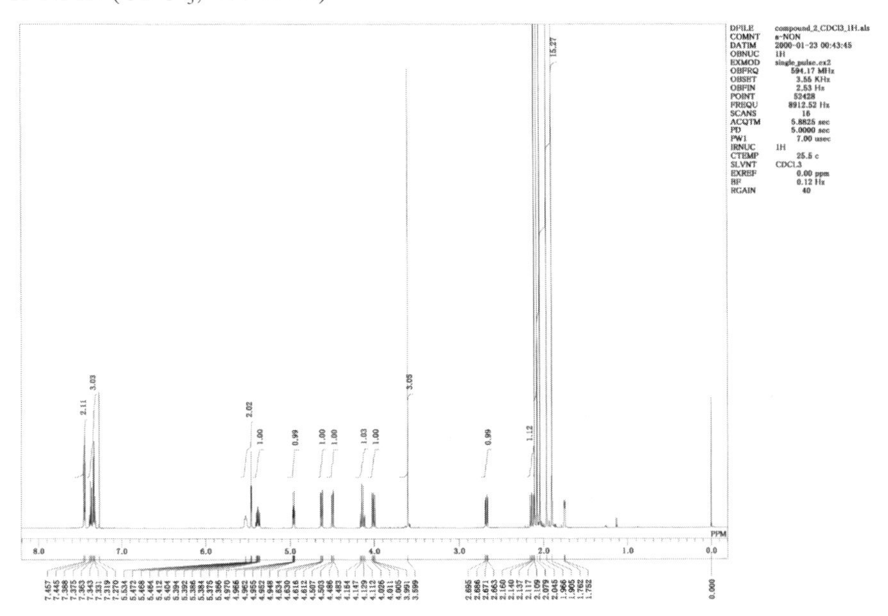

^{13}C-NMR (CDCl$_3$; 100 MHz)

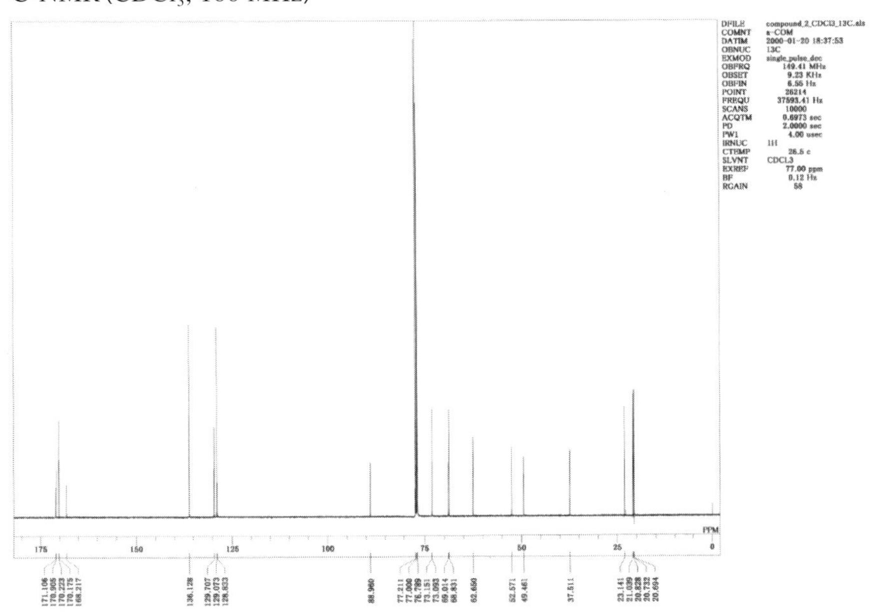

COSY ($CDCl_3$)

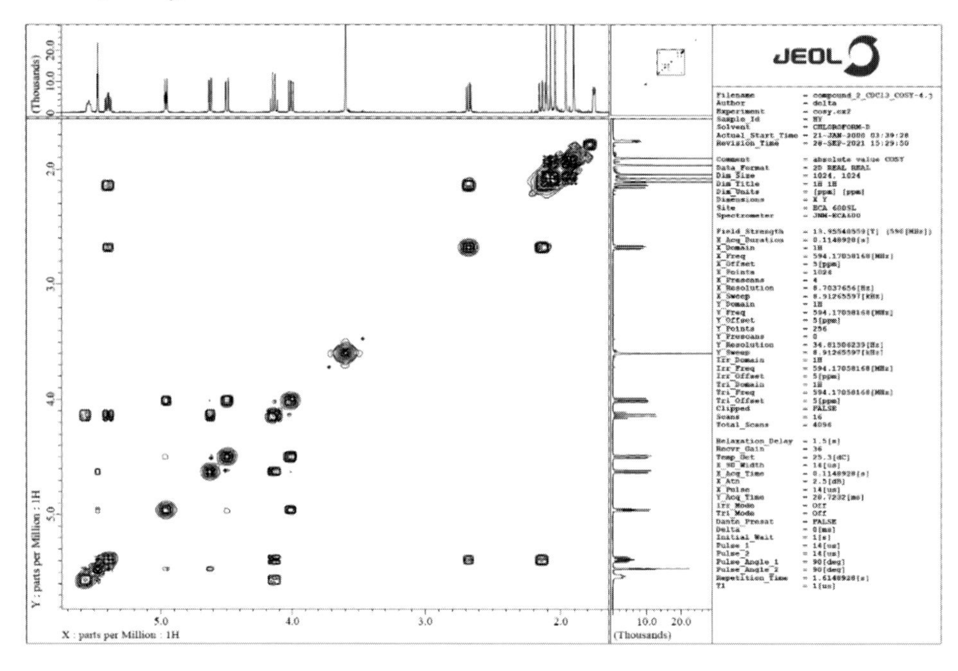

HMQC ($CDCl_3$)

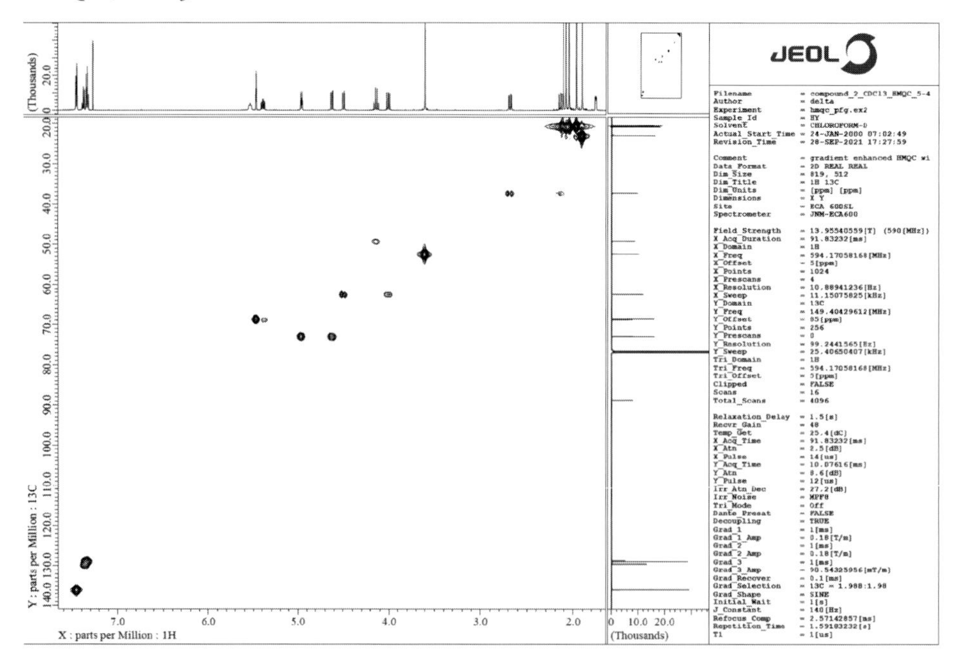

2)

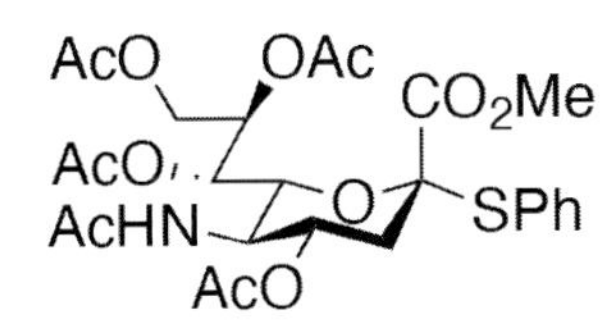

^{1}H-NMR (CDCl$_3$; 400 MHz)

δ: 7.521, 7.509, 7.412, 7.400, 7.387, 7.351, 7.338, 7.326, 5.308, 5.304, 5.296, 5.292, 5.282, 5.278, 5.273, 5.269, 5.267, 5.261, 5.257, 5.237, 5.221, 4.871, 4.863, 4.853, 4.851, 4.846, 4.843, 4.834, 4.826, 4.410, 4.405, 4.389, 4.385, 4.219, 4.210, 4.199, 4.189, 4.016, 3.998, 3.981, 3.964, 3.909, 3.906, 3.891, 3.888, 3.573, 2.832, 2.824, 2.810, 2.802, 2.142, 2.059, 2.045, 2.020, 1.862.

^{13}C-NMR (CDCl$_3$; 100 MHz)

δ: 152.11, 151.88, 151.49, 151.40, 149.70, 124.55, 119.28, 118.47, 118.27, 85.39, 75.20, 71.36, 71.12, 69.57, 64.99, 57.54, 54.82, 45.91, 33.91, 32.15, 32.04, 32.02, 31.99.

^{1}H-NMR (CDCl$_3$; 400 MHz)

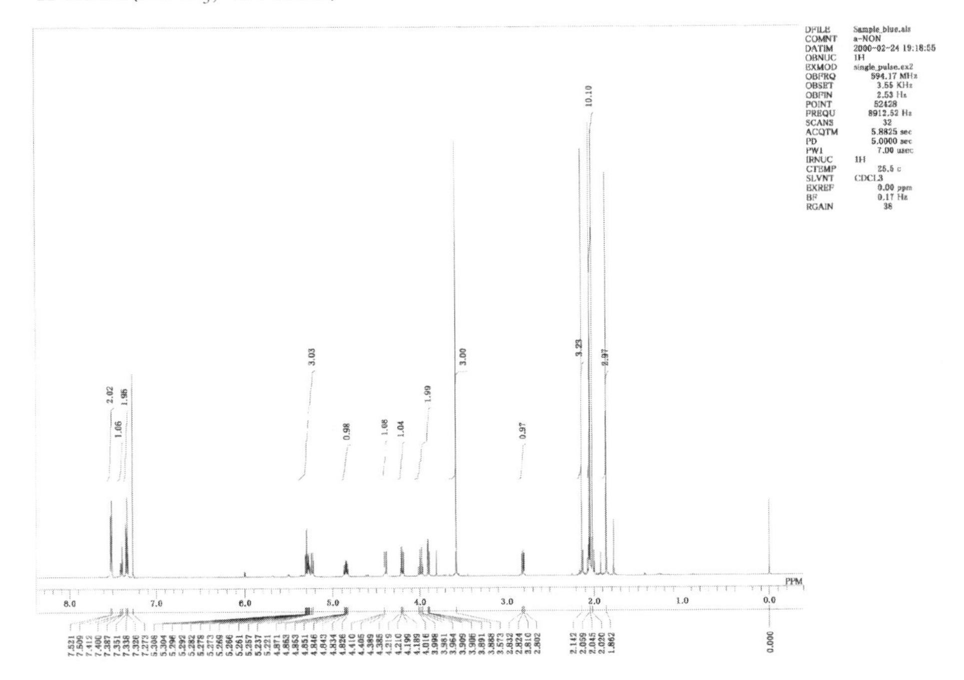

^{13}C-NMR (CDCl$_3$; 100 MHz)

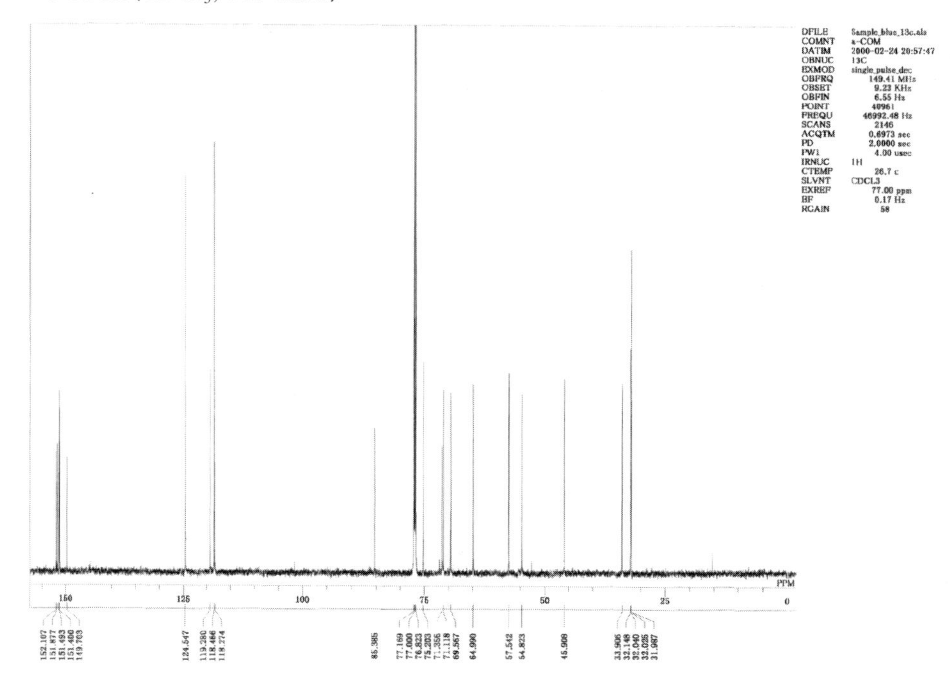

COSY (CDCl$_3$)

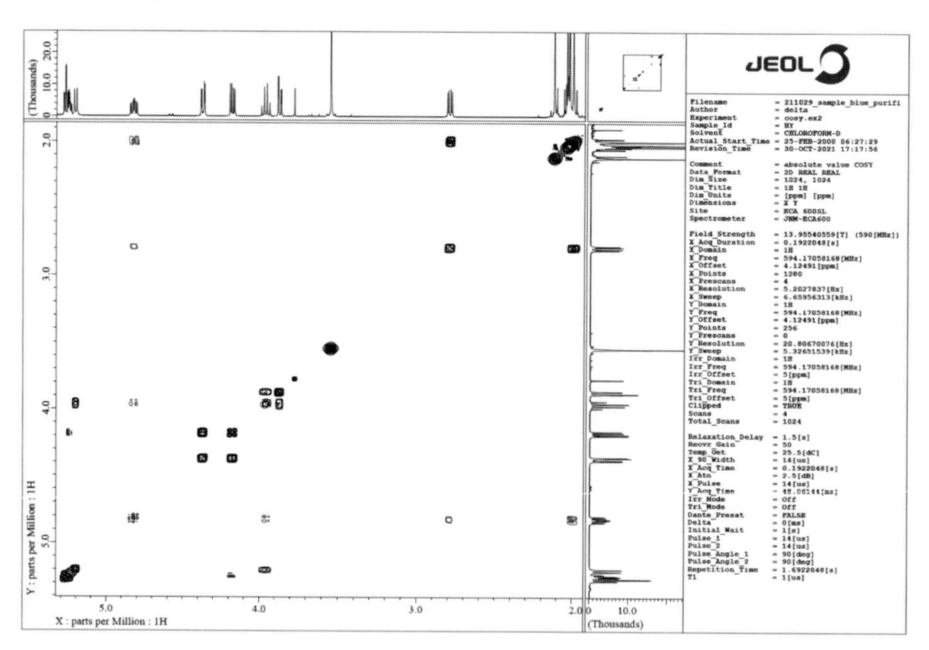

HMQC ($CDCl_3$)

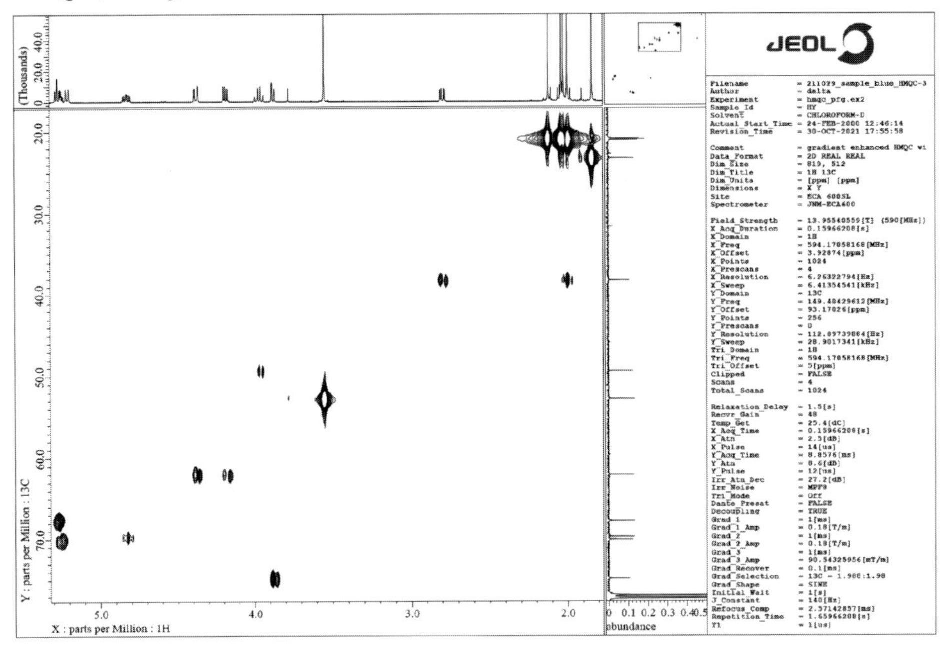

3)

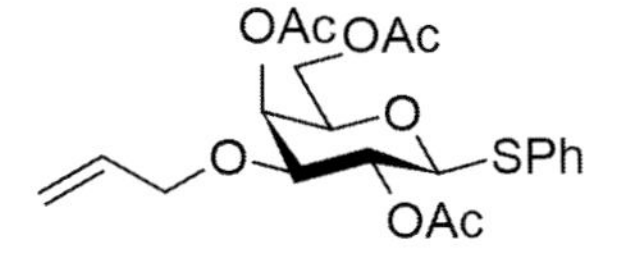

^{1}H-NMR ($CDCl_3$; 400 MHz)

δ: 7.522, 7.518, 7.517, 7.512, 7.509, 7.506, 7.308, 7.301, 7.300, 7.297, 7.296, 7.291, 7.289, 7.285, 7.283, 7.265, 5.790, 5.782, 5.780, 5.779, 5.771, 5.770, 5.768, 5.761, 5.760, 5.752, 5.751, 5.447, 5.446, 5.441, 5.440, 5.249, 5.249, 5.246, 5.243, 5.241, 5.217, 5.215, 5.177, 5.175, 5.172, 5.159, 5.157, 5.154, 5.152, 5.137, 5.121, 4.677, 4.660, 4.165, 4.161, 4.153, 4.151, 4.132, 4.130, 4.121, 4.110, 4.108, 4.105, 4.102, 4.099, 3.931, 3.929, 3.926, 3.921, 3.919, 3.907, 3.896, 3.862, 3.860, 3.852, 3.850, 3.848, 3.840, 3.838, 3.561, 3.556, 3.545, 3.540, 2.120, 2.115, 2.060.

^{13}C-NMR ($CDCl_3$; 100 MHz)

δ: 170.48, 170.27, 169.44, 133.98, 133.06, 132.28, 128.78, 127.85, 117.47, 86.64, 77.70, 74.67, 70.55, 68.89, 66.27, 62.30, 20.93, 20.73, 20.69.

^1H-NMR ($CDCl_3$; 400 MHz)

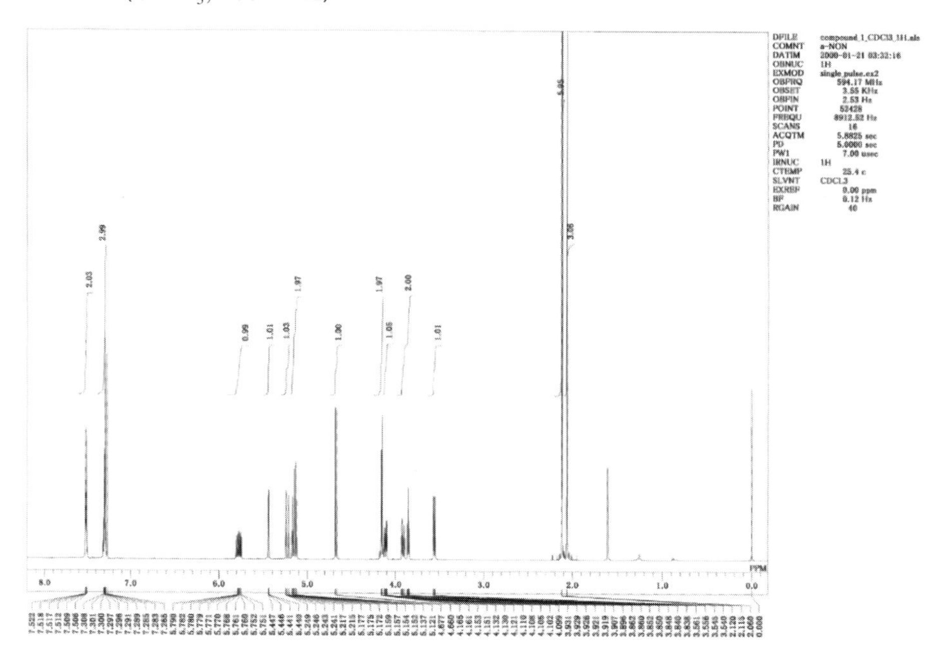

^{13}C-NMR ($CDCl_3$; 100 MHz)

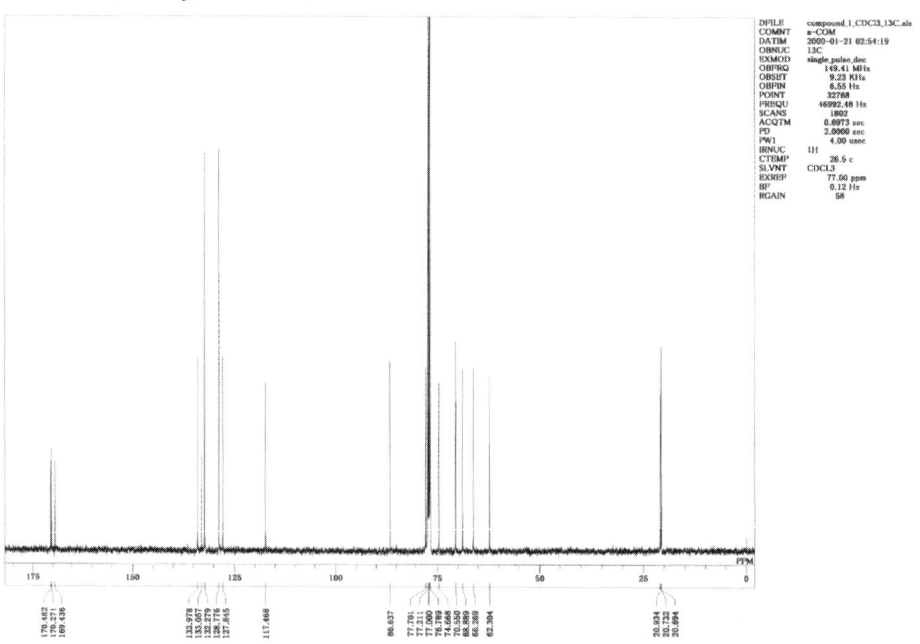

COSY（$CDCl_3$）

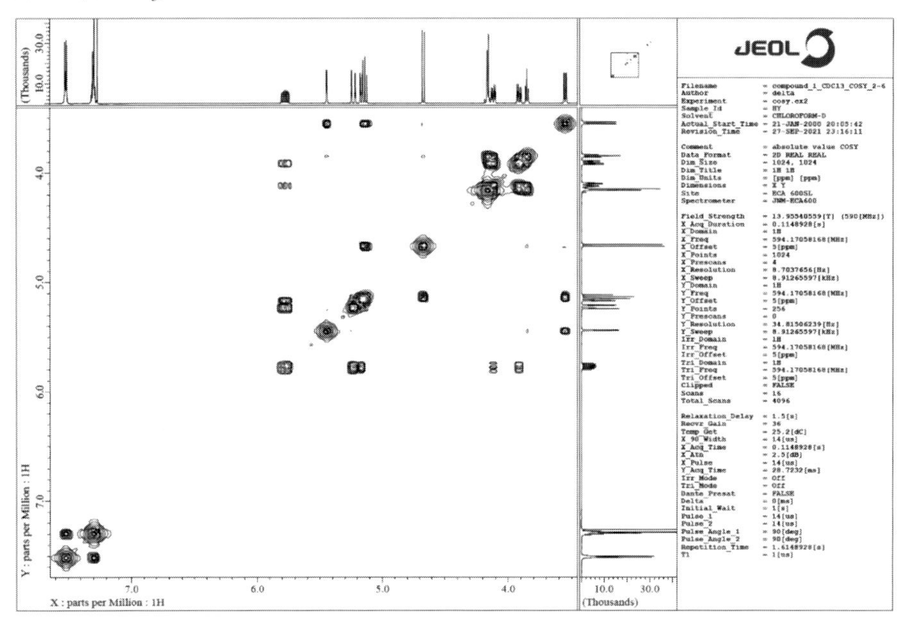

HMQC（$CDCl_3$）

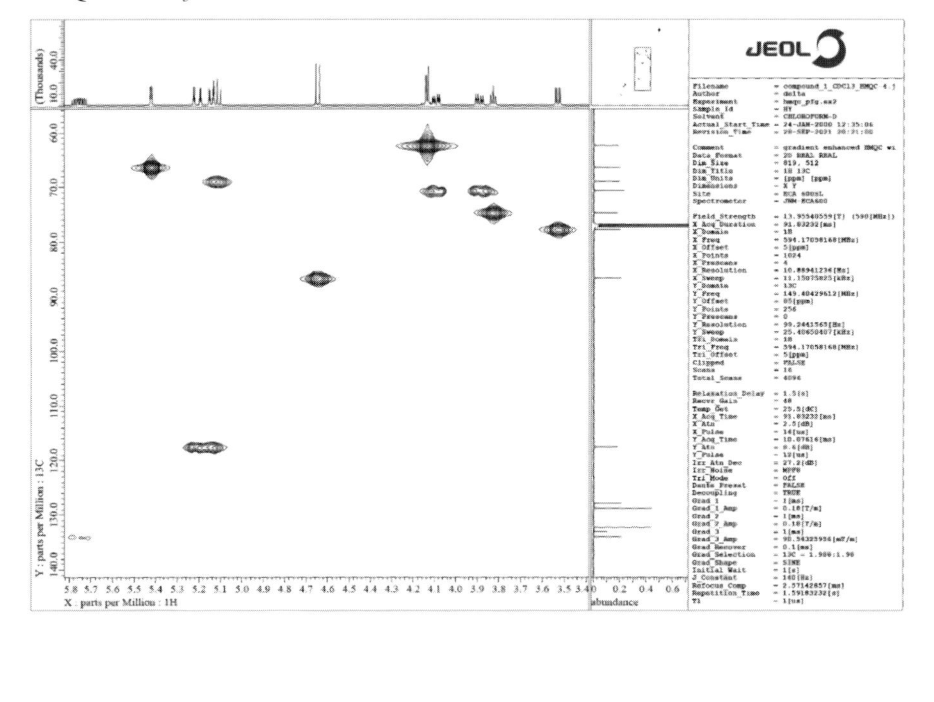

4)

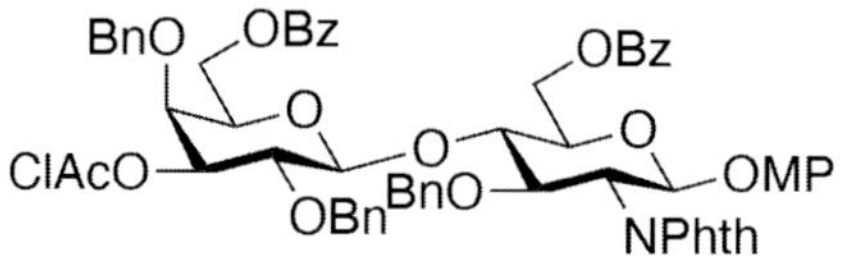

BnO OBz
O
ClAcO O OBn BnO OBz O OMP
NPhth

^{1}H-NMR ($CDCl_3$; 400 MHz)

δ: 8.028, 8.014, 7.676, 7.628, 7.615, 7.603, 7.534, 7.521, 7.508, 7.392, 7.380, 7.368, 7.344, 7.332, 7.320, 7.306, 7.289, 7.277, 7.274, 7.263, 7.254, 7.244, 7.241, 7.231, 7.227, 7.213, 7.207, 7.202, 7.014, 7.003, 6.999, 6.839, 6.833, 6.832, 6.828, 6.816, 6.689, 6.677, 6.674, 5.629, 5.615, 4.926, 4.906, 4.891, 4.886, 4.874, 4.869, 4.835, 4.816, 4.664, 4.645, 4.622, 4.603, 4.593, 4.573, 4.557, 4.538, 4.531, 4.518, 4.469.

^{13}C-NMR ($CDCl_3$; 100 MHz)

δ: 166.68, 165.96, 155.32, 150.95, 138.60, 138.15, 137.66, 133.76, 133.27, 131.65, 129.74, 128.56, 128.44, 128.41, 128.37, 127.94, 127.90, 127.85, 127.84, 127.81, 127.76, 127.61, 126.99, 123.33, 118.66, 114.33, 103.08, 97.68, 78.62, 77.39, 76.92, 76.85, 75.29, 75.21, 75.12, 74.50, 74.29, 73.17, 71.89, 67.77, 62.20, 55.61, 55.56, 40.47.

^{1}H-NMR (CDCl$_3$; 400 MHz)

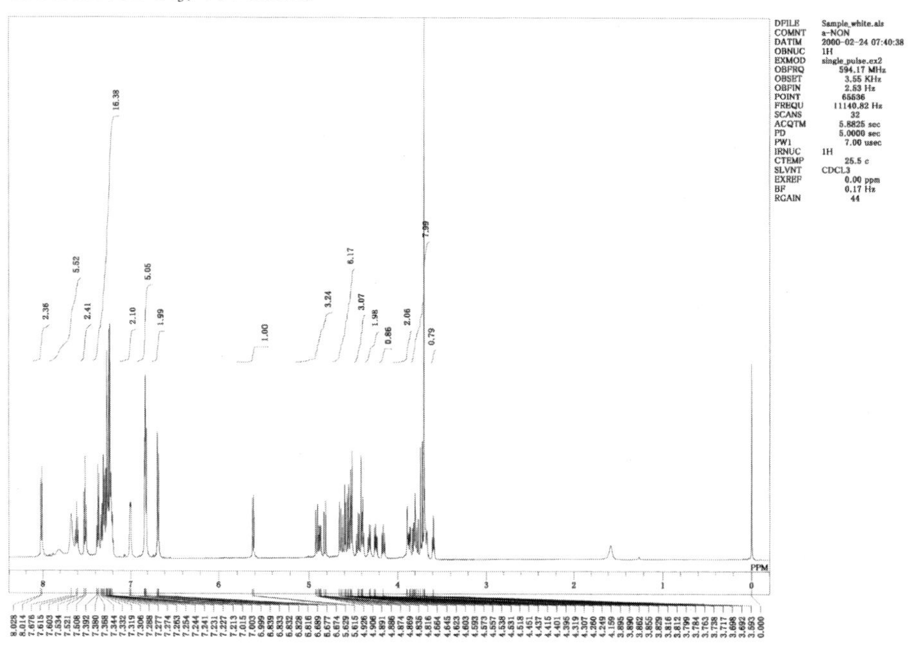

^{13}C-NMR (100 MHz)

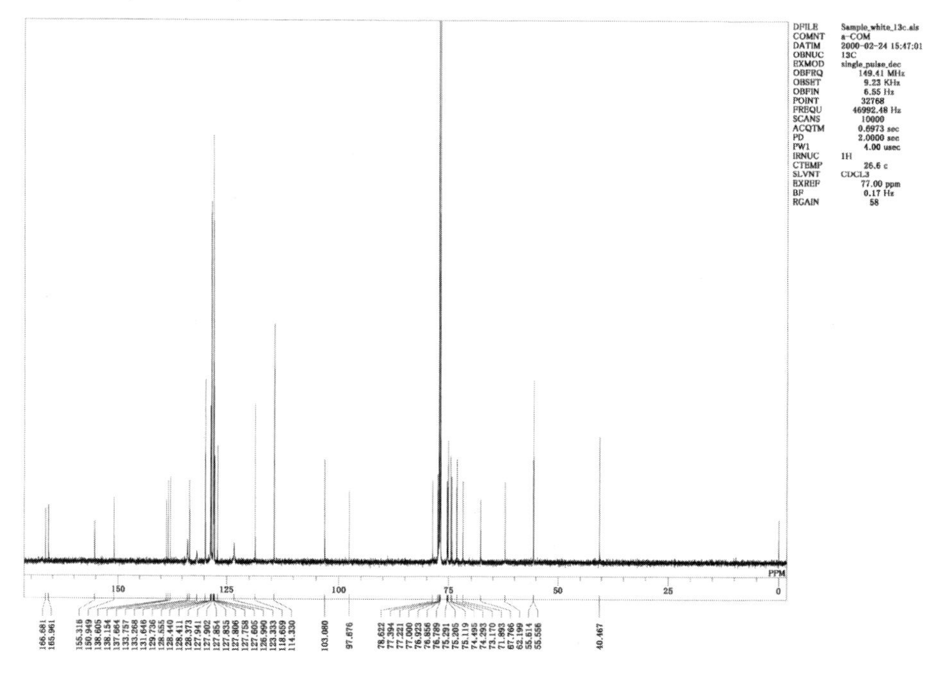

COSY ($CDCl_3$)

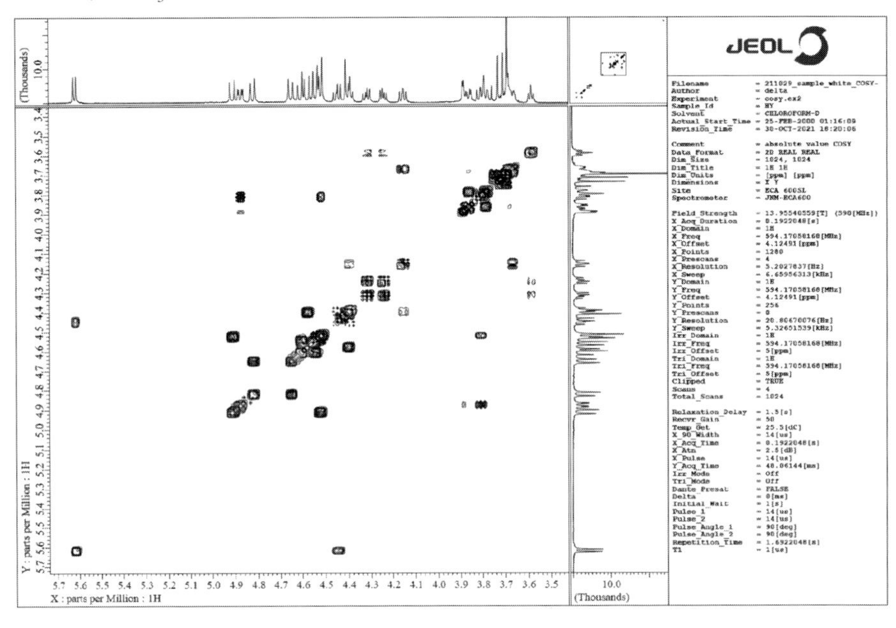

HMQC ($CDCl_3$)

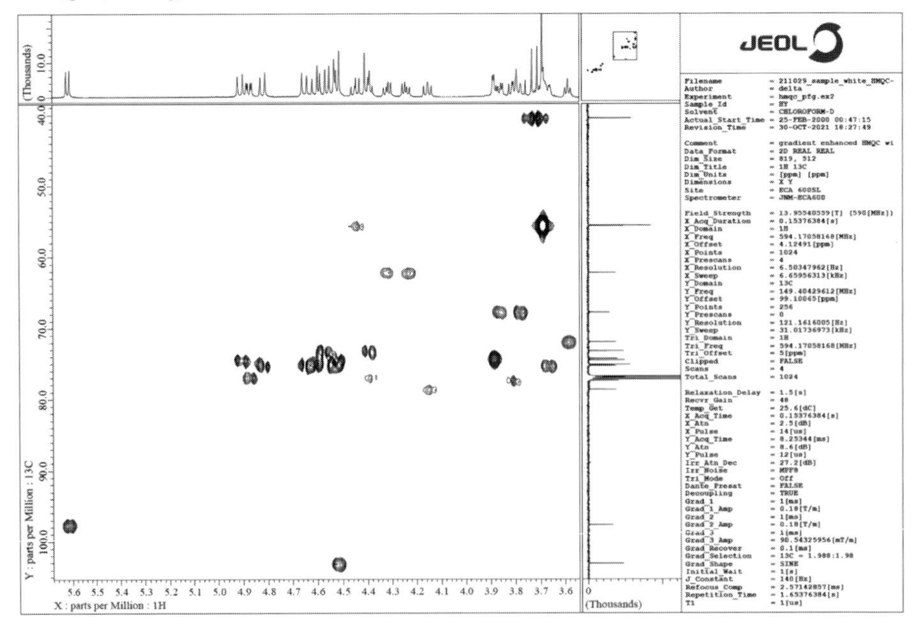

Q19　1,2-*trans*グリコシド、1,2-*cis*グリコシドを合成したいときには、どのような戦略をとればよいか。2位にヒドロキシ基を持つ糖、アミノ基を持つ糖それぞれについて、用いる保護基の種類、溶媒の観点から説明せよ。

Q20　PET 診断で使用されるFDG は、マンノースから化学合成される。この合成経路を示せ。

Q21　抗体医薬品に結合している代表的な糖鎖の構造を描け。さらに不均一な部分、抗体依存性細胞傷害活性と関係がある部分、免疫原性と関係がある部分をそれぞれ囲んで示せ。

解答編

A01 アルドテトロースの構造は以下のようになる。

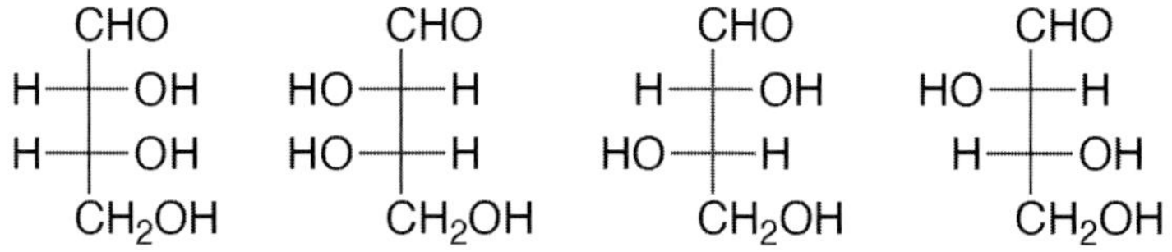

の4つが存在する。不斉炭素が2つあるので、2^2の4種類ある。ただし、分子が対称になり、メソ体が存在する場合には、数が減少する。【参照　第1章2-2: p.4】

A02 D系列の場合には、*R*、L系列の場合には、*S*になる。【参照　第1章2-2: p.4】

A03 1) グルコース

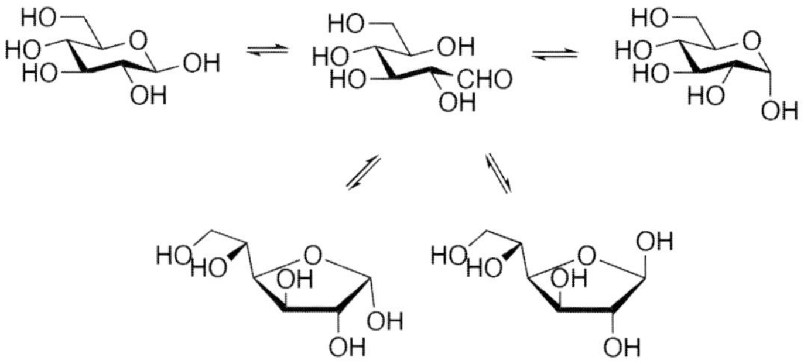

ガラクトース

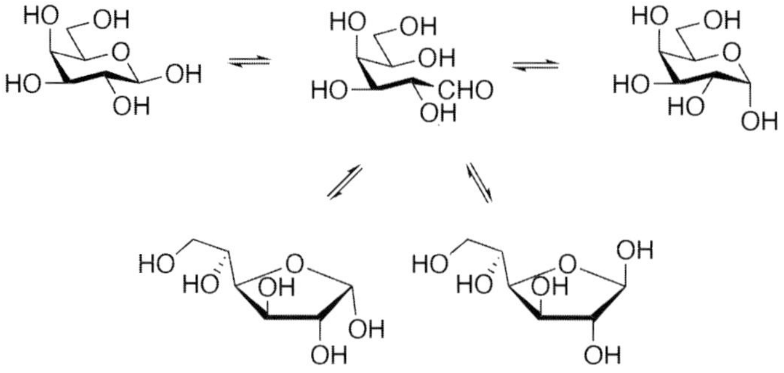

2)

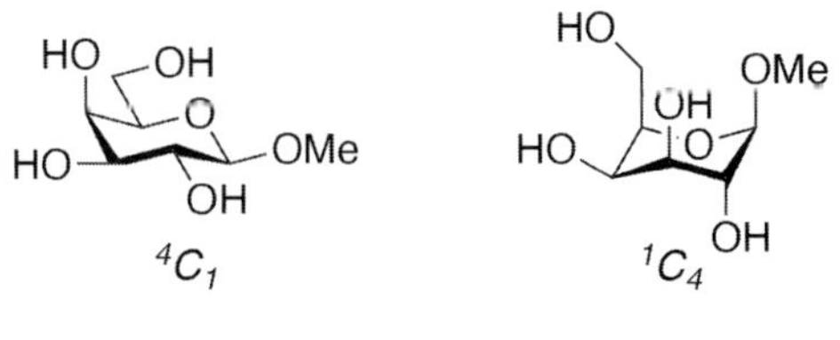

$^4C_1$　　$^1C_4$

3)

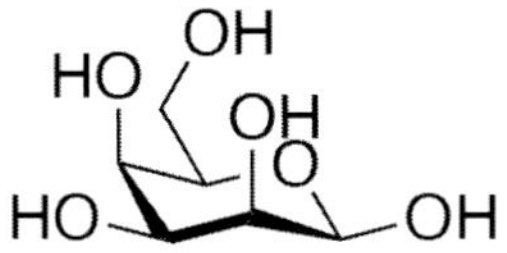

ガラクトースの2位のエピマーである。【参照　第1章2-3: p.6、2-4: p.9、2-6: p.15】

A 04

α-ガラクトースの割合をxとすると、β-ガラクトースの割合は(1-x)

$x \times (+150.7) + (1-x) \times (+52.8) = +80.2$

$x = 0.28$

したがって、α-アノマーは28%、β-アノマーは72%。

【参照　第1章2-5: p.15】

A 05

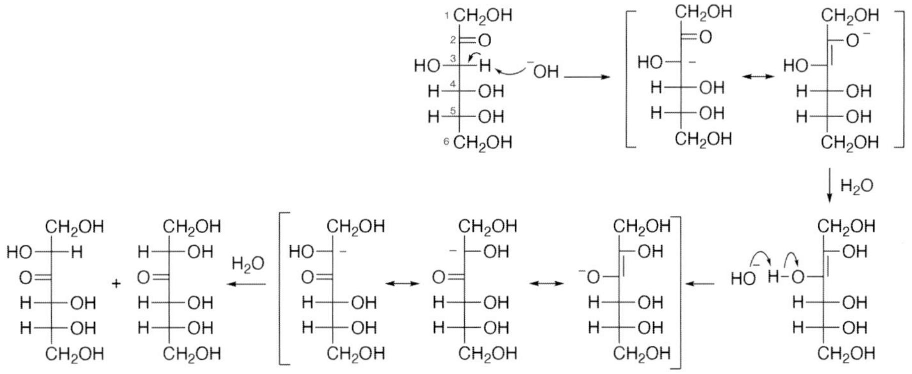

カルボニル基のα位の炭素に結合している水素の酸性度は高い。したがって、塩基により脱水素化される。負電荷は炭素原子に存在するよりも酸素原子に存在したほうが安定であり、共鳴構造をとる。

この共鳴構造が水により、プロトン化されると3位に水酸基から水素原子が塩基により引き抜かれることが可能となる。このエノールアニオンの共鳴構造は負電荷が炭素原子に存在する形の共鳴構造も描くことができる。この共鳴構造がプロトン化されることにより、3位にカルボニル基が生成する。また、2位のヒドロキシ基の立体配置は***R***体と***S***体の混合物となる。

【参照　第1章3-1: p.24】

A06

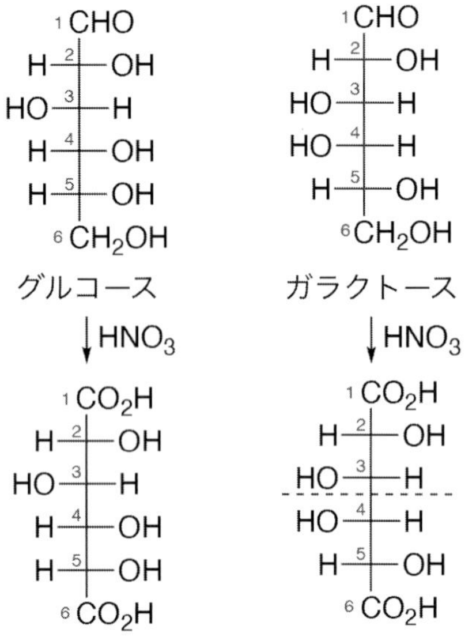

1 CHO
H—2—OH
HO—3—H
H—4—OH
H—5—OH
6 CH_2OH
グルコース
↓ HNO_3
1 CO_2H
H—2—OH
HO—3—H
H—4—OH
H—5—OH
6 CO_2H

1 CHO
H—2—OH
HO—3—H
HO—4—H
H—5—OH
6 CH_2OH
ガラクトース
↓ HNO_3
1 CO_2H
H—2—OH
HO—3—H
HO—4—H
H—5—OH
6 CO_2H

グルコースとガラクトースをフィッシャー投影式で描くと上のようになる。1位のアルデヒドと6位の1級ヒドロキシ基の両方がカルボキシ基に酸化される。ガラクトースが酸化されて与えるアルダル酸は分子に対称面を持つので、不斉炭素を持っていても光学活性ではない。
ジカルボン酸をアルダル酸 (aldaric acid)、古い用語ではグリカル酸 (glycaric acid)とよぶ。
【参照　第1章3-1: p.24】

A07

アノマー効果より酸素原子がアキシアルに位置する立体配座Cが優先する。
【参照　第1章2-6: p.16】

A08

2) α-D-グルコース、4) ラクトースはヘミアセタール構造を持つので、還元力がある。
【参照　第1章3-1: p.24】

A09

1) 糖供与体の2位水酸基はアシル基であるベンゾイル基で保護されている。したがって、隣接基関与により、1,2-*trans* グリコシドとなる。

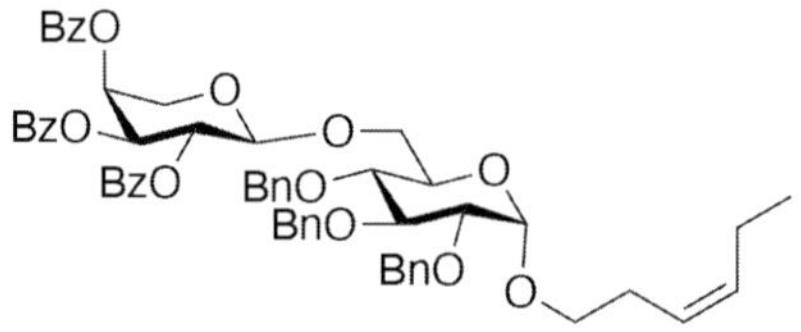

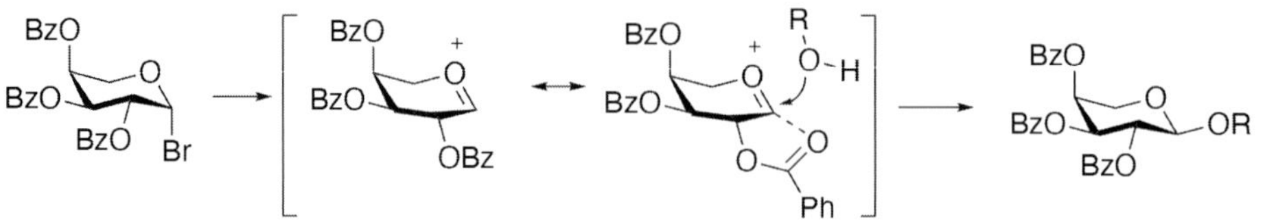

BzO
BzO
BzO
O
O
BnO
BnO
BnO
O
O

BzO
BzO
BzO
O
Br
→
BzO
BzO
O
+
OBz
↔
BzO
BzO
O
+
R
O
H
O
O
Ph
→
BzO
BzO
BzO
O
OR

2) 以下のようになる。

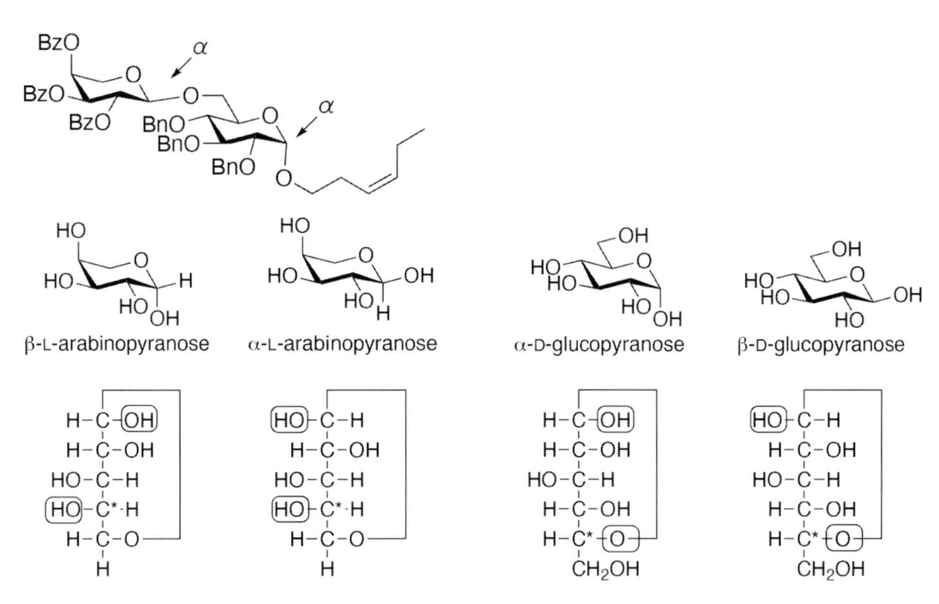

Fischer 投影式でアノマー位から最も遠い不斉炭素に結合しているヒドロキシ基とアノマー位ヒドロキシ基が同じ側にあるものがα、反対側にあるものがβである。

3) カップリング定数は、6～9 Hz程度になる。1位水素と2位水素がなす二面角が180°になり、Karplus 式より6～9 Hz程度と予測される。

【参照　第1章2-2: p.4、4-1: p.94、4-2: p.95】

A 10　1)

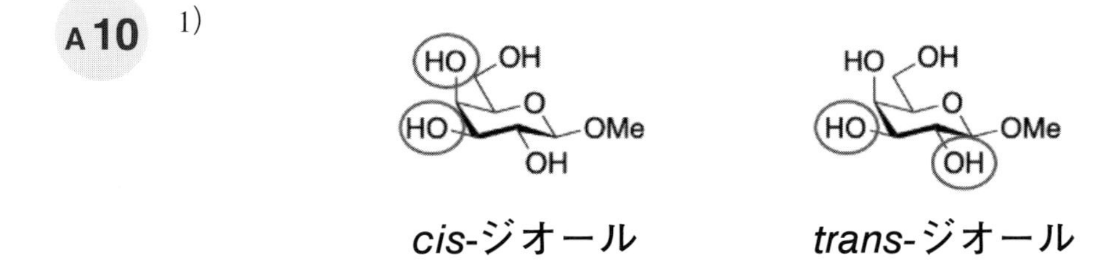

2) *cis*-ジオールのアセタール保護基としては、例えば、2,2-dimethoxypropane とTsOH を用いて保護することができる。ただし、3位と4位の間での五員環アセタールと4位と6位との間で六員環アセタールの形成が競合するので、反応条件の注意が必要である。

一方、*trans*-ジオールの保護は、1,1,2,2-tetramethoxycyclohexaneとTsOH の組み合わせにより保護することができる。アノマー効果より酸素原子がアキシアルに位置する立体配座が優先する。【参照　第4章3-2: p.103】

A 11

以下に解答例を示すが、あくまで1例である。
様々な反応条件があり、また、合成反応も進歩している。また、目的に応じた方法(収率が低くても、短工程で済ませたいなど)もあるので、必ずしも一義的に決まるものではないことに留意されたい。

1)

HO, HO, OH, O, OH, OH

Ac_2O, pyridine
あるいは
Ac_2O, AcONa

AcO, AcO, OAc, O, OAc, OAc

HO–C6H4–OMe
BF_3•OEt_2
あるいは
$SnCl_4$など

AcO, AcO, OAc, O, OMP, OAc

NaOMe
MeOH

HO, HO, OH, O, OMP, OH

2)

HO, HO, OH, O, OMe, OH

TrCl, DMAP, pyridine
あるいは
TBSCl, imidazole, DMF

HO, HO, OTr, O, OMe, OH
あるいは
HO, HO, OTBS, O, OMe, OH

BnBr
NaH、DMF

BnO, BnO, OTr, O, OMe, OBn
あるいは
BnO, BnO, OTBS, O, OMe, OBn

H^+
あるいは
TBAFなど

BnO, BnO, OH, O, OMe, OBn

3)

HO, HO, OH, O, OMe, OH

PhCH(OMe)2
TsOH, DMF

Ph, O, O, HO, O, OMe, OH

BnBr
NaH, DMF

Ph, O, O, BnO, O, OMe, OBn

Et_3SiH, BF_3•OEt_2
あるいは
$NaBH_3CN$, HCl

HO, BnO, OBn, O, OMe, OBn

4)

HO, HO, OH, O, OH, OH

MeO, OMe
TsOH

O, O, O, O, O, HO

BnBr
NaH, DMF

O, O, O, O, O, BnO

aq. HCl

HO, BnO, OH, O, OH, OH

Ac_2O
pyridine

AcO, BnO, OAc, O, OAc, OAc

5) Ac_2O, pyridine → PhSH, $BF_3 \cdot OEt_2$ → NaOMe, MeOH → PhCH(OMe)$_2$, TsOH, DMF → TBSCl, imidazole, DMF → BnBr, NaH, DMF → TBAF, THF → PMBCl, NaH, DMF

2位の保護基がアシル系保護基であるので、本来はチオフェニル基は1,2-*trans*グリコシドとしてアキシアル位に位置するはずだが、硫黄原子の嵩高さで、立体障害を避けるため、エクアトリアル位のものも生成する。硫黄原子の嵩高さとエクアトリアルのヒドロキシ基がアキシアルのヒドロキシ基よりも反応性が高いため、3位ヒドロキシ選択的に嵩高いシリル保護基を導入することができ、2位と3位の区別化ができる。

6) Ac_2O, pyridine あるいは Ac_2O, AcONa → HBr, AcOH → Zn, AcOH

7) 1) H^+, MeOH 2) AcCl → PhSH, base
1) H^+, MeOH 2) Ac_2O, pyridine → PhSH, $BF_3 \cdot OEt_2$

アノマー位を立体選択的に合成するには、まず、クロロ糖を合成して、PhS^-によるS_N2置換反応を行う。クロロ糖は、アノマー効果より、塩素原子がアキシアル位に位置する。このときにE2脱離生成物も副生する。アノマー位の立体混合物で問題なければ、アノマー位をアセチル基として、ベンゼンチオールを用いてグリコシル化反応を行うことでチオグリコシドを合成できる。

【参照　第4章4-5: p.121】

A12

1) 脱離基がトリクロロアセトイミデートなので、TMSOTf やBF_3•OEt_2などのルイス酸により活性化できる。

2) チオグリコシドなので、NIS-TESOTf、DMTST, PhSOTf (PhSCl-AgOTf)などの活性化剤が使用できる。

3) $SnCl_2$-AgOTf, Cp_2HfCl_2-AgOTf, $Hf(OTf)_4$などで活性化できる。

【参照　第4章4-3: p.115、4-4: p.116】

A13

1) NIS, TMSOTf, CH_2Cl_2

2位にアセチル基が存在しているので、1,2-*trans*グリコシドを選択的に与える。

2) AgOTf, Et_2O

2位アジド基は、1,2-*cis*アミノ糖を合成するときに使用する糖供与体である。さらに、溶媒にEt_2Oを使用することで、溶媒効果により1,2-*cis*グリコシドの合成を優先させる。

3) BF_3•OEt_2, CH_3CN

2位の保護基がベンジル基であるので、隣接基関与ができない。CH_3CN による溶媒効果のため、1,2-*trans*グリコシドが優先して生成する。

4) BF_3•OEt_2, toluene, dioxane

2位の保護基がベンジル基であるので、隣接基関与ができない。ジオキサンによる溶媒効果のため、1,2-*cis*グリコシドが優先して生成する。

5) NIS, TESOTf, CH_3CN

シアル酸は3位に置換基を持たないため、立体選択的グリコシル化が困難である。一般的には、CH_3CNを用いた溶媒効果により、優先的に生成する。さらに、3位と4位の反応性は、3位がエクアトリアル位にあるので、3位が優先する。

【参照　第4章全般】

A14

アセチル基でヒドロキシ基を保護したI とピバロイル基でヒドロキシ基を保護したIIの比較である。双方ともにアシル基保護であり、活性化後にアノマー位のカチオンにアシル基から隣接基関与をする。このときにアセチル基の場合には、アセチル基のカルボニル炭素に糖受容体が攻撃する副反応が起こる可能性がある。副反応の結果、オルトエステルが副生成物となる。ピバロイル基は、アセチル基と比較して嵩高いので、カルボニル炭素への糖受容体の攻撃を抑えることができる。

【参照　第4章3-1: p.103】

A15

エーテルやジオキサンなどのエーテル系の溶媒では、α-グリコシドを主生成物として与えることが多く、アセトニトリルを溶媒とすると、β-グリコシドを優先的に与える。これは、中間体のオキソカルベニウムイオンにエーテルやジオキサンはβ側から、アセトニトリルではα側から溶媒が配位し、溶媒と反対側から糖受容体が接近するためと説明されてきた。

一方で、最近は、計算科学により、オキソカルベニウムイオンの立体配座が溶媒によって異なっているためとの説明がある。今後の研究が待たれる。

【参照　第4章2-3: p.98】

A16

以下に解答例を示すが、あくまで1例である。

様々な反応条件があり、また、合成反応も進歩している。また、目的に応じた方法(収率が低くても、短工程で済ませたいなど)もあるので、必ずしも一義的に決まるものではないことに留意されたい。

【参照　第4章全般】

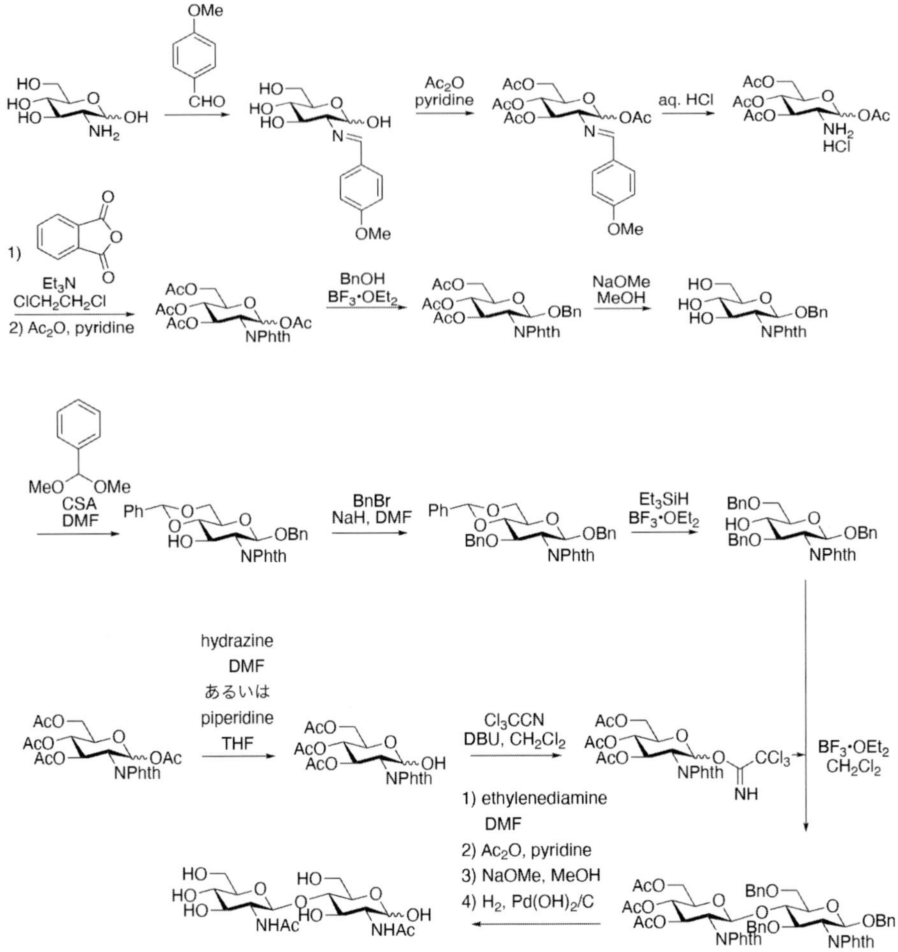

糖受容体の4位にヒドロキシ基を作り、残りのヒドロキシ基とアミノ基は保護する。「永続的な」保護基としてベンジル基を選択する。1,2-*trans*グリコシド合成のために、2位アミノ基をPhth基で保護する。

グリコシル化反応は上のスキームでは、イミデートを用いているが、臭化糖やチオグリコシドなどの選択も可能である。

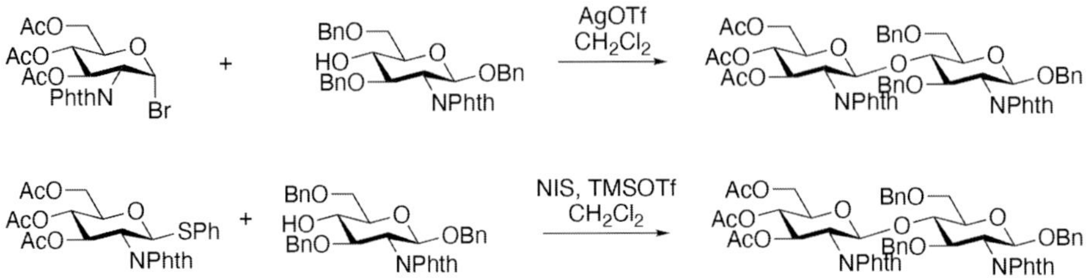

エチレンジアミンでPhth基を除去するときに同時にアセチル基も除去される。

A17

以下に解答例を示すが、あくまで1例である。
様々な反応条件があり、また、合成反応も進歩している。また、目的に応じた方法(収率が低くても、短工程で済ませたいなど)もあるので、必ずしも一義的に決まるものではないことに留意されたい。【参照　第4章全般】

(1)各糖供与体・糖受容体の合成

HBr
AcOH

PhSH, BF_3•OEt_2,
CH_2Cl_2

1) NaOMe, MeOH
2) benzaldehyde dimethyl acetal
CSA, DMF
3) TBSCl, imidazole, DMF
4) BnBr, NaH, DMF

1) hydrazine, DMF
2) Cl_3CCH_2OH, BF_3•OEt_2
CH_2Cl
3) NaOMe, MeOH

CSA
DMF

1) TBSCl, imidazole, DMF
2) BnBr, NaH, DMF
3) TBAF, THF

1) NaOMe, MeOH
2) TrCl, DMAP, pyridine
3) BnBr, NaH, DMF
4) TBAF, THF

(2)糖鎖伸長反応

1)還元末端からの伸長

NIS
TMSOTf
Et_2O
or
dioxane

TBAF
THF

AgOTf
CH_2Cl_2

1,2-*trans*グリコシド形成のために2位をアセチル基で保護する。1,2-*cis*グリコシド形成のために2位をベンジル基で保護する。1,2-*cis*選択的グリコシル化反応は決定的手法はないが、ジエチルエーテルやジオキサンを溶媒として使用することで、優先的に1,2-*cis*グリコシドが得られる。

2) 非還元末端からの伸長

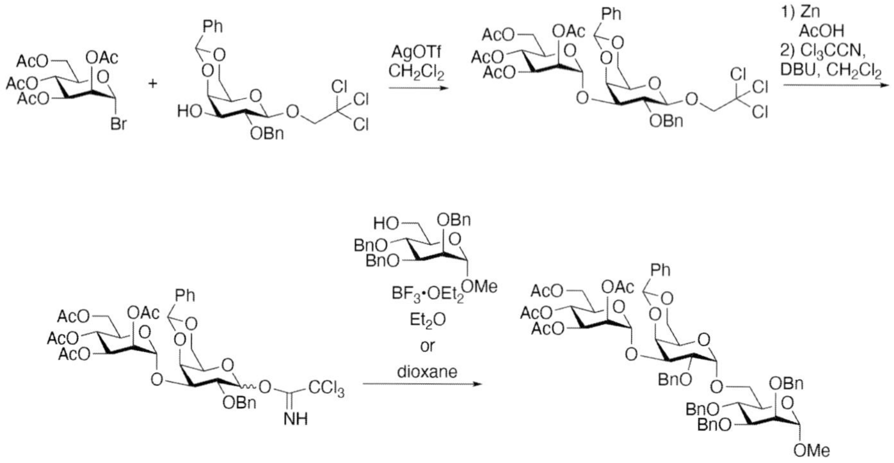

AgOTf CH_2Cl_2

1) Zn AcOH 2) Cl_3CCN, DBU, CH_2Cl_2

$BF_3 \cdot OEt_2$ Et_2O or dioxane

3) 非還元末端からの選択的グリコシル化反応を用いた合成

臭化糖あるいはフッ化糖はチオグリコシド存在下選択的に活性化できる。チオグリコシドをそのまま活性化できるので、アノマー位の保護基の除去と活性化のステップを省略できる。

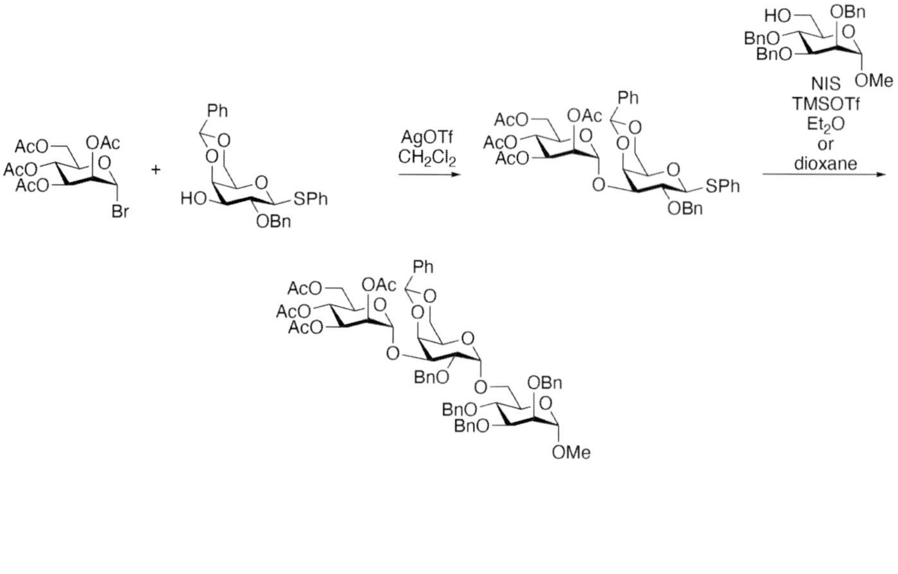

AgOTf CH_2Cl_2

NIS TMSOTf Et_2O or dioxane

(3)脱保護反応

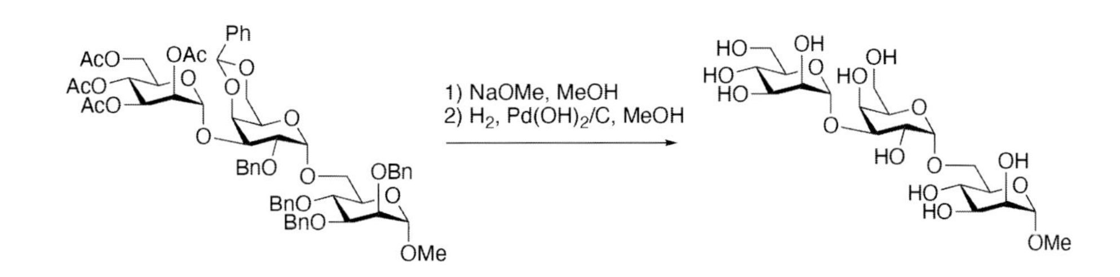

A18

以下、二次元NMRに帰属を記入した。

【参照　第4章2-5: p.99】

1)

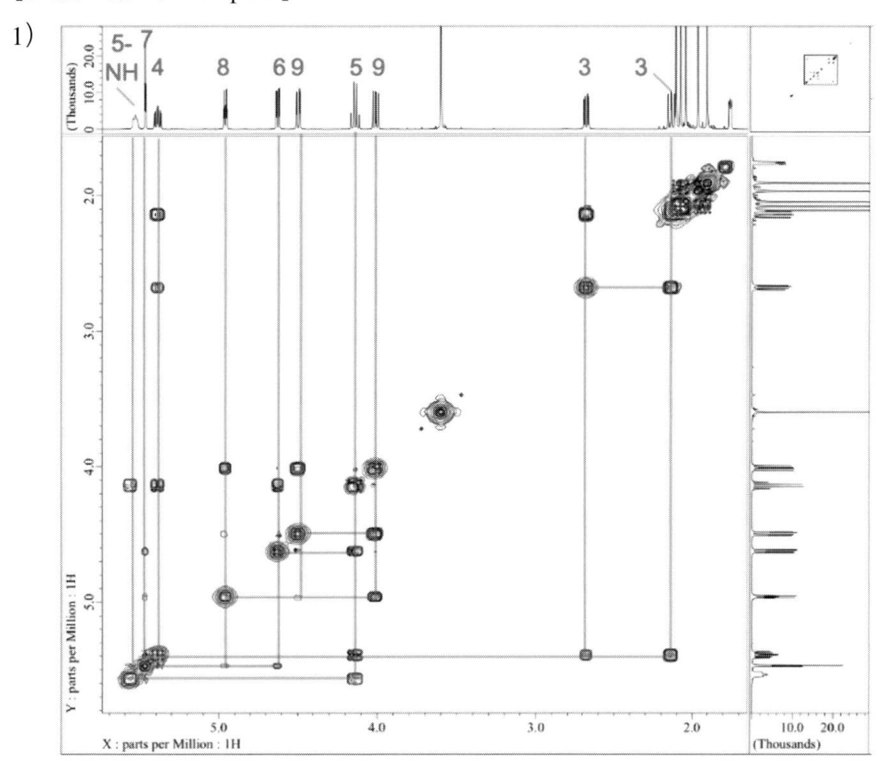

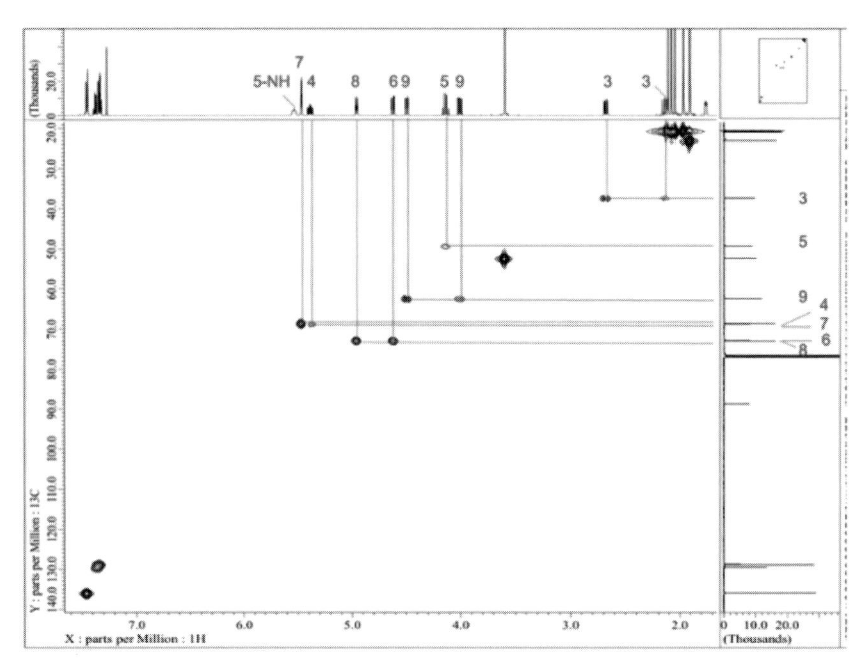

3位の特徴的なピーク（2.68, 2.14 ppm）からCOSYのクロスピークを追跡することにより、それぞれのピークが決定される。また、メチレン炭素が3位と9位であることより、それぞれの^{13}C も確認できる。

2）

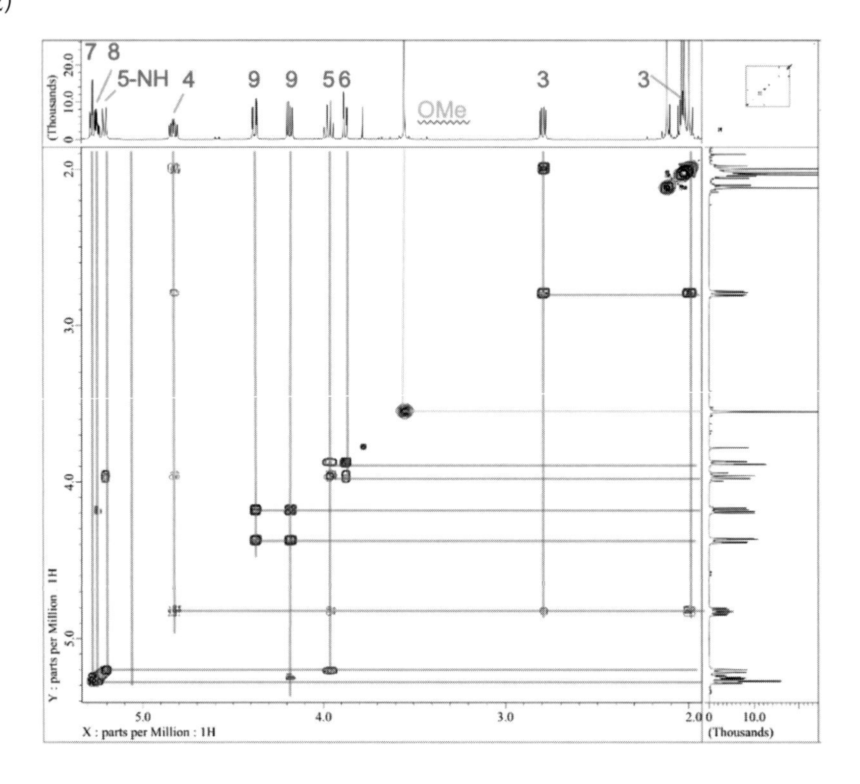

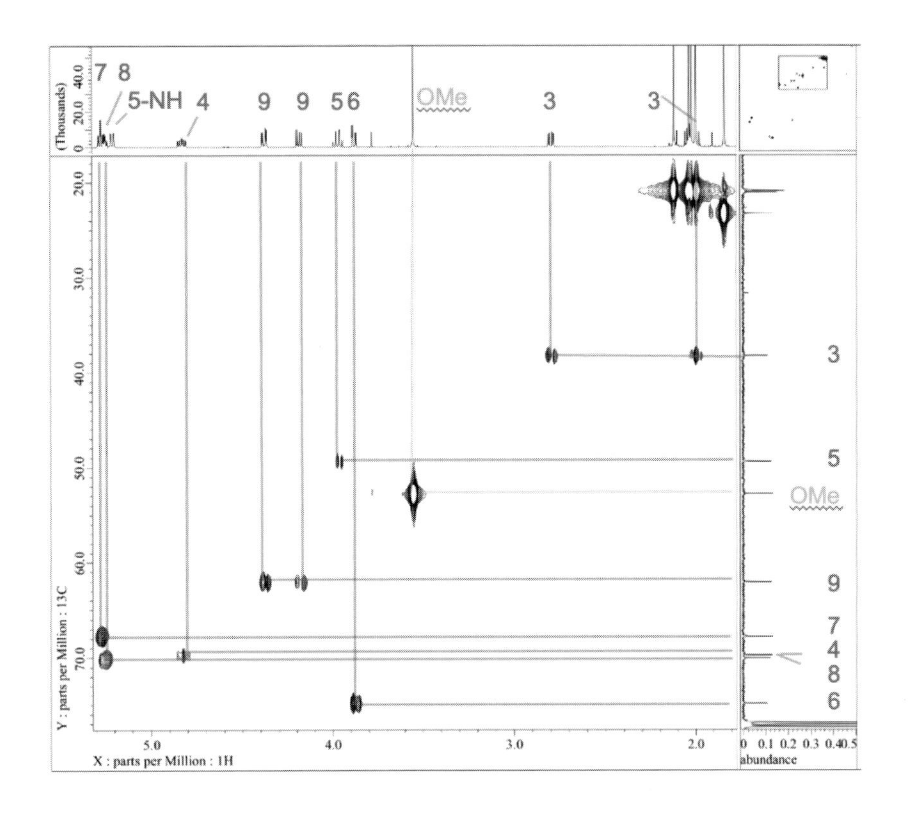

3) ピラノシドのアノマー位のプロトンの化学シフトはアセタールのプロトンなので、4.5-6.0 ppm あたりに現れる。また、2位に置換基が存在する場合 (2-デオキシ糖でない場合) には、帰属のときには、他のプロトンとは異なる化学シフトを持つアノマー位のプロトンをまず見つけるとよい。また、アノマー位プロトンと2位プロトンとのカップリング定数からアノマー位の立体配置が決定できることが多い。(第4章参照)

また、アシル基保護されたヒドロキシ基が結合した炭素原子に結合しているプロトンは、低磁場シフトする。この例では、2位、4位のプロトンは3位プロトンと比較して低磁場に現れる。また、4位のプロトンは、エクアトリアル位であるため、2位のものよりも低磁場にある。さらに、4位のプロトンは、エクアトリアル位に存在するため、3位プロトンとの二面角が60°となり、カップリング定数が小さい。2位プロトンは、アノマー位と3位のプロトンそれぞれとの二面角が180°であるため、カップリング定数が大きい。

通常、アノマー炭素は、アセタール炭素において一般的な90～110 ppmに現われる。

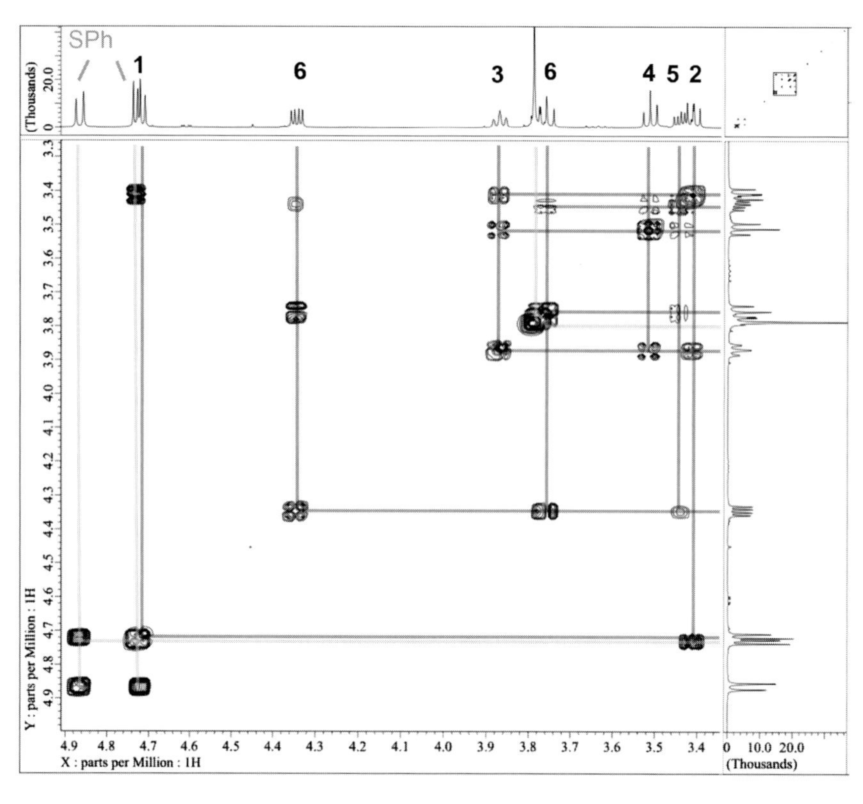
SPh
1
6
3
6
4 5 2
(Thousands)
Y : parts per Million : 1H
X : parts per Million : 1H
(Thousands)

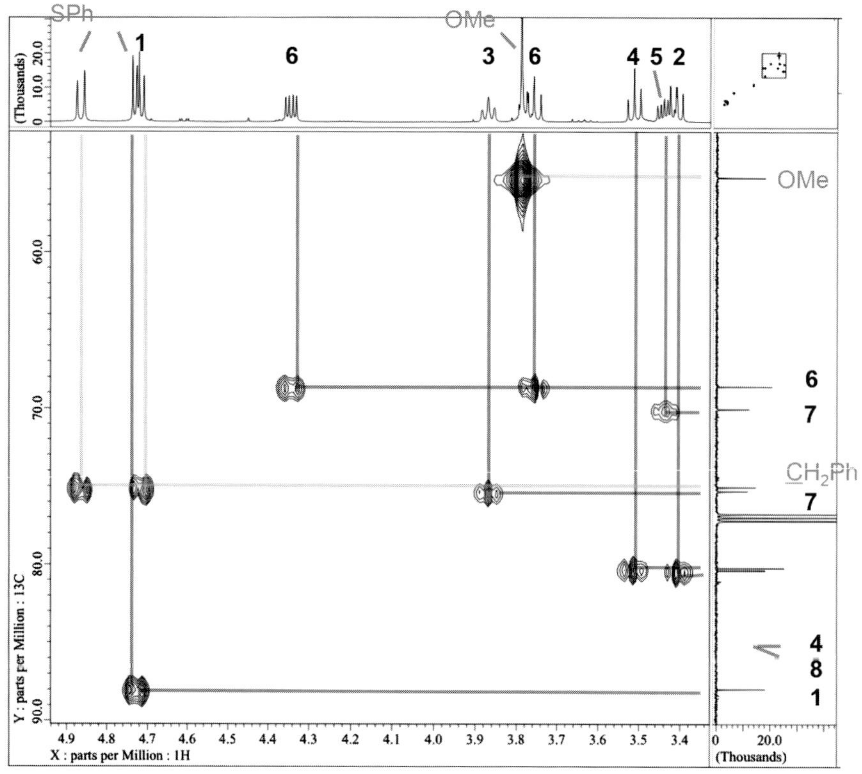
SPh
1
6
OMe
3
6
4 5 2
(Thousands)
OMe
6
7
CH2Ph
7
4
8
1
Y : parts per Million : 13C
X : parts per Million : 1H
(Thousands)

4)二糖のアノマー位プロトンは化学シフトとHMQC から同定できる。

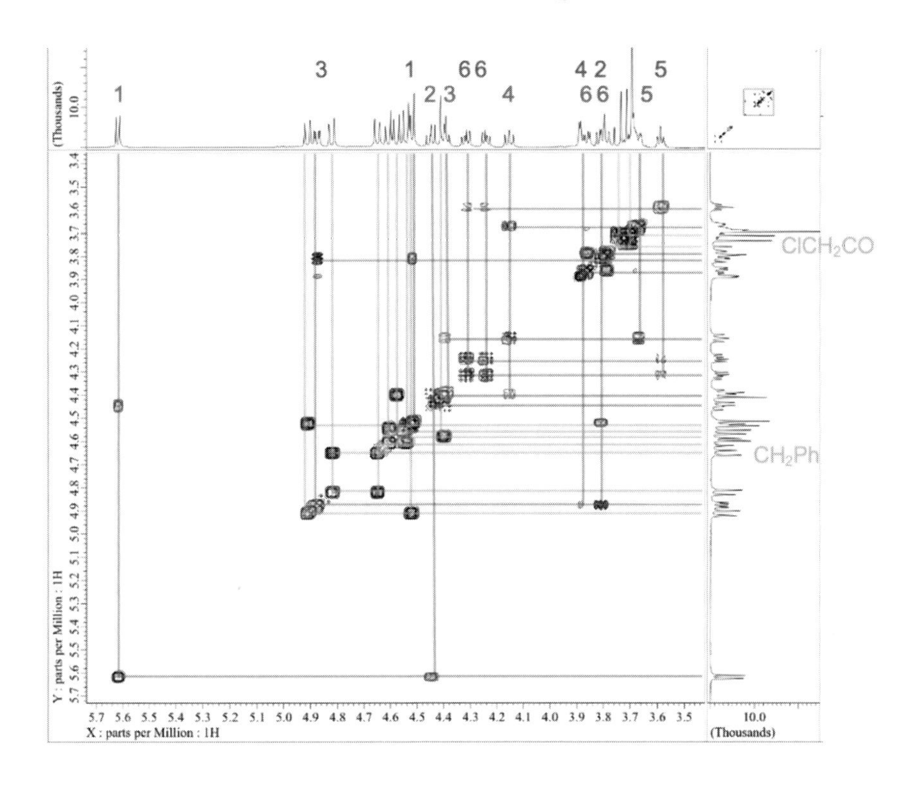

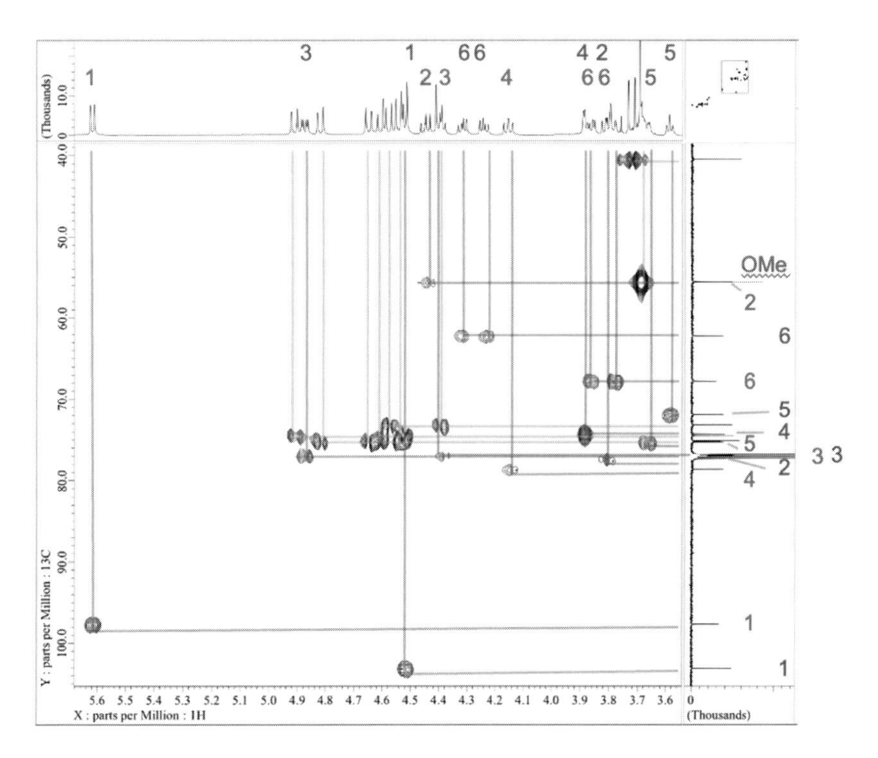

A19

1,2-*trans*グリコシドは2位のアミノ基や水酸基を隣接基関与ができるアシル系保護基（アセチル基、フタルイミド基）などで保護する。隣接基関与によりほぼ完全な選択性で1,2-*trans*グリコシドが合成できる。

一方、1,2-*cis*グリコシドの立体選択的合成はいまだ決定的な手法は、解決されていない。2位水酸基、アミノ基をベンジル基やアジド基として保護する。溶媒として、Et_2O やジオキサンのようなエーテル系溶媒を使用する。

【参照　第4章2-2: p.95】

A20

AcO, AcO, AcO, OTf, O, OAc $\xrightarrow{^{18}F^-}$ AcO, AcO, AcO, O, OAc, ^{18}F $\xrightarrow{NaOH}$ HO, HO, HO, O, OH, ^{18}F

マンノースの2位を脱離基であるトリフルオロメタンスルホネート（OTf）に変換し、$^{18}F^-$との置換反応を行う。置換反応を促進させるためにクリプタントなどを添加することもある。

【参照　第4章8-3: p.177】

A21

不均一な部分

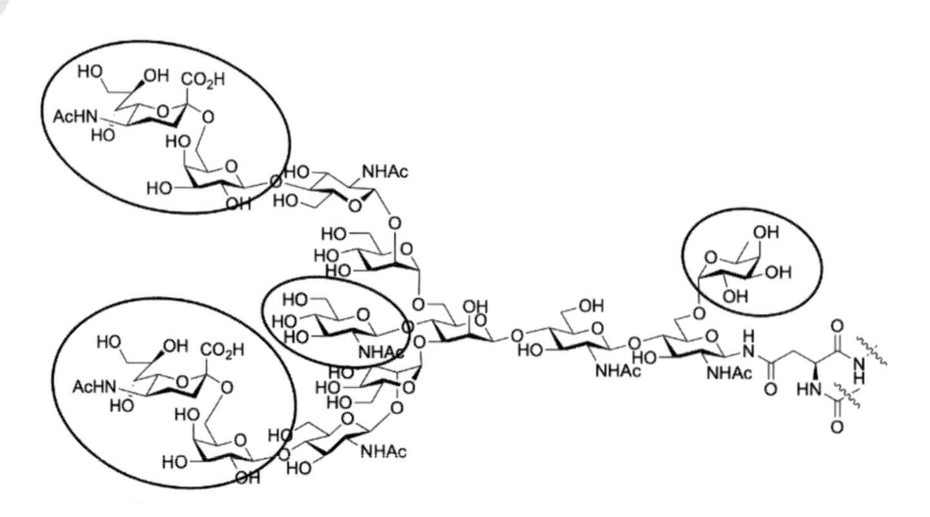

抗体依存性細胞傷害活性と関係がある部分

コアフコースが存在しないと、抗体依存性細胞傷害活性が増強される。

【参照　第4章8-5: p.179】

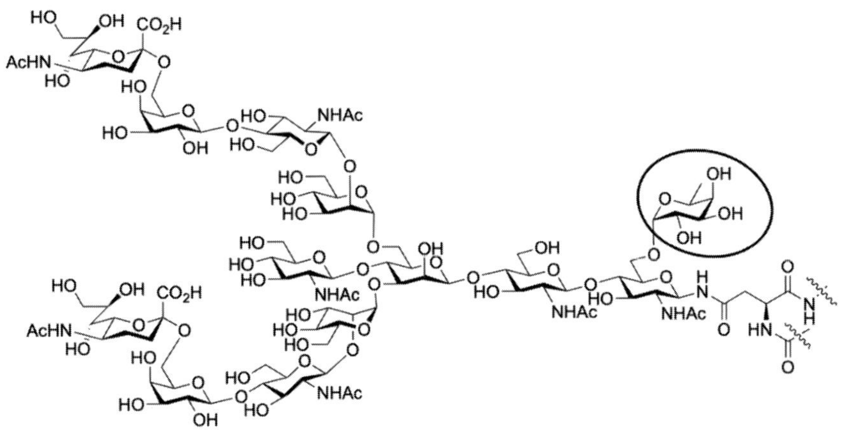

免疫原性と関係がある部分

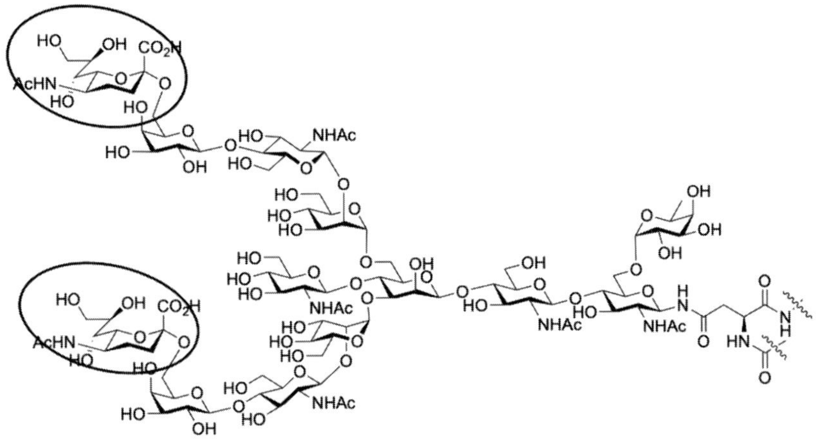

索引

T

V

X

ア

イ

ウ

エ

オ

カ

著者一覧（五十音順、所属・役職は20現在）

石渡 明弘　国立研究開発法人 理化学研究所 開拓研究本部 専任研究員
専門：糖化学・天然物化学・有機合成化学

一柳　剛　鳥取大学 農学部 教授、附属菌類きのこ遺伝資源研究センター長
専門：合成化学、糖鎖工学

北岡 本光　新潟大学 農学部 教授
専門：酵素化学・食品化学

伏信 進矢　東京大学 大学院農学生命科学研究科 教授
専門：酵素（主に糖質関連酵素）の構造と機能解析

眞鍋 史乃　星薬科大学 薬学部 教授、東北大学 大学院薬学研究科 教授
専門：複合糖質合成化学

山口 芳樹　東北医科薬科大学 分子生体膜研究所 教授
専門：構造生物学・糖鎖生物学

糖の化学

2024年10月30日　初版発行

著　者　石渡 明弘、一柳 剛、北岡 本光
伏信 進矢、眞鍋 史乃、山口 芳樹

発　行　株式会社アドスリー
〒162-0814　東京都新宿区新小川町5-20
サンライズビルⅡ 3F
TEL（03）3528-9841／FAX（03）3528-9842
principle@adthree.com
https://www.adthree.com

発　売　丸善出版株式会社
〒101-0051　東京都千代田区神田神保町2-17
神田神保町ビル6F
TEL（03）3512-3256／FAX（03）3512-3270
https://www.maruzen-publishing.co.jp

©Akihiro Ishiwata, Tsuyoshi Ichiyanagi,
Yoshiki Yamaguchi, Shino Manabe, Shinya Fushinobu,
Motomitsu Kitaoka
2024, Printed in Japan

ISBN　978-4-910513-13-3　C3043

本書の無断複写は著作権法上での例外を除き禁じられています.
定価はカバーに表示してあります.
乱丁，落丁は送料当社負担にてお取り替えいたします.
お手数ですが，株式会社アドスリーまで現物をお送りください.